# Theoretische Strömungsmechanik

Raj Spielmann

# Theoretische Strömungsmechanik

## Eine anwendungsorientierte Einführung mit ausführlichen Herleitungen

Raj Spielmann
Muri bei Bern, Schweiz

ISBN 978-3-662-70548-3 ISBN 978-3-662-70549-0 (eBook)
https://doi.org/10.1007/978-3-662-70549-0

Die Deutsche Nationalbibliothek verzeichnet diese Publikation in der Deutschen Nationalbibliografie; detaillierte bibliografische Daten sind im Internet über https://portal.dnb.de abrufbar.



Planung/Lektorat: Veronika Erdmann
Springer Spektrum ist ein Imprint der eingetragenen Gesellschaft Springer-Verlag GmbH, DE und ist ein Teil von Springer Nature.
Die Anschrift der Gesellschaft ist: Heidelberger Platz 3, 14197 Berlin, Germany

*Für Olja, die mir die Arbeit an diesem Buch ermöglichte*

# Vorwort

Unter den Absolventen naturwissenschaftlicher Disziplinen, insbesondere bei Mathematikern, geht nur ein verhältnismäßig kleiner Anteil in die angewandte Forschung, die traditionell von Ingenieuren dominiert wird. Einer der Gründe ist der Abstand zwischen theoretisch orientierter Ausbildung und den Anforderungen der Praxis. Der Schritt zur Umsetzung mathematischer Theorien ist groß und erfordert Brücken. Doch die Anwendungen sind der Literatur für Ingenieure vorbehalten, wo die Darstellungen verständlicherweise schneller zu den Endformeln gehen und die theoretische Fundierung knapper gehalten wird.

Das vorliegende Buch will beitragen, diese Einstiegsbarriere zu überwinden. Es richtet sich vorrangig an Studenten und Dozenten universitärer Hochschulen im mathematisch-naturwissenschaftlichen Bereich. Gleichzeitig sollte es für Ingenieure nützlich sein, die sich für die Herleitung der Formeln und Hintergründe interessieren. Im Unterschied zu anderen modernen Darstellungen, die eine stärkere Vertrautheit mit dem Thema und seinen Methoden voraussetzen, führt es den Anfänger sanfter durch die Theorie bis zu ausgearbeiteten Anwendungsbeispielen. Definitionen und zentrale Konzepte sind im Text hervorgehoben. Zur Motivation der Theorie werden die behandelten Anwendungen in den zugehörigen Abschnitten bereits zu Beginn kurz vorgestellt und nach Bereitstellung der Formeln ausführlich diskutiert.

Ein Einführungskapitel dient zur Schulung notwendiger Rechentechniken, die in den Grundvorlesungen Mathematik gewöhnlich nur am Rande abgehandelt werden. Sofern sich die Herleitungen in der einschlägigen Literatur selten finden lassen, wird dies hier nachgeholt. Dagegen wird bei Standardaussagen auf die Literatur verwiesen. Gleichzeitig werden die Grundgleichungen der Strömungsmechanik als Basis der folgenden Anwendungen erarbeitet.

Die Erklärung des aerodynamischen Auftriebs ist sehr umfangreich und wird in einführenden Texten nur am Rande angesprochen. Deshalb steht er hier im Vordergrund. Nach einer Diskussion der Grenzschicht als Hauptort der Wirbelbildung wird zur dreidimensionalen Auftriebstheorie von Prandl übergeleitet, welche sich auf die Joukowski-Formel stützt. Damit können die relevanten Kräfte für konkrete Tragflügelprofile im Bereich niedriger Fluggeschwindigkeiten berechnet werden. Abschließend werden einige Anwendungen aus der Hydrodynamik vorgestellt, die verschiedene Facetten des Navier-Stokes-Modells aufzeigen und sich durch besondere Anschaulichkeit auszeichnen.

Vonseiten der Mathematik wird ein Grundwissen im Umfang von 4 Semestern Analysis vorausgesetzt. Um einen breiteren Interessentenkreis anzusprechen, wurden zahlreiche kleine und mitunter ermüdende Rechenschritte nicht dem Leser überlassen, sondern als Aufgaben formuliert, die im Lösungsteil vollständig nachgerechnet werden. Somit kann der geübtere Leser der Darstellung in gestraffter Form folgen, während der Anfänger die Lektüre nach einem Blick in den Lösungsteil fortsetzt. Details mathematischer Herleitungen, welche seltener benutzt werden und den Rahmen des Haupttexts sprengen, sind in den Anhang „Formeln und Tabellen" verschoben.

Zur Vereinfachung der Lesbarkeit wird auf die konkrete Aufzählung mathematischer Voraussetzungen wie Glattheit von Kurven und Gebieten, Differenzierbarkeit und Integrierbarkeit von Funktionen weitgehend verzichtet. Soweit wie möglich setzen wir voraus, dass die entsprechenden Forderungen erfüllt sind. Diese Details sind bei mathematischen Existenz- und Eindeutigkeitsbeweisen unabdingbar, während sie zum Verständnis physikalischer Wirkmechanismen seltener benötigt werden. Eine prominente Ausnahme bildet die Heckspitze an Tragflügeln, die für den aerodynamischen Auftrieb von wesentlicher Bedeutung ist.

Zur Vermeidung irrtümlicher Copyright-Verstöße habe ich mich entschlossen, die meisten Abbildungen selbst anzufertigen. Aus diesem Grund enthält das Buch einige Bleistiftskizzen anstelle von Fotos.

Von mehreren Seiten erhielt das Manuskript wichtige Ergänzungen. So wies Herr Prof. Maximilian Platzer auf eine Reihe von Aspekten zum aerodynamischen Auftrieb hin. Eine ausgezeichnete Zusammenarbeit mit Springer Spektrum wurde durch die Lektorinnen Frau Veronika Erdmann und Frau Iris Ruhmann gewährleistet, deren Kritik zur besseren Verständlichkeit des Textes beitrug. Mein besonderer Dank gebührt jedoch zwei Personen. Zunächst meiner Frau Olja, die mir in langen Arbeitsphasen geduldig und ausdauernd zur Seite stand. Zutiefst verpflichtet bin ich weiterhin Herrn Prof. em. Albert Fässler. Er lieferte nicht nur wertvolle Anregungen, sondern gab mir in einem kritischen Moment die Kraft und Unterstützung zum Abschluss des Projekts.

Muri bei Bern
September 2024

Raj Spielmann

Die Originalversion des Buchs wurde revidiert. Ein Erratum ist verfügbar unter https://doi.org/10.1007/978-3-662-70549-0_9

# Inhaltsverzeichnis

# Mathematische Grundlagen 1

Bei aerodynamischen Berechnungen wird eine weitgehende Vertrautheit mit der Vektoranalysis vorausgesetzt. Die hier vorgestellten Rechenregeln werden im Laufe des Texts regelmäßig verwendet. Das betrifft auch die Aufgaben, deren Lösung am Ende des Buchs gegeben wird.

## 1.1 Vektoren

Im Folgenden werden Skalare in Normaldruck und Vektoren in Fettdruck geschrieben. So bezeichnet $\mathbf{x}$ einen Raumpunkt, $p = p(\mathbf{x})$ den dort vorliegenden Druck und $\mathbf{u} = \mathbf{u}(\mathbf{x})$ die Geschwindigkeit. Die Beträge von Vektoren erscheinen in Betragszeichen oder werden in Normaldruck gesetzt, beispielsweise $r = \|\mathbf{r}\|$.
Partielle Ableitungen werden wie folgt abgekürzt:

$$\partial_x p = \frac{\partial p}{\partial x}, \quad \partial_y p = \frac{\partial p}{\partial y}, \quad \partial_z p = \frac{\partial p}{\partial z}.$$

Für Berechnungen erweist sich der Ricci-Kalkül als zweckmäßig.

- *Vektorfelder* $\mathbf{a} = (a_x, a_y, a_z)$ notieren wir in Kurzschreibweise $\mathbf{a} = (a_i)$, während $\nabla\mathbf{a} = (\partial_j a_i)$ die zugehörige *Jacobi-Matrix* bezeichnet.
  Der Term $a_i$ (ohne Klammern) gibt lediglich die i-te Komponente von $\mathbf{a}$ an.

  In den meisten Zwischenrechnungen erlauben wir uns die Unexaktheit, obige Vektor- bzw. Tensorklammern ebenfalls wegzulassen. Lange Terme wirken dadurch weniger sperrig, was ihrer Lesbarkeit zugutekommt.
- Gemäß der Einsteinschen Summenkonvention addiert man über doppelte Indizes.


R. Spielmann, *Theoretische Strömungsmechanik*,
https://doi.org/10.1007/978-3-662-70549-0_1

Insbesondere erhält man

*Skalarprodukt* $$\mathbf{a} \cdot \mathbf{b} = a_x b_x + a_y b_y + a_z b_z = a_i b_i \,. \tag{1.1}$$

*Vektorprodukt* $$\mathbf{a} \times \mathbf{b} = \det \begin{bmatrix} \mathbf{e}_x & \mathbf{e}_y & \mathbf{e}_z \\ a_x & a_y & a_z \\ b_x & b_y & b_z \end{bmatrix} = (\epsilon_{ijk} a_i b_j) \,. \tag{1.2}$$

Im Letzteren bezeichnet $\epsilon_{ijk}$ das *Levi-Civita-Symbol:*

$$\epsilon_{ijk} = \begin{cases} +1 & \text{für eine Permutation gerader Ordnung} \\ -1 & \text{für eine Permutation ungerader Ordnung} \\ 0 & \text{falls mindestens zwei Indizes gleich sind} \end{cases} \tag{1.3}$$

Seine Berechnung erfolgt nach der Regel

$$\epsilon_{ijk} = \frac{1}{2}(i-j)(j-k)(k-i) \,. \tag{1.4}$$

**Aufgabe 1.1** Beweisen Sie die Summationsregel

$$\epsilon_{ijk}\epsilon_{imn} = \delta_{jm}\delta_{kn} - \delta_{jn}\delta_{km} \,. \tag{1.5}$$

Als nützlich zur Berechnung von Volumina erweist sich das

*Spatprodukt* $$\mathbf{a} \cdot (\mathbf{b} \times \mathbf{c}) = \det \begin{bmatrix} a_x & a_y & a_z \\ b_x & b_y & b_z \\ c_x & c_y & c_z \end{bmatrix} = \epsilon_{ijk} a_i b_j c_k \,. \tag{1.6}$$

Aus der Formel wird ersichtlich, dass jede ungerade Permutation von **a**, **b**, **c** das Vorzeichen des Spatprodukts wechselt, während es bei geraden Permutationen erhalten bleibt.

**Aufgabe 1.2** In Gl. (1.6) ist nachzuweisen, dass die Addition des Vielfachen einer Zeile zu einer anderen Zeile den Wert der Determinante nicht verändert.

**Aufgabe 1.3** Zeigen Sie

$$\det \begin{bmatrix} ka_x & ka_y & ka_z \\ b_x & b_y & b_z \\ c_x & c_y & c_z \end{bmatrix} = k\det \begin{bmatrix} a_x & a_y & a_z \\ b_x & b_y & b_z \\ c_x & c_y & c_z \end{bmatrix} .$$

Für Vektorfelder $\mathbf{a} = (a_x, a_y, a_z)$ und skalare Felder $b$ benutzen wir die folgenden Operatoren, deren Schreibweise zunächst klassisch und nachstehend im Ricci-Kalkül gegeben wird.

*Rotation*
$$\operatorname{rot} \mathbf{a} = \det \begin{bmatrix} \mathbf{e}_x & \mathbf{e}_y & \mathbf{e}_z \\ \partial_x & \partial_y & \partial_z \\ a_x & a_y & a_z \end{bmatrix} = (\epsilon_{ijk} \partial_i a_j) \,. \tag{1.7}$$

*Divergenz*
$$\operatorname{div} \mathbf{a} = \partial_x a_x + \partial_y a_y + \partial_z a_z = \partial_i a_i \,. \tag{1.8}$$

*Laplace-Operator*
$$\Delta \mathbf{a} = \begin{pmatrix} \Delta a_x \\ \Delta a_y \\ \Delta a_z \end{pmatrix} = (\partial_i \partial_i a_j) \,. \tag{1.9}$$

*Gradient*
$$\operatorname{grad} b = \begin{pmatrix} \partial_x b \\ \partial_y b \\ \partial_z b \end{pmatrix} = (\partial_i b) \,. \tag{1.10}$$

Als *Richtungsableitung* des Vektorfelds $\mathbf{b}$ nach $\mathbf{a}$ bezeichnet man

$$(\mathbf{a} \cdot \nabla)\, \mathbf{b} = \begin{pmatrix} a_x \partial_x b_x + a_y \partial_y b_x + a_z \partial_z b_x \\ a_x \partial_x b_y + a_y \partial_y b_y + a_z \partial_z b_y \\ a_x \partial_x b_z + a_y \partial_y b_z + a_z \partial_z b_z \end{pmatrix} = (a_i \partial_i b_j) \,. \tag{1.11}$$

**Aufgabe 1.4** Beweisen Sie die Identitäten

$$\operatorname{rot}(b\,\mathbf{a}) = (\operatorname{grad} b) \times \mathbf{a} + b \operatorname{rot} \mathbf{a} \,. \tag{1.12}$$
$$\operatorname{rot}(\operatorname{rot} \mathbf{a}) = \operatorname{grad} \operatorname{div} \mathbf{a} - \Delta \mathbf{a} \,. \tag{1.13}$$
$$\operatorname{div}(b\,\mathbf{a}) = b \operatorname{div} \mathbf{a} + \mathbf{a} \operatorname{grad} b \,. \tag{1.14}$$
$$\operatorname{rot}(\mathbf{a} \times \mathbf{b}) = (\mathbf{b} \cdot \nabla)\mathbf{a} - (\mathbf{a} \cdot \nabla)\mathbf{b} + \mathbf{a}\,(\operatorname{div} \mathbf{b}) - \mathbf{b}\,(\operatorname{div} \mathbf{a}) \,. \tag{1.15}$$
$$\operatorname{grad}(\mathbf{a} \cdot \mathbf{b}) = (\mathbf{a} \cdot \nabla)\, \mathbf{b} + (\mathbf{b} \cdot \nabla)\, \mathbf{a} + \mathbf{a} \times \operatorname{rot} \mathbf{b} + \mathbf{b} \times \operatorname{rot} \mathbf{a} \,. \tag{1.16}$$
$$\operatorname{div} \operatorname{rot} \mathbf{a} = 0 \,. \tag{1.17}$$
$$\operatorname{rot} \operatorname{grad} b = 0 \,. \tag{1.18}$$

Als *ebenes Vektorfeld* bezeichnet man ein Vektorfeld in der xy-Ebene.

**Aufgabe 1.5** Beweisen Sie die Formel

$$\operatorname{rot} \mathbf{u} = \begin{pmatrix} 0 \\ 0 \\ \partial_x v - \partial_y u \end{pmatrix} \qquad \text{für } \mathbf{u} = \begin{pmatrix} u(x, y) \\ v(x, y) \\ 0 \end{pmatrix} \tag{1.19}$$

Da rot $\mathbf{u}$ senkrecht zur xy-Ebene steht, wird es nur durch eine einzige Komponente beschrieben und kann mit einem skalaren Feld identifiziert werden. Somit lassen sich verschiedene Darstellungen verkürzen:

Ein ebenes Vektorfeld wird mit $\mathbf{u} = \begin{pmatrix} u(x, y) \\ v(x, y) \end{pmatrix}$ bezeichnet. In diesem Zusammenhang ist die folgende Notation gebräuchlich:

$$\operatorname{div} \mathbf{u} = \partial_x u + \partial_y v, \qquad \operatorname{grad} \mathbf{u} = \begin{pmatrix} \partial_x u \\ \partial_y v \end{pmatrix}, \qquad \operatorname{rot} \mathbf{u} = \partial_x v - \partial_y u\,. \quad (1.20)$$

Ebene Vektorfelder sind zur Modellierung geeignet, wenn die Strömung vollständig oder näherungsweise in parallelen Ebenen verläuft. Die zugehörigen Strömungshindernisse besitzen notwendigerweise eine zylindrische Form. Man kann sich das Hindernis entweder als unendlich langen oder als endlichen Zylinder zwischen zwei parallelen Platten vorstellen, auf denen sich das Fluid reibungsfrei bewegt. Der zweidimensionale Fluss ist die Strömung auf einer beliebigen Ebene, die zu den Platten parallel ist. Auch in der zweidimensionalen Darstellung wird das Hindernis als Zylinder bezeichnet (Abb. 1.1 und 1.2).

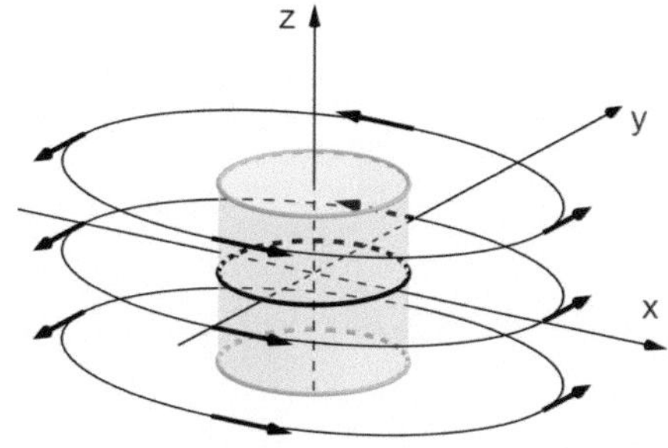


**Abb. 1.1** Umströmter Kreiszylinder

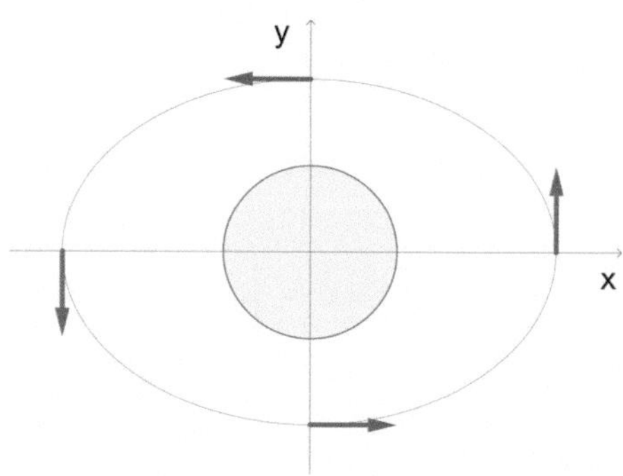


**Abb. 1.2** Zugehörige zweidimensionale Darstellung

## 1.2 Integrale

In diesem Abschnitt bezeichnet $\mathbf{u} = \mathbf{u}(\mathbf{x}, t)$ ein Vektorfeld und $\mathsf{T} = \mathsf{T}(\mathbf{x}, t)$ ein Tensorfeld, wobei die Existenz entsprechender Ableitungen sowie die Integrierbarkeit bezüglich $\mathbf{x}$ stillschweigend vorausgesetzt wird. Dabei wird die Zeit $t$ als Parameter behandelt. Zeitableitungen bezeichnen wir mit $\partial/\partial t$ bzw. $\partial_t$, während die Symbolik $\partial_i$ nur bei Ortsableitungen verwendet wird.

Für einen *Tensor 2. Stufe* $\mathsf{T} = (T_{ij})$ wird die *Divergenz* mit

$$\operatorname{div} \mathsf{T} = (\partial_j T_{ij})$$

definiert und stellt somit einen Vektor dar (siehe [1]).

Bekanntlich bildet das Produkt $\mathsf{T} \cdot \mathbf{n}$ eines 2-stufigen Tensors mit einem Vektor $\mathbf{n}$ wiederum einen Vektor.

In der Strömungsmechanik integrieren wir häufig an Grenzen und in eingeschlossenen Bereichen. Das erfordert eine entsprechende Struktur unserer Randkurven, die wir stillschweigend voraussetzen. Hinreichend ist das folgende Konzept.

Es sei $C : [a, b] \to \mathbb{R}^3$ eine stückweise glatte Kurve. Sie heisst

- *einfach*, falls $C(t) \neq C(t')$ für $t \neq t'$ gilt,
- *geschlossen*, falls $C(a) = C(b)$ gilt,
- *einfach geschlossen*, falls sie geschlossen und auf $(a, b]$ einfach ist.

Eine einfach geschlossene Kurve besitzt keine Doppelpunkte.

**Theorem 1.1 (Integralsatz von Gauß)**

*Zweidimensionaler Fall: Gegeben ist ein Gebiet $A \subset \mathbb{R}^2$ mit geschlossener Randkurve $S = \partial A$ und herauszeigender Einheitsnormalen $\mathbf{n}$. Für ebene Vektorfelder $\mathbf{u}$ gilt*

$$\int_A div\, \mathbf{u}\, \mathrm{d}A = \int_{\partial A} \mathbf{u} \cdot \mathbf{n}\, \mathrm{d}s\,. \tag{1.21}$$

*Dreidimensionaler Fall: Gegeben ist ein Gebiet $V \subset \mathbb{R}^3$ mit geschlossener Oberfläche $S = \partial V$ und herauszeigender Einheitsnormalen* $\mathbf{n}$. *Für Vektorfelder* $\mathbf{u}$ *sowie Tensoren 2. Stufe* $\mathsf{T}$ *gilt*

$$\int_V \mathit{div}\,\mathbf{u}\,\mathrm{d}V = \int_{\partial V} \mathbf{u}\cdot\mathbf{n}\,\mathrm{d}S\,.$$

$$\int_V \mathit{div}\,\mathsf{T}\,\mathrm{d}V = \int_{\partial V} \mathsf{T}\cdot\mathbf{n}\,\mathrm{d}S\,.$$

*Beweis* Für ebene sowie dreidimensionale Vektorfelder $\mathbf{u}$ findet man die Herleitung in Standardlehrbüchern zur mehrdimensionalen Analysis. Es verbleibt der Nachweis im dreidimensionalen Fall, wobei $\mathsf{T} = (T_{ij})$ ein Tensorfeld ist. Sei $\mathbf{a} = (a_i)$ ein konstanter Vektor. Für die Einheitsnormale an der Oberfläche $\partial V$ ist $\mathbf{n}\cdot\mathrm{d}S = (\mathrm{d}S_j)$. Mit der Einsteinschen Summenkonvention gilt

$$\mathbf{a}\cdot\int_V \mathrm{div}\,\mathsf{T}\,\mathrm{d}V = a_i \int_V \partial_j T_{ij}\,\mathrm{d}V = \int_V \partial_j(a_i\,T_{ij})\,\mathrm{d}V\,.$$

Der letzte Term enthält den Vektor $(a_i\,T_{ij})$, sodass wir den dreidimensionalen Satz von Gauß in Vektorform anwenden können. Dann ist

$$\int_V \partial_j(a_i T_{ij})\,\mathrm{d}V = \int_{\partial V} (a_i T_{ij})\,\mathrm{d}S_j = a_i \int_{\partial V} T_{ij}\,dS_j = \mathbf{a}\cdot\int_{\partial V} \mathsf{T}\cdot\mathbf{n}\,\mathrm{d}S,$$

also

$$\mathbf{a}\cdot\int_V \mathrm{div}\,\mathsf{T}\,\mathrm{d}V = \mathbf{a}\cdot\int_{\partial V} \mathsf{T}\cdot\mathbf{n}\,\mathrm{d}S\,.$$

Da $\mathbf{a}$ beliebig ist, folgt die Behauptung. □

**Aufgabe 1.6** Zeigen Sie für ebene Vektorfelder $\mathbf{u} = \begin{pmatrix} u \\ v \end{pmatrix}$, dass das Differentialelement auf der rechten Seite von Gl. (1.21) in kartesischen Koordinaten in der Form

$$\mathbf{n}\,\mathrm{d}s = \begin{pmatrix} \mathrm{d}y \\ -\mathrm{d}x \end{pmatrix} \quad \text{oder} \quad \mathbf{n}\,\mathrm{d}s = \begin{pmatrix} -\mathrm{d}y \\ \mathrm{d}x \end{pmatrix}$$

gewählt werden kann, und leiten Sie aus Gl. (1.21) die folgende Koordinatenformel her.

$$\int_A \left(\frac{\partial u}{\partial x} + \frac{\partial v}{\partial y}\right)\mathrm{d}x\mathrm{d}y = \int_{\partial A} (u\,\mathrm{d}y - v\,\mathrm{d}x)\,. \tag{1.22}$$

**Aufgabe 1.7** Es sei $\Sigma \subset \mathbb{R}^3$ die Oberfläche einer Kugel. Beweisen Sie

$$\int_\Sigma \mathbf{n}\,\mathrm{d}S = 0\,.$$

**Korollar 1.1** *Gegeben ist ein Gebiet $V \subset \mathbb{R}^3$ mit geschlossener Oberfläche $S = \partial V$ und herauszeigender Einheitsnormalen* $\mathbf{n}$.

*Für Vektorfelder* **a** *und* **u** *ist*

$$\int_{\partial V} \mathbf{a}(\mathbf{n}\cdot\mathbf{u})\,\mathrm{d}S = \int_V [\mathbf{a}(\mathit{div}\,\mathbf{u}) + (\mathbf{u}\cdot\nabla)\mathbf{a}]\,\mathrm{d}V\,. \tag{1.23}$$

*Für skalare Funktionen* $f$ *gilt*

$$\int_V \mathit{grad}\, f\,\mathrm{d}V = \int_{\partial V} f\mathbf{n}\,\mathrm{d}S\,. \tag{1.24}$$

*Beweis* Zu Gl. (1.23): Für $\mathbf{a} = (a_i)$ und $\mathbf{u} = (u_j)$ definieren wir den Tensor T mit $T_{ij} = a_i u_j$. Dann ist

$$\begin{aligned}
\int_V \partial_j(a_i u_j)\,\mathrm{d}V &= \int_{\partial V} a_i u_j\,\mathrm{d}S_j \qquad \text{wegen Theorem 1.1}\,.\\
\int_V [u_j\,\partial_j a_i + (\partial_j u_j)a_i]\,\mathrm{d}V &= \int_{\partial V} \mathbf{a}(\mathbf{u}\cdot\mathbf{n})\,\mathrm{d}S\,.\\
\int_V [(\mathbf{u}\cdot\nabla)\,\mathbf{a} + (\mathrm{div}\,\mathbf{u})\,\mathbf{a}]\,\mathrm{d}V &= \int_{\partial V} \mathbf{a}(\mathbf{u}\cdot\mathbf{n})\,\mathrm{d}S\,, \quad \text{links mit Gl. (1.8), (1.1)}
\end{aligned}$$

Zu Gl. (1.24): Sei **a** ein konstanter Vektor. Dann gilt

$$\begin{aligned}
\int_V \mathrm{div}\,(f\mathbf{a})\,\mathrm{d}V &= \int_{\partial V} f\mathbf{a}\cdot\mathbf{n}\,\mathrm{d}S \qquad \text{wegen Theorem 1.1}\,.\\
\int_V (f\,\mathrm{div}\,\mathbf{a} + \mathbf{a}\cdot\mathrm{grad}\,f)\,\mathrm{d}V &= \int_{\partial V} f\mathbf{a}\cdot\mathbf{n}\,\mathrm{d}S \qquad \text{wegen Gl. (1.4)}\,.\\
\int_V \mathbf{a}\cdot\mathrm{grad}\,f\,\mathrm{d}V &= \int_{\partial V} f\mathbf{a}\cdot\mathbf{n}\,\mathrm{d}S\,, \qquad \text{weil div}\,\mathbf{a} = 0\,.\\
\mathbf{a}\cdot\int_V \mathrm{grad}\,f\,\mathrm{d}V &= \mathbf{a}\cdot\int_{\partial V} f\mathbf{n}\,\mathrm{d}S\,.
\end{aligned}$$

Da **a** beliebig ist, folgt die Behauptung. □

**Theorem 1.2 (Integralsatz von Stokes)** *Eine Oberfläche* $\Sigma$ *wird von der geschlossenen Kurve* $C$ *umrandet, wobei* **n** *diejenige Einheitsnormale bezeichnet, welche eine Rechtsschraube mit dem Umlaufsinn bildet.*[1] *Für ein Vektorfeld* **u** *gilt dann*

$$\int_\Sigma (\mathit{rot}\,\mathbf{u})\cdot\mathbf{n}\,\mathrm{d}\Sigma = \oint_C \mathbf{u}\,\mathrm{d}\mathbf{x}\,. \tag{1.25}$$

Für den Beweis verweisen wir auf ein beliebiges Standardlehrbuch zur mehrdimensionalen Analysis.

[1] Zeigt der Daumen entlang von **n** und der Zeigefinger in Richtung des Durchlaufsinns, dann muss der Mittelfinger zur Fläche gerichtet sein.

## 1.3 Felder und Potentiale

Als *Gradientenfeld* bezeichnet man ein Vektorfeld $\mathbf{u}$, zu welchem ein skalares Potential $\phi$ existiert:

$$\mathbf{u} = \operatorname{grad} \phi\,.$$

Beide Größen $\mathbf{u}$ und $\phi$ können zusätzlich von der Zeit $t$ abhängen.
Ein Kraftfeld, welches ein Potential besitzt, wird *konservativ* genannt.

**Korollar 1.2** *Die folgenden Aussagen sind äquivalent:*

1) $\mathbf{u}$ *ist ein Gradientenfeld.*
2) *Das Wegintegral von* $\mathbf{u}$ *hängt nicht vom gewählten Weg* $S(A, B)$*, sondern nur von dessen Anfangs- und Endpunkt ab.*
3) *Das Wegintegral von* $\mathbf{u}$ *verschwindet über jede geschlossene Kurve:*

$$\oint \mathbf{u}\, \mathrm{d}\mathbf{x} = 0\,.$$

Den Beweis findet man in Standardtexten zur Analysis, beispielsweise in [2]. Die Berechnung des Wegintegrals eines Gradientenfelds $\mathbf{u} = \operatorname{grad} \phi$ erfolgt über den Hauptsatz der Differential- und Integralrechnung für Kurvenintegrale

$$\int_{S(A,B)} \mathbf{u}\, \mathrm{d}\mathbf{x} = \phi(B) - \phi(A)\,.$$

Konservative Kräfte spielen in der Mechanik eine wichtige Rolle. Ein Beispiel ist die Schwerkraft im Gravitationsfeld der Erde. Die benötigte Arbeit zum Verschieben einer Punktmasse entspricht dem Zuwachs seiner potentiellen Energie, die nur von der Anfangs- und Endposition abhängt. Dagegen sind Reibungskräfte nicht konservativ, da die Energieverluste durch Reibung vom gewählten Weg abhängen.

Die Existenz eines Potentials hängt nicht nur von den Eigenschaften des Vektorfelds, sondern auch von der Topologie des Gebiets ab.

Ein Gebiet heißt *einfach zusammenhängend*, falls sich jede geschlossene Kurve des Gebiets stetig zu einem Punkt im Gebiet zusammenziehen lässt.

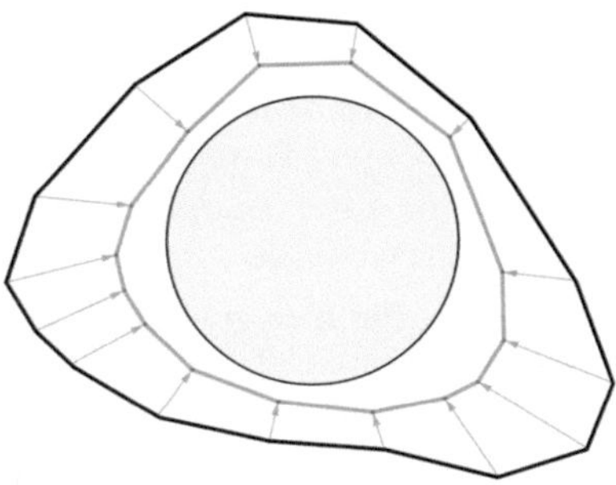

**Abb. 1.3** Außengebiet in $\mathbb{R}^2$

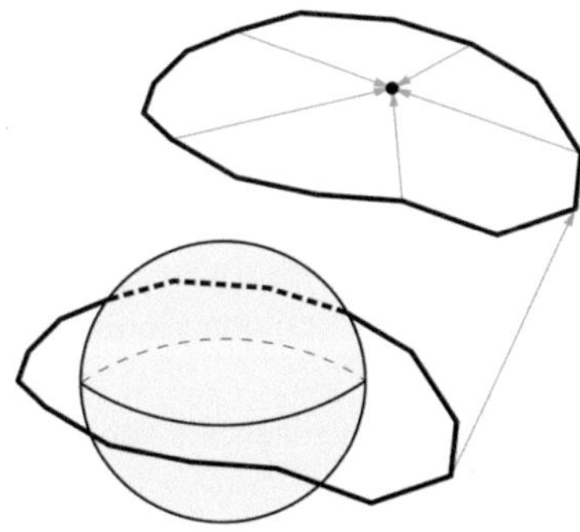

**Abb. 1.4** Außengebiet in $\mathbb{R}^3$

**Beispiel 1.1** *Das Außengebiet des Kreises (Abb. 1.3) ist mehrfach zusammenhängend, da die umschließende Kurve beim Zusammenziehen an den Kreisrand stößt. Im Gegensatz dazu ist das Außengebiet der Kugel (Abb. 1.4) einfach zusammenhängend. Die geschlossene Kurve kann nach oben verschoben werden, damit sie vollständig im Außengebiet der Kugel liegt. Jetzt kann sie zu einem Punkt zusammengezogen werden.*

Im Falle eines Geschwindigkeitsfelds $\mathbf{u}$ bezeichnet man $\boldsymbol{\omega} = \operatorname{rot} \mathbf{u}$ als zugehöriges *Wirbelfeld*.
Das Vektorfeld $\mathbf{u}$ heißt *wirbelfrei*, falls $\operatorname{rot} \mathbf{u} = 0$ ist.

Aus dem Wirbelfeld lassen sich wichtige Merkmale der Strömung bestimmen. Falls sich Wirbelfelder als vernachlässigbar erweisen oder auf Randzonen beschränken, erhält man den Zugang zu mathematischen Methoden, welche die Berechnungen stark vereinfachen.

**Lemma 1.1** *Sei* $\mathbf{u}$ *ein Vektorfeld auf einem Gebiet* $\Omega$. *Dann gilt:*

1) *Falls* $\mathbf{u}$ *ein Gradientenfeld ist, so ist es wirbelfrei.*
2) *Falls das Gebiet* $\Omega$ *einfach zusammenhängend und das Vektorfeld* $\mathbf{u}$ *wirbelfrei ist, dann ist* $\mathbf{u}$ *ein Gradientenfeld.*

*Beweis* Zu 1: Für $\mathbf{u} = \operatorname{grad} \phi$ gilt wegen Gl. (1.18):

$$\operatorname{rot} \mathbf{u} = \operatorname{rot} \operatorname{grad} \phi = 0 \,.$$

Zu 2: Sei $C \subset \Omega$ eine einfach geschlossene Kurve, deren Inneres mit $\Sigma$ bezeichnet wird. Da $\Omega$ einfach zusammenhängend ist, folgt $\Sigma \subset \Omega$, und wir können den Satz von Stokes (Theorem 1.2) anwenden. Wegen $\operatorname{rot} \mathbf{u} = 0$ auf $\Sigma$ verschwindet die linke Seite von Gl. (1.25) und es folgt $\int_C \mathbf{u}\, d\mathbf{x} = 0$, womit das Gradientenfeld nach Korollar 1.2 nachgewiesen ist. □

Die Forderung, dass $\Omega$ einfach zusammenhängend ist, erweist sich als wesentlich. Mit der folgenden Aufgabe wird nachgewiesen, dass ein wirbelfreies Vektorfeld nicht in jedem beliebigen Gebiet ein Potential besitzt.

**Aufgabe 1.8** Beweisen Sie für das Vektorfeld

$$\mathbf{u}(x, y) = \frac{1}{x^2 + y^2} \begin{pmatrix} -y \\ x \end{pmatrix}$$

im mehrfach zusammenhängenden Gebiet $\mathbb{R}^2 \setminus \{0\}$ die folgenden Aussagen:

(a) $\mathbf{u}$ ist wirbelfrei.
(b) Bei Integration über den Einheitskreis ist $\oint \mathbf{u}\, d\mathbf{x} \neq 0$.

Gradientenfelder werden sich beim Verständnis des aerodynamischen Auftriebs in Kap. 4 als äußerst nützlich erweisen. Im dreidimensionalen Raum könnte man eine wirbelfreie Luftströmung um einen Tragflügel als Gradientenfeld modellieren, womit sich die Berechnungen wesentlich vereinfachen. Das ist im analogen zweidimensionalen Fall nicht ohne Weiteres möglich, weil das umströmte Gebiet nicht mehr einfach zusammenhängend ist. Später sehen wir, wie man mit einer Zusatzforderung an das zweidimensionale Geschwindigkeitsfeld auch hier ein Gradientenfeld erhält.

Als *Greensche Funktion* des dreidimensionalen Laplace-Operators bezeichnet man

$$G(\mathbf{x}, \mathbf{y}) = -\frac{1}{4\pi \|\mathbf{x} - \mathbf{y}\|} \qquad \text{für } \mathbf{x}, \mathbf{y} \in \mathbb{R}^3, \quad \mathbf{x} \neq \mathbf{y}$$

Weiterhin sei

$$\mathbf{r} = \mathbf{y} - \mathbf{x}, \quad r = \|\mathbf{y} - \mathbf{x}\|, \quad \mathbf{e}_r = \frac{\mathbf{r}}{r}$$

Später wird die Poisson-Gleichung $\Delta u = f$ über einen Potentialansatz mit der Greenschen Funktion gelöst. Dazu benötigen wir folgende Aussagen.

**Aufgabe 1.9** Es bezeichnen $\nabla_x$ und $\nabla_y$ die Gradienten bezüglich $\mathbf{x}$ bzw. $\mathbf{y}$. Beweisen Sie die Formeln

$$\nabla_y r = \frac{\mathbf{r}}{r} = \mathbf{e}_r \tag{1.26}$$

$$\nabla_x r = -\mathbf{e}_r \tag{1.27}$$

$$\nabla_x f(r) = -f'(r)\,\mathbf{e}_r \qquad \text{für skalare Funktionen } f \tag{1.28}$$

**Aufgabe 1.10** In der Greenschen Funktion betrachten wir $\mathbf{x}$ als Parameter, d. h., $G$ ist nur Funktion von $\mathbf{y}$. Dann gilt für seine Richtungsableitung:

$$\frac{\mathrm{d}G(\mathbf{x}, \mathbf{y})}{\mathrm{d}\mathbf{n}} = \frac{1}{4\pi}(\mathbf{n} \cdot \mathbf{e}_r)\, r^{-2}\,. \tag{1.29}$$

## Literatur


1. Kelly, P.: *Solid Mechanics Lecture Notes, Part III: Foundations of Continuum Mechanics.* The University of Auckland, Auckland (2013), S. 119 https://pkel015.connect.amazon.auckland.ac.nz/SolidMechanicsBooks/Part_III/index.html Zugriff 3. Sept 2024
2. Nikolsky, S.M.: *A Course of Mathematical Analysis.* Mir Publishers, Moscow (1981)

# Kinematik von Strömungen 2

## 2.1 Die Materialableitung

Unter einem *Teilchen* verstehen wir eine benachbarte Gruppe von Molekülen, die sich zu jedem Zeitpunkt mit einer bestimmten Durchschnittsgeschwindigkeit bewegt. In idealisierter Form reduzieren wir sie auf einen Punkt, dessen Bahnkurve wir verfolgen.

Eine Strömung wird durch den Aufenthaltsort $\mathbf{x}(t)$ und die Fließgeschwindigkeit $\mathbf{u}(\mathbf{x}(t), t)$ ihrer Teilchen bestimmt. In kartesischen Koordinaten bezeichnen wir die Bahnkurve und Fließgeschwindigkeit eines strömenden Teilchens mit

$$\mathbf{x}(t) = \begin{pmatrix} x(t) \\ y(t) \\ z(t) \end{pmatrix}, \qquad \mathbf{u}(\mathbf{x}(t), t) = \begin{pmatrix} \dot{x}(t) \\ \dot{y}(t) \\ \dot{z}(t) \end{pmatrix} = \begin{pmatrix} u \\ v \\ w \end{pmatrix}.$$

Jetzt bezeichne $f(\mathbf{x}, t)$ eine skalare Größe, beispielsweise die Dichte, die von *Ort und Zeit* abhängt. Da physikalische Größen an Teilchen gebunden sind, ist es nützlich, ihren Messwert und seine Veränderung gleichzeitig mit dem bewegten Teilchen anzuzeigen. Anschaulich kann man sich hierzu ein mitschwimmendes Messgerät vorstellen. Mathematisch wird der Sachverhalt durch die Funktion $f(\mathbf{x}(t), t)$ *entlang des Flusses* erfasst.[1] Ihre Zeitableitung ist

[1] Streng genommen ist die Schreibweise unvollständig, denn es müsste noch die Information über den Startwert $\mathbf{x}(0) = \mathbf{a}$ ergänzt werden. Dann wäre die Bahnkurve $\mathbf{x} = \mathbf{x}(\mathbf{a}, t)$ und die Funktion



R. Spielmann, *Theoretische Strömungsmechanik*,
https://doi.org/10.1007/978-3-662-70549-0_2

$$\begin{aligned}\frac{\mathrm{d}}{\mathrm{d}t} f(\mathbf{x}(t),t) &= \frac{\partial f}{\partial t} + \frac{\partial f}{\partial x}\frac{\partial x}{\partial t} + \frac{\partial f}{\partial y}\frac{\partial y}{\partial t} + \frac{\partial f}{\partial z}\frac{\partial z}{\partial t}\,,\\ \frac{\mathrm{d}}{\mathrm{d}t} f(\mathbf{x}(t),t) &= \frac{\partial f}{\partial t} + u\frac{\partial f}{\partial x} + v\frac{\partial f}{\partial y} + w\frac{\partial f}{\partial z}\,. \end{aligned} \tag{2.1}$$

Die rechte Seite wird zusammengefasst als *Materialableitung* bezeichnet. Anstelle von Gl. (2.1) schreibt man

$$\frac{Df}{Dt} = \frac{\partial f}{\partial t} + (\mathbf{u}\cdot\nabla)f\,. \tag{2.2}$$

Der letzte Term in Gl. (2.2) ist die *Richtungsableitung* von $f$ nach $\mathbf{u}$. Es ist

$$(\mathbf{u}\cdot\nabla)f = \mathbf{u}\cdot \operatorname{grad} f\,.$$

Somit bezeichnet $\frac{D}{Dt}f = \frac{\mathrm{d}}{\mathrm{d}t}f(\mathbf{x}(t),t)$ die zeitliche Veränderung einer Messgröße *entlang des Flusses*. Sie ist als entsprechende Veränderung der physikalischen Größe vorstellbar, wenn die Messung an ein *bewegtes Teilchen* gekoppelt ist.

Als Beispiele vektorieller physikalischer Größen können die Wirbelstärke $\boldsymbol{\omega}$ oder die Geschwindigkeit $\mathbf{u}$ betrachtet werden. Die *Materialableitung eines Vektorfelds* wird komponentenweise nach demselben Prinzip gebildet:

$$\text{Für}\quad \mathbf{v} = \begin{pmatrix} v_1\\ v_2\\ v_3\end{pmatrix} \quad \text{ist}\quad \frac{D\mathbf{v}}{Dt} = \frac{\partial \mathbf{v}}{\partial t} + (\mathbf{u}\cdot\nabla)\mathbf{v} = \begin{pmatrix} \partial v_1/\partial t + (\mathbf{u}\cdot\nabla)v_1\\ \partial v_2/\partial t + (\mathbf{u}\cdot\nabla)v_2\\ \partial v_3/\partial t + (\mathbf{u}\cdot\nabla)v_3\end{pmatrix}$$

Der Term $(\mathbf{u}\cdot\nabla)\mathbf{v}$ ist unsere in Gl. (1.11) eingeführte Richtungsableitung des Vektorfelds $\mathbf{v}$ nach dem Geschwindigkeitsfeld $\mathbf{u}$. Sie lässt sich als Matrixmultiplikation formulieren, wenn wir ihre Komponenten gemäß Gl. (2.1) ersetzen.

$$(\mathbf{u}\cdot\nabla)\mathbf{v} = \begin{pmatrix} \partial_x v_1 & \partial_y v_1 & \partial_z v_1\\ \partial_x v_2 & \partial_y v_2 & \partial_z v_2\\ \partial_x v_3 & \partial_y v_3 & \partial_z v_3\end{pmatrix}\begin{pmatrix} u\\ v\\ u\end{pmatrix}. \tag{2.3}$$

Insbesondere erhalten wir die Beschleunigung als Materialableitung der Geschwindigkeit

$$\mathbf{a} = \frac{\partial \mathbf{u}}{\partial t} + (\mathbf{u}\cdot\nabla)\mathbf{u}\,. \tag{2.4}$$

**Aufgabe 2.1** Beweisen Sie die Produktregel $\frac{D}{Dt}(f\,g) = f\frac{Dg}{Dt} + g\frac{Df}{Dt}$.

---

unserer Messgröße $f = f(\mathbf{x}(\mathbf{a},t),t)$. Diese Bezeichnungen sind zu unhandlich, sodass wir den Startwert $\mathbf{a}$ nur notieren, wenn es zwingend erforderlich ist.

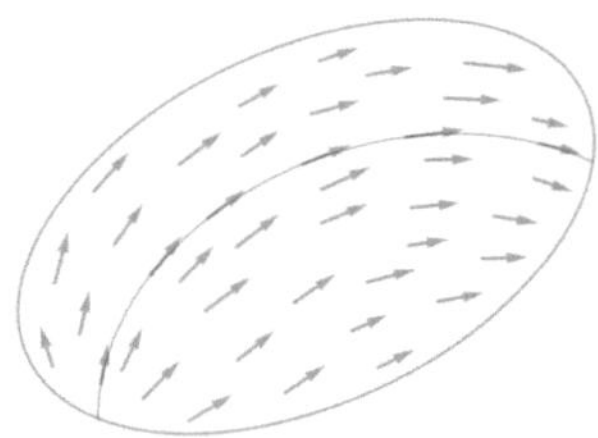

**Abb. 2.1** Geschwindigkeitsfeld mit zugehöriger Integralkurve

## 2.2 Stationäre Strömungen und Stromlinien

Als *Integralkurve* eines Vektorfelds $\mathbf{u}$ bezeichnet man eine Kurve, die in jedem ihrer Punkte tangential zur Richtung des Felds verläuft (Abb. 2.1).

Unter den *Stromlinien* zum Zeitpunkt $t$ verstehen wir die Integralkurven des momentanen Geschwindigkeitsfelds $\mathbf{u}(\mathbf{x}, t)$.

Eine Strömung heißt *stationär*, falls $\frac{\partial \mathbf{u}}{\partial t} = 0$ ist.

Im Falle einer stationären Strömung bleiben die Stromlinien zeitlich unverändert und entsprechen den Trajektorien der Teilchen. Die Beschleunigung ist in jedem Raumpunkt zeitlich konstant, denn aus Gl. (2.4) folgt $\mathbf{a} = (\mathbf{u} \cdot \nabla)\mathbf{u}$.

## 2.3 Massenerhaltung und Kontinuitätsgleichung

Es bezeichnen $\varrho = \varrho(\mathbf{x}, t)$ die Dichte und $\mathbf{u} = \mathbf{u}(\mathbf{x}, t)$ die Geschwindigkeit eines Fluids in einem fest gewählten durchströmten Gebiet $V$, das man sich wie einen verankerten Taucherkäfig vorstellen kann.

**Theorem 2.1 (Kontinuitätsgleichung)** *Im gesamten Strömungsgebiet gilt*

$$\frac{\partial \varrho}{\partial t} + \operatorname{div}(\varrho \mathbf{u}) = 0\,. \tag{2.5}$$

*Beweis* Ein fest gewählter Teilbereich $V$ des Strömungsgebiets enthält zum Zeitpunkt $t$ eine Fluidmenge der Masse

$$m = \int_V \varrho(\mathbf{x}, t)\,\mathrm{d}V\,.$$

Diese Masse kann sich nur durch Zu- oder Abfluss über die Oberfläche $\partial V$ verändern, d. h., es ist

$$\frac{\mathrm{d}}{\mathrm{d}t}\int_V \varrho(\mathbf{x}, t)\,\mathrm{d}V = -\int_{\partial V} \varrho(\mathbf{x}, t)\,\mathbf{u}(\mathbf{x}, t)\cdot\mathbf{n}\,\mathrm{d}S\,, \tag{2.6}$$

wobei $\mathbf{n}$ die herauszeigende Normale bezeichnet. Für die linke Seite von Gl. (2.6) gilt

$$\frac{\mathrm{d}}{\mathrm{d}t}\int_V \varrho(\mathbf{x}, t)\,\mathrm{d}V = \int_V \frac{\partial}{\partial t}\varrho(\mathbf{x}, t)\,\mathrm{d}V\,,$$

denn die zeitliche Veränderung wird im Gegensatz zum letzten Abschnitt an einem festen Ort $\mathbf{x}$ gemessen. Das rechte Integral in Gl. (2.6) lässt sich mit dem Satz von Gauß (Theorem 1.1) umformen:

$$\int_{\partial V} \varrho(\mathbf{x}, t)\,\mathbf{u}(\mathbf{x}, t)\cdot\mathbf{n}\,\mathrm{d}S = \int_V \operatorname{div}(\varrho\mathbf{u})\,\mathrm{d}V\,.$$

Nach dem Einsetzen der Vereinfachungen in Gl. (2.6) erhalten wir

$$\int_V \frac{\partial\varrho}{\partial t}\,\mathrm{d}V = -\int_V \operatorname{div}(\varrho\mathbf{u})\,\mathrm{d}V\,.$$

Da unser Teilgebiet $V$ beliebig ist, folgt die Behauptung. □

**Korollar 2.1** *Für ein Fluid mit konstanter Dichte $\varrho$ gilt*

$$\operatorname{div}\mathbf{u} = 0\,. \tag{2.7}$$

Die Eigenschaft (2.7) wird als *Quellenfreiheit* bezeichnet.

## 2.4 Die Stromfunktion

Wir untersuchen eine zweidimensionale, quellenfreie Strömung, die instationär sein kann. Im Gebiet $\bar{\Omega} \subset \mathbb{R}^2$ des Geschwindigkeitsfelds $\mathbf{u} = \begin{pmatrix} u(x, y, t) \\ v(x, y, t) \end{pmatrix}$ betrachten wir den Weg $S(A, P)$ zwischen dem Anfangspunkt $A$ und dem Endpunkt $P$. Wir

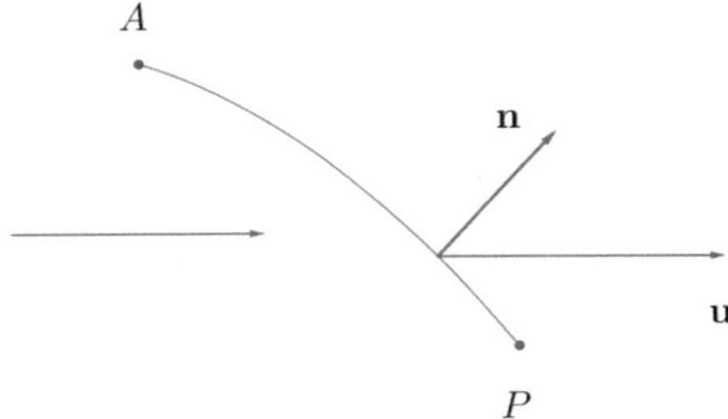


**Abb. 2.2** Durchfluss durch einen Bogen $S(A, P)$

wählen $\mathbf{n}\,\mathrm{d}s = \begin{pmatrix} \mathrm{d}y \\ -\mathrm{d}x \end{pmatrix}$ als normal an die Kurve gerichtetes Differentialelement, siehe Aufgabe 1.6. Dann beschreibt das Kurvenintegral

$$\psi_{S(A,P)} = \int_{S(A,P)} \mathbf{u} \cdot \mathbf{n}\,\mathrm{d}s \tag{2.8}$$

den *Durchfluss* zum Zeitpunkt $t$, also die jeweilige, pro Zeiteinheit durch unsere Kurve fließende Menge (Abb. 2.2).

**Aufgabe 2.2** Zeigen Sie, dass der Wert $\psi_{S(A,P)}$ bei einer quellenfreien Strömung nur vom Anfangs- und Endpunkt, jedoch nicht vom gewählten Weg abhängt.

Damit ist die folgende Definition gerechtfertigt.

Es sei $A \in \bar{\Omega}$ ein fest gewählter Punkt im Strömungsgebiet. Als *Stromfunktion* bezeichnet man die Zuordnung

$$\psi(x, y) = \int_{S(A,P)} \mathbf{u} \cdot \mathbf{n}\,\mathrm{d}s\,, \quad \text{wobei } P \in \bar{\Omega} \text{ die Koordinaten } (x, y) \text{ besitzt.}$$

Bei instationären Strömungen hängt die Stromfunktion zusätzlich von $t$ ab.

Stromfunktionen zu verschiedenen Anfangspunkten $A$ unterscheiden sich durch eine addierte Konstante. Ein stationäres Geschwindigkeitsfeld $\mathbf{u} = \begin{pmatrix} u \\ v \end{pmatrix}$ kann wie folgt aus seiner (zeitunabhängigen) Stromfunktion $\psi(x, y)$ berechnet werden.

**Lemma 2.1** *Im stationären Fall gilt für die partiellen Ableitungen der Stromfunktion*

$$u = \frac{\partial \psi}{\partial y}, \qquad v = -\frac{\partial \psi}{\partial x}. \tag{2.9}$$

*Beweis* Wir wählen einen Weg $S(A, P)$ mit einer Parametrisierung

$$\mathbf{x}(\tau) = \begin{pmatrix} x(\tau) \\ y(\tau) \end{pmatrix}, \qquad \tau \in [0, \eta].$$

Dann ist $\mathbf{u} \cdot \mathbf{n}\, \mathrm{d}s = u\, \mathrm{d}y - v\, \mathrm{d}x$ und somit

$$\begin{aligned} \psi(x(\eta), y(\eta)) &= \int_0^\eta \left( u \frac{\mathrm{d}y}{\mathrm{d}\tau} - v \frac{\mathrm{d}x}{\mathrm{d}\tau} \right) \mathrm{d}\tau, \\ \frac{\mathrm{d}\psi}{\mathrm{d}\eta} &= u \frac{\mathrm{d}y}{\mathrm{d}\eta} - v \frac{\mathrm{d}x}{\mathrm{d}\eta}, \\ \frac{\partial \psi}{\partial x} \frac{\mathrm{d}x}{\mathrm{d}\eta} + \frac{\partial \psi}{\partial y} \frac{\mathrm{d}y}{\mathrm{d}\eta} &= u \frac{\mathrm{d}y}{\mathrm{d}\eta} - v \frac{\mathrm{d}x}{\mathrm{d}\eta}, \end{aligned}$$

und wir erhalten nach Koeffizientenvergleich die gesuchten Beziehungen. □

**Aufgabe 2.3** Auf einem Gebiet $\Omega \subset \mathbb{R}^2$ sei ein stationäres, quellenfreies Geschwindigkeitsfeld **u** gegeben. Beweisen Sie, dass die Stromfunktion $\psi$ auf jeder Stromlinie konstant bleibt.

Bei Auftriebsberechnungen zu Tragflügelprofilen $D \subset \mathbb{R}^2$ betrachtet man die entsprechenden Außengebiete, deren Rand $\partial D$ eine zusammenhängende Kurve bildet. Da das Fluid den Rand nicht durchdringt, folgt aus Gl. (2.8)

$$\psi = \text{const} \qquad \text{auf } \partial\Omega. \tag{2.10}$$

Weiter ergeben sich aus Gl. (2.9) die Beziehungen $\frac{\partial^2 \psi}{\partial x^2} = -\frac{\partial v}{\partial x}$, $\frac{\partial^2 \psi}{\partial y^2} = \frac{\partial u}{\partial y}$. Nach Addition und unter Berücksichtigung von Gl. (1.20) erhalten wir

$$\Delta \psi = -\operatorname{rot} \mathbf{u} \qquad \text{in } \Omega. \tag{2.11}$$

Damit lässt sich eine Stromfunktion für ein stationäres, quellenfreies Geschwindigkeitsfeld **u** als Lösung der Poisson-Gleichung (2.10), (2.11) berechnen.

**Korollar 2.2** *Für ein stationäres, quellenfreies Geschwindigkeitsfeld* **u** *lässt sich eine Stromfunktion* $\psi$ *aus den Gl. (2.9) und (2.10) bestimmen.*

## 2.5 Das Transport-Theorem

Wir wollen die zeitliche Änderung einer physikalischen Größe in einem „mitschwimmenden" Raumbereich untersuchen.

Es sei **a** der Aufenthaltsort eines Teilchens zum Startzeitpunkt null. Nach der Zeit $t$ erreicht es den Ort $\mathbf{x} = \mathbf{x}(\mathbf{a}, t)$. Die Zuordnung aller Anfangsorte zu ihren nach einer festen Zeit $t$ erreichten Orten

$$M_t : \mathbf{a} \mapsto \mathbf{x}(\mathbf{a}, t)$$

wird *Lagrange-Abbildung* genannt. Ihre *Jacobi-Matrix*

$$DM_t = \begin{pmatrix} \frac{\partial x_1}{\partial a_1} & \frac{\partial x_1}{\partial a_2} & \frac{\partial x_1}{\partial a_3} \\ \frac{\partial x_2}{\partial a_1} & \frac{\partial x_2}{\partial a_2} & \frac{\partial x_2}{\partial a_3} \\ \frac{\partial x_3}{\partial a_1} & \frac{\partial x_3}{\partial a_2} & \frac{\partial x_3}{\partial a_3} \end{pmatrix} = (\frac{\partial x_i}{\partial a_j} |_t) \tag{2.12}$$

und die zugehörige *Jacobi-Determinante*

$$\det DM_t = \epsilon_{ijk} \frac{\partial x_1}{\partial a_i} \frac{\partial x_2}{\partial a_j} \frac{\partial x_3}{\partial a_k} \tag{2.13}$$

ermöglichen uns, Integrale über „fließende" Teilgebiete $V_t$ auf Integrale über den Ausgangsbereich $V_0$ zurückzuführen. Letztere können wie gewohnt nach der Zeit abgeleitet werden. Zuerst untersuchen wir, wie die Lagrange-Abbildung die Volumina von Strömungsgebieten verändert. Über das Spatprodukt (1.6) der Vektoren

$$\mathbf{da}^{(1)} = \begin{pmatrix} da_1 \\ 0 \\ 0 \end{pmatrix}, \quad \mathbf{da}^{(2)} = \begin{pmatrix} 0 \\ da_2 \\ 0 \end{pmatrix}, \quad \mathbf{da}^{(3)} = \begin{pmatrix} 0 \\ 0 \\ da_3 \end{pmatrix}$$

definieren wir ein infinitesimales Volumenelement zum Anfangszeitpunkt (Abb. 2.3)

$$\mathrm{d}V_0 = \mathbf{da}^{(1)} \cdot (\mathbf{da}^{(2)} \times \mathbf{da}^{(3)}) = \mathrm{d}a_1\, \mathrm{d}a_2\, \mathrm{d}a_3\,. \tag{2.14}$$

Die Jacobi-Matrix (2.12) überführt die Vektoren $\mathbf{da}^{(k)}$ in ihre Bilder

$$\mathbf{dx}^{(k)} = DM_t\, \mathbf{da}^{(k)}\,.$$

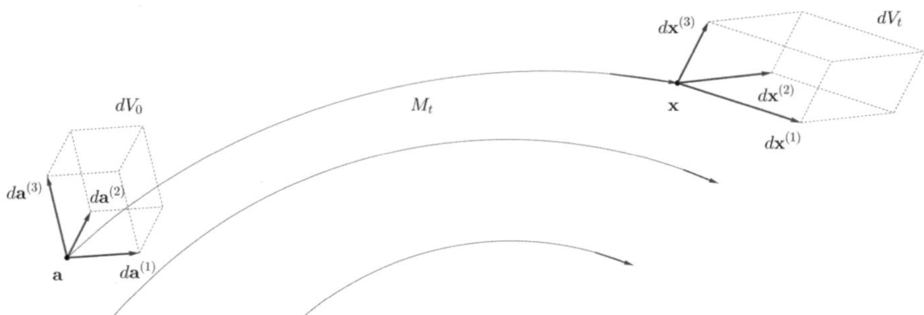


**Abb. 2.3** Lagrange-Abbildung $M_t$

Insbesondere ist

$$\mathrm{d}\mathbf{x}^{(1)} = \begin{pmatrix} \frac{\partial x_1}{\partial a_1}\,\mathrm{d}a_1 \\ \frac{\partial x_2}{\partial a_1}\,\mathrm{d}a_1 \\ \frac{\partial x_3}{\partial a_1}\,\mathrm{d}a_1 \end{pmatrix}, \quad \mathrm{d}\mathbf{x}^{(2)} = \begin{pmatrix} \frac{\partial x_1}{\partial a_2}\,\mathrm{d}a_2 \\ \frac{\partial x_2}{\partial a_2}\,\mathrm{d}a_2 \\ \frac{\partial x_3}{\partial a_2}\,\mathrm{d}a_2 \end{pmatrix}, \quad \mathrm{d}\mathbf{x}^{(3)} = \begin{pmatrix} \frac{\partial x_1}{\partial a_3}\,\mathrm{d}a_3 \\ \frac{\partial x_2}{\partial a_3}\,\mathrm{d}a_3 \\ \frac{\partial x_3}{\partial a_3}\,\mathrm{d}a_3 \end{pmatrix}.$$

Nun können wir das gesuchte Volumen $\mathrm{d}V_t$ berechnen. Mit dem Spatprodukt erhalten wir unter Berücksichtigung von Gl. (2.12) und (2.14)

$$\mathrm{d}V_t = \mathrm{d}\mathbf{x}^{(1)} \cdot (\mathrm{d}\mathbf{x}^{(2)} \times \mathrm{d}\mathbf{x}^{(3)}) = \epsilon_{ijk}\,\frac{\partial x_1}{\partial a_i}\mathrm{d}a_i\,\frac{\partial x_2}{\partial a_j}\mathrm{d}a_j\,\frac{\partial x_3}{\partial a_k}\mathrm{d}a_k = (\det DM_t)\,\mathrm{d}V_0\,. \tag{2.15}$$

Jetzt soll die zeitliche Veränderung der Jacobi-Determinante untersucht werden. Unter Berücksichtigung von $\frac{\mathrm{d}}{\mathrm{d}t}\frac{\partial x_n}{\partial a_m} = \frac{\partial u_n}{\partial a_m}$ folgt aus Gl. (2.13):

$$\begin{aligned} \frac{\mathrm{d}}{\mathrm{d}t}\det DM_t &= \frac{\mathrm{d}}{\mathrm{d}t}\Big(\epsilon_{ijk}\,\frac{\partial x_1}{\partial a_i}\frac{\partial x_2}{\partial a_j}\frac{\partial x_3}{\partial a_k}\Big) \\ &= \epsilon_{ijk}\,\frac{\partial u_1}{\partial a_i}\frac{\partial x_2}{\partial a_j}\frac{\partial x_3}{\partial a_k} + \epsilon_{ijk}\,\frac{\partial x_1}{\partial a_i}\frac{\partial u_2}{\partial a_j}\frac{\partial x_3}{\partial a_k} + \epsilon_{ijk}\,\frac{\partial x_1}{\partial a_i}\frac{\partial x_2}{\partial a_j}\frac{\partial u_3}{\partial a_k}\,. \end{aligned} \tag{2.16}$$

Der erste Summand in der letzten Zeile lautet in ausgeschriebener Form:

$$\epsilon_{ijk}\,\frac{\partial u_1}{\partial a_i}\frac{\partial x_2}{\partial a_j}\frac{\partial x_3}{\partial a_k} = \det\begin{bmatrix} \frac{\partial u_1}{\partial a_1} & \frac{\partial u_1}{\partial a_2} & \frac{\partial u_1}{\partial a_3} \\ \frac{\partial x_2}{\partial a_1} & \frac{\partial x_2}{\partial a_2} & \frac{\partial x_2}{\partial a_3} \\ \frac{\partial x_3}{\partial a_1} & \frac{\partial x_3}{\partial a_2} & \frac{\partial x_3}{\partial a_3} \end{bmatrix}. \tag{2.17}$$

Weiterhin ist (mit der Einsteinschen Summenkonvention im jeweils letzten Term)

$$\frac{\partial u_1}{\partial a_1} = \frac{\partial u_1}{\partial x_1}\frac{\partial x_1}{\partial a_1} + \frac{\partial u_1}{\partial x_2}\frac{\partial x_2}{\partial a_1} + \frac{\partial u_1}{\partial x_3}\frac{\partial x_3}{\partial a_1} = \frac{\partial u_1}{\partial x_i}\frac{\partial x_i}{\partial a_1},$$

$$\frac{\partial u_1}{\partial a_2} = \frac{\partial u_1}{\partial x_1}\frac{\partial x_1}{\partial a_2} + \frac{\partial u_1}{\partial x_2}\frac{\partial x_2}{\partial a_2} + \frac{\partial u_1}{\partial x_3}\frac{\partial x_3}{\partial a_2} = \frac{\partial u_1}{\partial x_i}\frac{\partial x_i}{\partial a_2},$$

$$\frac{\partial u_1}{\partial a_3} = \frac{\partial u_1}{\partial x_1}\frac{\partial x_1}{\partial a_3} + \frac{\partial u_1}{\partial x_2}\frac{\partial x_2}{\partial a_3} + \frac{\partial u_1}{\partial x_3}\frac{\partial x_3}{\partial a_3} = \frac{\partial u_1}{\partial x_i}\frac{\partial x_i}{\partial a_3}.$$

Ersetzen wir diese Beziehungen in der oberen Zeile von Gl. (2.17), so folgt

$$\epsilon_{ijk}\frac{\partial u_1}{\partial a_i}\frac{\partial x_2}{\partial a_j}\frac{\partial x_3}{\partial a_k} = \det\begin{bmatrix} \frac{\partial u_1}{\partial x_i}\frac{\partial x_i}{\partial a_1} & \frac{\partial u_1}{\partial x_i}\frac{\partial x_i}{\partial a_2} & \frac{\partial u_1}{\partial x_i}\frac{\partial x_i}{\partial a_3} \\ \frac{\partial x_2}{\partial a_1} & \frac{\partial x_2}{\partial a_2} & \frac{\partial x_2}{\partial a_3} \\ \frac{\partial x_3}{\partial a_1} & \frac{\partial x_3}{\partial a_2} & \frac{\partial x_3}{\partial a_3} \end{bmatrix}. \tag{2.18}$$

Nach Aufgabe 1.2 bleibt der Wert einer Determinante unverändert, wenn wir von der ersten Zeile die mit $\frac{\partial u_1}{\partial x_2}$ multiplizierte zweite Zeile sowie die mit $\frac{\partial u_1}{\partial x_3}$ multiplizierte dritte Zeile subtrahieren. Anschließend können wir gemäß Aufgabe 1.3 den Faktor $\frac{\partial u_1}{\partial x_1}$ aus der ersten Zeile vor die Determinante setzen. Damit vereinfacht sich Gl. (2.18) zu

$$\begin{aligned}\epsilon_{ijk}\frac{\partial u_1}{\partial a_i}\frac{\partial x_2}{\partial a_j}\frac{\partial x_3}{\partial a_k} &= \det\begin{bmatrix} \frac{\partial u_1}{\partial x_1}\frac{\partial x_1}{\partial a_1} & \frac{\partial u_1}{\partial x_1}\frac{\partial x_1}{\partial a_2} & \frac{\partial u_1}{\partial x_1}\frac{\partial x_1}{\partial a_3} \\ \frac{\partial x_2}{\partial a_1} & \frac{\partial x_2}{\partial a_2} & \frac{\partial x_2}{\partial a_3} \\ \frac{\partial x_3}{\partial a_1} & \frac{\partial x_3}{\partial a_2} & \frac{\partial x_3}{\partial a_3} \end{bmatrix} = \frac{\partial u_1}{\partial x_1}\det\begin{bmatrix} \frac{\partial x_1}{\partial a_1} & \frac{\partial x_1}{\partial a_2} & \frac{\partial x_1}{\partial a_3} \\ \frac{\partial x_2}{\partial a_1} & \frac{\partial x_2}{\partial a_2} & \frac{\partial x_2}{\partial a_3} \\ \frac{\partial x_3}{\partial a_1} & \frac{\partial x_3}{\partial a_2} & \frac{\partial x_3}{\partial a_3} \end{bmatrix} \\ &= \frac{\partial u_1}{\partial x_1}\det DM_t\,.\end{aligned}$$

Analog erhalten wir für die restlichen Summanden von Gl. (2.16)

$$\epsilon_{ijk}\frac{\partial x_1}{\partial a_i}\frac{\partial u_2}{\partial a_j}\frac{\partial x_3}{\partial a_k} = \frac{\partial u_2}{\partial x_2}\det DM_t, \qquad \epsilon_{ijk}\frac{\partial x_1}{\partial a_i}\frac{\partial x_2}{\partial a_j}\frac{\partial u_3}{\partial a_k} = \frac{\partial u_3}{\partial x_3}\det DM_t\,.$$

Zusammenfassend folgt aus Gl. (2.16):

$$\frac{\mathrm{d}}{\mathrm{d}t}\det DM_t = (\frac{\partial u_1}{\partial x_1} + \frac{\partial u_2}{\partial x_2} + \frac{\partial u_3}{\partial x_3})\det DM_t = (\operatorname{div}\mathbf{u})\det DM_t\,. \tag{2.19}$$

Unter einem *fließenden Volumen* $V_t$ verstehen wir das *Gebiet*, d. h. die offene, nichtleere und zusammenhängende Teilmenge im dreidimensionalen Raum, die von einer bestimmten Menge fließender Teilchen zum Zeitpunkt $t$ ausgefüllt wird.

Man kann es sich als momentanen Aufenthaltsort einer mitschwimmenden Flüssigkeitsportion vorstellen, die mit einem Farbstoff markiert wurde.

**Theorem 2.2 (Transport-Theorem von Reynolds)** *Sei $V_t$ ein fließendes Volumen und $f = f(\mathbf{x}(t), t)$ eine entlang des Flusses betrachtete skalare Funktion.*[2] *Dann ist*

$$\frac{d}{dt}\int_{V_t} f\, dV_t = \int_{V_t}\left[\frac{Df}{Dt} + f \operatorname{div}\mathbf{u}\right] dV_t\,.$$

*Beweis* Mit der Lagrange-Abbildung führen wir die Integration auf das Anfangsvolumen $V_0$ zurück. Wegen Gl. (2.15) ist

$$\begin{aligned}\frac{\mathrm{d}}{\mathrm{d}t}\int_{V_t} f\,\mathrm{d}V_t &= \frac{\mathrm{d}}{\mathrm{d}t}\int_{V_0} f(\mathbf{x}(t), t)\det DM_t\,\mathrm{d}V_0\\ &= \int_{V_0}\frac{\mathrm{d}}{\mathrm{d}t}[f(\mathbf{x}(t), t)\det DM_t]\,\mathrm{d}V_0\,.\end{aligned}$$

Die Produktregel liefert unter Berücksichtigung der Materialableitung (2.1) sowie (2.19):

$$\begin{aligned}\frac{\mathrm{d}}{\mathrm{d}t}[f(\mathbf{x}(t), t)\det DM_t] &= \frac{Df}{Dt}\det DM_t + f(\mathbf{x}(t), t)\,(\operatorname{div}\mathbf{u})\det DM_t\\ &= \left[\frac{Df}{Dt} + f\operatorname{div}\mathbf{u}\right]\det DM_t\,.\end{aligned}$$

Nach Einsetzen erhalten wir:

$$\begin{aligned}\frac{\mathrm{d}}{\mathrm{d}t}\int_{V_t} f\,\mathrm{d}V_t &= \int_{V_0}\left[\frac{Df}{Dt} + f\operatorname{div}\mathbf{u}\right]\det DM_t\,\mathrm{d}V_0\\ &= \int_{V_t}\left[\frac{Df}{Dt} + f\operatorname{div}\mathbf{u}\right]\mathrm{d}V_t \qquad \text{wegen Gl. (2.15)}\end{aligned}$$

□

[2] Ihre Werte sind als Messreihe einer entsprechenden physikalische Größe vorstellbar, wobei das Messgerät im Teilchenstrom mitschwimmt.

Ein Fluid heißt *inkompressibel,* wenn sein Volumen trotz einer Krafteinwirkung oder Druckänderung konstant bleibt.

**Korollar 2.3** *Ein Fluid ist genau dann inkompressibel, wenn* $\operatorname{div}\mathbf{u} = 0$ *gilt.*

*Beweis* Wie üblich bezeichnet $V_t \subset \mathbb{R}^3$ die Punktmenge und $|V_t|$ die Maßzahl seines Volumens. Inkompressibilität bedeutet für jedes fließende Volumen $V_t$ die Gültigkeit der Beziehung

$$\frac{\mathrm{d}|V_t|}{\mathrm{d}t} = \frac{\mathrm{d}}{\mathrm{d}t}\int_{V_t} \mathrm{d}V_t = 0\,.$$

Mit dem Transport-Theorem $\frac{\mathrm{d}}{\mathrm{d}t}\int_{V_t} \mathrm{d}V_t = \int_{V_t} \operatorname{div}\mathbf{u}\,\mathrm{d}V_t$ folgt $\int_{V_t} \operatorname{div}\mathbf{u}\,\mathrm{d}V_t = 0$, also $\operatorname{div}\mathbf{u} = 0$. □

Flüssigkeiten können in den meisten Fällen als inkompressibel angesehen werden. Dasselbe gilt bei Gasen, solange die Strömungsgeschwindigkeit gegenüber der Schallgeschwindigkeit[3] klein ist und die Temperatur konstant bleibt.

Wir erinnern, dass ein Fluid mit konstanter Dichte nach Korollar 2.1 inkompressibel ist. Allerdings bedeutet Inkompressibilität nicht automatisch, dass die Dichte konstant bleibt. Meereswasser kann als inkompressibel betrachtet werden, obwohl seine Dichte aufgrund des verschiedenen Salzgehalts variiert.

## Literatur

1. Chorin A.J., Marsden J.E.: *A Mathematical Introduction to Fluid Mechanics.* Springer, Berlin (1992)
2. Milne-Thomson L.M.: *Theoretical Hydrodynamics.* Dover Publications, New York (1968)

[3] Die Schallgeschwindigkeit der Luft liegt bei ca. 350 m/s.

# Dynamik von Strömungen

3

Strömungen in Flüssigkeiten und Gasen werden durch die Navier-Stokes-Gleichungen modelliert. Ihre Herleitung erfolgt in mehreren Schritten, wobei die wichtigsten Teilresultate in Hilfssätzen zusammengefasst werden. Als Ausgangspunkt dient das 2. Gesetz von Newton

$$\frac{\mathrm{d}}{\mathrm{d}t} m\mathbf{v} = \mathbf{F}\,. \tag{3.1}$$

Da es auf Massenpunkte bzw. Körper angewendet wird, muss seine strömungsmechanische Variante eine entsprechende Anwendung auf fließende Teilchen bzw. fließende Volumina $V_t$ finden.

## 3.1 Interne und externe Kräfte

Die Kraft auf ein fließendes Volumen $V_t$ setzt sich aus zwei Komponenten zusammen. *Interne Kräfte* $\mathbf{F}_i$ entstehen durch Einwirkung der Teilchen aufeinander, insbesondere durch Druck und Reibungswiderstand benachbarter Teilchen. Es handelt sich um Kontaktkräfte, die über Oberflächen wirken. Die interne Kraft, welche auf $V_t$ einwirkt, lässt sich mit der Matrix des *Spannungstensors* $\mathsf{T} = (T_{ij})$ als Oberflächenintegral formulieren:

$$\mathbf{F}_i = \int_{\partial V_t} \mathsf{T} \cdot \mathbf{n}\,\mathrm{d}S, \quad \mathbf{n} \text{ herauszeigende Flächennormale zu } \partial V \tag{3.2}$$

In der Elastizitätstheorie und Strömungsmechanik ist die *Spannung* definiert als Kraft pro Fläche. Das Integral (3.2) summiert über alle Spannungen $\mathsf{T} \cdot \mathbf{n}$ auf der



R. Spielmann, *Theoretische Strömungsmechanik*,
https://doi.org/10.1007/978-3-662-70549-0_3

Oberfläche $\partial V_t$. Es fasst die Krafteinwirkung auf $V_t$ zusammen, die von den außerhalb $V_t$ befindlichen Teilchen verursacht wird. Innerhalb von $V_t$ kompensieren sich die Wechselwirkungskräfte gegenseitig, sodass sie nichts zur Bewegung von $V_t$ beitragen.

*Externe Kräfte* $\mathbf{F}_a$ entstehen durch Einwirkungen, die über externe Felder vermittelt werden. Ihre Ursachen liegen außerhalb des betrachteten Systems. Beispiele sind Gravitationskräfte bzw. elektromagnetische Kräfte bei flüssigen Metallen. Sie wirken auf jedes einzelne Teilchen in $V_t$ und können mittels einer Kraftdichte $\mathbf{f}$ als Volumenintegral beschrieben werden:

$$\mathbf{F}_a = \int_{V_t} \mathbf{f}\,\mathrm{d}V\,. \tag{3.3}$$

Die Kräfte führen nach dem Newtonschen Gesetz zu einer Impulsänderung, die wie folgt formuliert wird.

**Lemma 3.1** *Mit dem in Gl. (3.2) eingeführten Spannungstensor* $\mathsf{T}$ *gilt*

$$\varrho \frac{D\mathbf{u}}{Dt} = \mathbf{f} + \operatorname{div} \mathsf{T}\,. \tag{3.4}$$

*Beweis* Die linke Seite von Gl. (3.1) beschreibt die *Impulsänderung*. In Bezug auf ein beliebiges fließendes Volumen $V_t$ wird sie als Volumenintegral berechnet:

$$\frac{\mathrm{d}}{\mathrm{d}t} \int_{V_t} \varrho \mathbf{u}\,\mathrm{d}V\,.$$

Die Kraft $\mathbf{F}$ auf der rechten Seite der Newtonschen Gleichung (3.1) setzt sich aus internen und externen Kräften zusammen. Damit nimmt Gl. (3.1) für $V_t$ die folgende Form an:

$$\frac{\mathrm{d}}{\mathrm{d}t} \int_{V_t} \varrho \mathbf{u}\,\mathrm{d}V = \int_{V_t} \mathbf{f}\,\mathrm{d}V + \int_{\partial V_t} \mathsf{T} \cdot \mathbf{n}\,\mathrm{d}S\,. \tag{3.5}$$

Nach Umwandlung der linken Seite mit dem Transport-Theorem 2.2 und des Oberflächenintegrals mit dem Satz von Gauß (Theorem 1.1) erhalten wir:

$$\int_{V_t} \left[ \frac{D}{Dt}(\varrho \mathbf{u}) + (\varrho \mathbf{u}) \operatorname{div} \mathbf{u} \right] \mathrm{d}V = \int_{V_t} \mathbf{f}\,\mathrm{d}V + \int_{V_t} \operatorname{div} \mathsf{T}\,\mathrm{d}V\,.$$

Da $V_t$ beliebig gewählt werden kann, folgt

$$\frac{D}{Dt}(\varrho \mathbf{u}) + (\varrho \mathbf{u}) \operatorname{div} \mathbf{u} = \mathbf{f} + \operatorname{div} \mathsf{T}\,. \tag{3.6}$$

Mit der Produktregel (Aufgabe 2.1) und der Materialableitung (2.2)

$$\frac{D}{Dt}(\varrho\mathbf{u}) = \varrho\frac{D\mathbf{u}}{Dt} + \mathbf{u}\frac{D\varrho}{Dt} = \varrho\frac{D\mathbf{u}}{Dt} + \mathbf{u}\left[\frac{\partial\varrho}{\partial t} + \mathbf{u}\cdot\nabla\varrho\right]$$

vereinfachen wir die linke Seite von Gl. (3.6):

$$\begin{aligned}\frac{D}{Dt}(\varrho\mathbf{u}) + (\varrho\mathbf{u})\,\mathrm{div}\,\mathbf{u} &= \varrho\frac{D\mathbf{u}}{Dt} + \mathbf{u}\left[\frac{\partial\varrho}{\partial t} + \mathbf{u}\cdot\nabla\varrho + \varrho\,\mathrm{div}\,\mathbf{u}\right] \\ &= \varrho\frac{D\mathbf{u}}{Dt} + \mathbf{u}\left[\frac{\partial\varrho}{\partial t} + \mathrm{div}(\varrho\mathbf{u})\right] \qquad \text{mit (1.14)} \\ &= \varrho\frac{D\mathbf{u}}{Dt} \qquad \text{mit der Kontinuitätsgleichung (2.5)}\end{aligned}$$

und erhalten aus Gl. (3.6) die Behauptung. □

## 3.2 Druck und Scherspannung

In Gl. (3.2) gibt $\mathsf{T}\cdot\mathbf{n}$ die Spannung (= Kraft pro Fläche) auf ein Flächenelement mit der Einheitsnormalen $\mathbf{n}$ an. Wir wollen den Spannungstensor $\mathsf{T} = (T_{ij})$ vereinfachen. Mit dem Druck $p$, dem Einheitstensor $\mathsf{I} = (\delta_{ij})$ und dem *Tensor der Scherspannung* $\mathsf{S} = (\sigma_{ij})$, auch als *viskoser Spannungstensor* bezeichnet, lautet der Ansatz:

$$\begin{aligned}\mathsf{T} &= -p\,\mathsf{I} + \mathsf{S} \\ \text{bzw.}\quad T_{ij} &= -p\,\delta_{ij} + \sigma_{ij},\end{aligned} \tag{3.7}$$

wobei die Diagonalelemente von $\mathsf{S}$ verschwinden:

$$\sigma_{ii} = 0\,. \tag{3.8}$$

Sowohl der Skalar $p$ als auch die Tensorkomponenten $T_{ij}, \sigma_{ij}$ sind Funktionen von $\mathbf{x}$ und $t$, wobei der Druck stets positiv ist.

Zur Interpretation des Druckanteils betrachten wir Gl. (3.2) bei verschwindender Scherspannung, d. h.,

$$\mathbf{F}_i = -\int_{\partial V_t} p\,\mathsf{I}\cdot\mathbf{n}\,\mathrm{d}S = -\int_{\partial V_t} p\mathbf{n}\,\mathrm{d}S\,.$$

Wir haben die Formel zur Berechnung der Kraft auf den Körper $V_t$ erhalten, welche durch den Druck auf seine Oberfläche hervorgerufen wird. Die Druckkraft auf ein Flächenelement ist stets entgegengesetzt zur äußeren Flächennormalen $\mathbf{n}$, also *senkrecht zum Flächenstück* gerichtet (Abb. 3.1a).

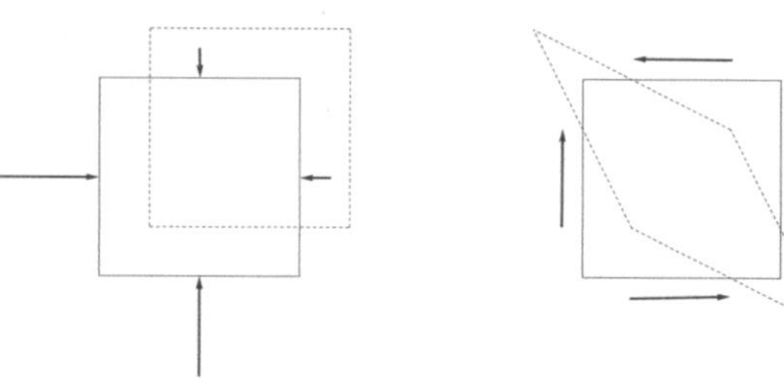

**Abb. 3.1** a (linkes Bild) Druckkräfte wirken senkrecht zur Oberfläche. b (rechtes Bild) Scherkräfte wirken parallel zur Oberfläche. Gestrichelte Linien zeigen den veränderten Körper

Ein Fluid, dessen innere Kräfte nur durch Druck entstehen, wird als *ideales Fluid* bezeichnet und ist reibungsfrei.

Kräfte durch Scherspannungen sind *parallel zur Oberfläche* gerichtet und bewirken Verzerrungen (Abb. 3.1b). Dabei kommt es zur Reibung.

**Aufgabe 3.1** Weisen Sie nach, dass die Scherkraft zur Ebene mit der Normalen $\mathbf{e}_i$ tatsächlich parallel zu dieser Ebene wirkt.

Beobachtungen zeigen, dass die Teilchen einer Strömung nicht automatisch zu schnellen Rotationsbewegungen gezwungen werden. Hieraus lässt sich die Symmetrie des Spannungstensors ableiten.

**Lemma 3.2** *Für die Komponenten des Spannungstensors* $\mathsf{T}$ *gilt*

$$T_{ij} = T_{ji} \,. \tag{3.9}$$

*Beweis* Die Krafteinwirkung erzeugt ein Drehmoment, welches den Drehimpuls des Teilchens verändert. In Analogie zu Gl. (3.5) gilt

$$\frac{\mathrm{d}}{\mathrm{d}t}\int_{V_t} \varrho(\mathbf{x}\times\mathbf{u})\,\mathrm{d}V = \int_{V_t}(\mathbf{x}\times\mathbf{f})\,\mathrm{d}V + \int_{\partial V_t}(\mathbf{x}\times[\mathsf{T}\cdot\mathbf{n}])\,\mathrm{d}S\,. \tag{3.10}$$

Untersuchen wir zunächst das Drehmoment

$$\mathbf{M} = \int_{V_t}(\mathbf{x}\times\mathbf{f})\,\mathrm{d}V + \int_{\partial V_t}(\mathbf{x}\times[\mathsf{T}\cdot\mathbf{n}])\,\mathrm{d}S\,. \tag{3.11}$$

Aus Gl. (1.2) erhalten wir mit der Bezeichnung $\mathsf{R} = (R_{kq}) = (\epsilon_{ijk}\, x_i\, T_{jq})$:

$$\mathbf{x}\times[\mathsf{T}\cdot\mathbf{n}] = \epsilon_{ijk}\, x_i (T_{jq} n_q) = \mathsf{R}\cdot\mathbf{n}\,.$$

Dann folgt mit dem Satz von Gauß (Theorem 1.1):

$$\int_{\partial V_t} (\mathbf{x} \times [\mathsf{T} \cdot \mathbf{n}])\, \mathrm{d}S = \int_{\partial V_t} \mathsf{R} \cdot \mathbf{n}\, \mathrm{d}S = \int_{V_t} \operatorname{div} \mathsf{R}\, \mathrm{d}V$$

und somit

$$\mathbf{M} = \int_{V_t} (\mathbf{x} \times \mathbf{f} + \operatorname{div} \mathsf{R})\, \mathrm{d}V \,.$$

Der Integrand besitzt die Koordinaten

$$\begin{aligned} \mathbf{x} \times \mathbf{f} + \operatorname{div} \mathsf{R} &= \epsilon_{ijk}\, x_i\, f_j + \partial_q (\epsilon_{ijk}\, x_i\, T_{jq}) \\ &= \epsilon_{ijk}\, x_i\, f_j + \epsilon_{ijk}\, x_i\, \partial_q T_{jq} + \epsilon_{ijk}\, T_{jq}\, \partial_q x_i \\ &= \epsilon_{ijk}\, x_i\, f_j + \epsilon_{ijk}\, x_i\, \partial_q T_{jq} + \epsilon_{ijk}\, T_{jq}\, \delta_{qi} \\ &= \epsilon_{ijk}\, x_i\, f_j + \epsilon_{ijk}\, x_i\, \partial_q T_{jq} + \epsilon_{ijk}\, T_{ji} \,, \end{aligned}$$

und wir erhalten für das Drehmoment

$$\mathbf{M} = \int_{V_t} \epsilon_{ijk}\, x_i\, f_j\, \mathrm{d}V + \int_{V_t} \epsilon_{ijk}\, x_i\, \partial_q T_{jq}\, \mathrm{d}V + \int_{V_t} \epsilon_{ijk}\, T_{ji}\, \mathrm{d}V \,. \tag{3.12}$$

Mit $|V_t|$ bezeichnen wir die Maßzahl des Volumens $V_t \subset \mathbb{R}^3$. Zur Untersuchung kleiner Teilchen verringern wir $V_t$ unter Beibehaltung seiner Proportionen. Bei hinreichend kleinem Volumen können wir die Dichte sowie die Komponenten der Kraft und des Spannungstensors näherungsweise als konstant ansehen, wohingegen für Raumkoordinaten $x_i = O(|V|^{1/3})$ ist. Damit lassen sich die Ordnungen (siehe Anhang A.1) der Terme in Gl. (3.12) für $|V_t| \to 0$ abschätzen. Da unter dem letzten Integral keine Raumkoordinaten zu finden sind, gilt:

$$\int_{V_t} \epsilon_{ijk}\, T_{ji}\, \mathrm{d}V = O(|V_t|) \,. \tag{3.13}$$

Die restlichen Integrale in Gl. (3.12) enthalten $x_i$ und sind deshalb von der Ordnung $O(|V_t|^{4/3})$. Betrachten wir nun die linke Seite von Gl. (3.10). Sie beschreibt die Änderung des Drehimpulses:

$$\frac{\mathrm{d}\mathbf{L}}{\mathrm{d}t} = \frac{\mathrm{d}}{\mathrm{d}t} \int_{V_t} \varrho (\mathbf{x} \times \mathbf{u})\, \mathrm{d}V \,.$$

Der Integrand enthält den Ortsvektor $\mathbf{x} = O(|V_t|^{1/3})$. Dann gilt

$$\frac{\mathrm{d}\mathbf{L}}{\mathrm{d}t} = O(|V_t|^{4/3}) \,. \tag{3.14}$$

Wenn die Drehimpulsänderung (3.14) für $|V_t| \to 0$ stärker gegen null geht als das erzeugende Drehmoment (3.13), dann verändert sich die Winkelbeschleunigung mit der Ordnung $O(|V_t|/|V_t|^{4/3}) = O(|V_t|^{-1/3}) \to \infty$. Kleine Teilchen müssten sich immer schneller drehen, was der Beobachtung widerspricht. Folglich darf das Integral (3.13) keinen Beitrag leisten, d. h., es ist $\epsilon_{ijk} T_{ji} = 0$. Das bedeutet

$$T_{12} - T_{21} = 0, \quad T_{32} - T_{23} = 0, \quad T_{13} - T_{31} = 0\,.$$

□

Hieraus folgt, dass auch der Scherspannungstensor $\mathsf{S}$ symmetrisch ist. Zur weiteren Bestimmung seines Aufbaus betrachten wir zunächst die Matrix $\nabla\mathbf{u}$ der ersten Ableitungen des Geschwindigkeitsfelds. Durch die Zerlegung[1]

$$\nabla\mathbf{u} = \frac{1}{2}(\nabla\mathbf{u} + (\nabla\mathbf{u})^T) + \frac{1}{2}(\nabla\mathbf{u} - (\nabla\mathbf{u})^T)$$

erhalten wir $\nabla\mathbf{u} = \mathsf{E} + \Omega$ als Summe eines symmetrischen Anteils

$$\begin{aligned} \mathsf{E} &= \frac{1}{2}(\nabla\mathbf{u} + (\nabla\mathbf{u})^T) \\ \text{bzw. } e_{ij} &= \frac{1}{2}\Big(\frac{\partial u_i}{\partial x_j} + \frac{\partial u_j}{\partial x_i}\Big) \end{aligned} \tag{3.15}$$

und eines asymmetrischen Anteils

$$\Omega = \frac{1}{2}(\nabla\mathbf{u} - (\nabla\mathbf{u})^T)\,.$$

Der symmetrische Tensor $\mathsf{E}$ wird auch als *Deformationstensor* bezeichnet.

## 3.3 Scherspannung und Geschwindigkeitsgradient

Wir verfeinern den Ansatz, indem wir – gestützt auf Beobachtungen – einige Annahmen begründen. Anschließend können wir die Form des Spannungstensors festlegen.

In konstanten Geschwindigkeitsfeldern treten keine Scherkräfte auf. Außerdem hat die Erhöhung der Fließgeschwindigkeit um eine additive Konstante keinen Einfluss auf die Verformung von Teilchen. Damit hängt der Scherspannungstensor $\mathsf{S}$ nicht von der Fließgeschwindigkeit $\mathbf{u}$ ab, sondern wird im Wesentlichen von den ersten Ableitungen $\partial u_i/\partial x_j$ bestimmt.

[1] Mit $\mathbf{A}^T = (a_{ji})$ wird die transponierte Matrix zu $\mathbf{A} = (a_{ij})$ bezeichnet.

**Annahme 1** Der Scherspannungstensor $\mathsf{S}$ hängt linear von $\nabla \mathbf{u}$ ab. Höhere Ableitungen des Geschwindigkeitsfelds gehen nicht in $\mathsf{S}$ ein.

Die Vernachlässigung höherer Ableitungen von $\mathbf{u}$ wie auch die Annahme der Linearität sind zweckmäßige Vereinfachungen, die jedoch nicht immer getroffen werden dürfen (siehe Bemerkung am Ende des Abschnitts). Bezeichnen wir ein entsprechendes Fluid als *Newtonsches Fluid*, so erhalten wir die Darstellung

$$\begin{aligned} \mathsf{S} &= \mathsf{A}(\nabla \mathbf{u}) \\ \text{bzw.} \quad \sigma_{ij} &= A_{ijkm} \frac{\partial u_k}{\partial x_m}, \end{aligned} \tag{3.16}$$

wobei $\mathsf{A} = (A_{ijkm})$ ein 4-stufiger Tensor ist.

**Annahme 2** Das Fluid ist *homogen*, d. h., der Tensor $\mathsf{S}$ hängt nicht explizit von den Raumkoordinaten $x_i$ ab.

Die Aussage stützt sich auf die Tatsache, dass allein die Strömung am Raumpunkt, nicht aber der Raumpunkt selbst die Scherkräfte bestimmt. Damit besitzt der in Gl. (3.16) auftretende Tensor $\mathsf{A}$ konstante Koeffizienten.

**Annahme 3** Das Fluid ist *isotrop*, d. h., es gibt keine bevorzugte Raumrichtung.

Würde man beispielsweise das Geschwindigkeitsfeld um einen festen Winkel rotieren, so würden sämtliche Größen um denselben Winkel gedreht, die aus $\nabla \mathbf{u}$ berechnet werden. Dazu gehört insbesondere die mittels Gl. (3.16) bestimmte Scherkraft. Deshalb werden die Koordinaten des Tensors $\mathsf{A}$ durch die Rotation nicht verändert. Derartige Tensoren bezeichnet man als *isotrop*. (Für Beispiele wird auf Anhang A.2 verwiesen.) Allgemein gilt

**Lemma 3.3** *Ein isotroper Tensor der 4. Stufe lässt sich in der Form*

$$A_{ijkm} = \alpha\delta_{ij}\delta_{km} + \mu\delta_{ik}\delta_{jm} + \gamma\delta_{im}\delta_{jk}$$

*darstellen, wobei $\alpha$, $\mu$ und $\gamma$ Konstanten sind.*

Einen Beweis findet man bei [5].

Für den Scherspannungstensor $\mathsf{S} = (\sigma_{ij})$ folgt aus Gl. (3.16):

$$\begin{aligned}\sigma_{ij} &= (\alpha\delta_{ij}\delta_{km} + \mu\delta_{ik}\delta_{jm} + \gamma\delta_{im}\delta_{jk})\frac{\partial u_k}{\partial x_m} \\ &= \alpha\delta_{ij}\frac{\partial u_k}{\partial x_k} + \mu\frac{\partial u_i}{\partial x_j} + \gamma\frac{\partial u_j}{\partial x_i}\,.\end{aligned}$$

Als Konsequenz von Lemma 3.2 ist $\mathsf{S}$ symmetrisch. Deshalb folgt $\gamma = \mu$ und wir erhalten:

$$\begin{aligned}\sigma_{ij} &= \alpha\delta_{ij}\frac{\partial u_k}{\partial x_k} + \mu\Big(\frac{\partial u_i}{\partial x_j} + \frac{\partial u_j}{\partial x_i}\Big) \\ &= \alpha\delta_{ij}e_{kk} + 2\mu e_{ij}\,, \qquad \text{mit dem Deformationstensor (3.15)}\,, \\ &= \alpha\delta_{ij}(\sum_k e_{kk}) + 2\mu e_{ij} \qquad \text{ohne Summenkonvention} \qquad (3.17)\end{aligned}$$

Wir berechnen seine Spur[2]:

$$\sum_{i=1}^{3}\sigma_{ii} = \alpha(\sum_{i=1}^{3}\sum_{k=1}^{3}e_{kk}) + 2\mu\sum_{i=1}^{3}e_{ii} = 3\alpha(\sum_{k=1}^{3}e_{kk}) + 2\mu\sum_{i=1}^{3}e_{ii} = (\sum_{k=1}^{3}e_{kk})(3\alpha + 2\mu)\,.$$

Gemäß Gl. (3.8) ist $\sum_i \sigma_{ii} = 0$ und deshalb $\alpha = -\frac{2}{3}\mu$. Nach Einsetzen in Gl. (3.17) folgt

$$\begin{aligned}\sigma_{ij} &= 2\mu\Big(e_{ij} - \frac{1}{3}\delta_{ij}\sum_k e_{kk}\Big) \\ &= \mu\Big(\frac{\partial u_i}{\partial x_j} + \frac{\partial u_j}{\partial x_i} - \frac{2}{3}\delta_{ij}\sum_k\frac{\partial u_k}{\partial x_k}\Big) \qquad \text{mit (3.15)}\,.\end{aligned}$$

Durch Einsetzen in Gl. (3.7) erhalten wir für den Spannungstensor

$$T_{ij} = -p\,\delta_{ij} + \mu\Big(\frac{\partial u_i}{\partial x_j} + \frac{\partial u_j}{\partial x_i} - \frac{2}{3}\delta_{ij}\sum_k\frac{\partial u_k}{\partial x_k}\Big)\,. \qquad (3.18)$$

[2] Die *Spur* einer Matrix $\mathsf{S} = (\sigma_{ij})$ ist die Summe ihrer Diagonalelemente $\operatorname{tr}\mathsf{S} = \sum_{i=1}^{3}\sigma_{ii}$.

**Tab. 3.1** Dynamische Viskosität ausgewählter Substanzen

| Substanz | $\mu$ (mPa s) |
|---|---|
| Luft (20 °C) | 0,018 |
| Petroleum (20 °C) | 0,65 |
| Wasser (5 °C) | 1,52 |
| Wasser (20 °C) | 1 |
| Motoröl (150 °C) | 3 |
| Blut (37 °C) | 3–4 (in großen Gefäßen) |
| Motoröl (25 °C) | 100 |
| Honig (20 °C) | 10000 |
| Bitumen (je nach Sorte) | $10^7$–$10^{14}$ |

Der Parameter $\mu$ ist eine temperaturabhängige Materialkonstante und wird als *dynamische Viskosität* bezeichnet. Sie lässt sich mit der Dichte $\varrho$ über die Beziehung

$$\mu = \nu\varrho \tag{3.19}$$

in die *kinematische Viskosität* $\nu$ umrechnen.

Je zähflüssiger ein Fluid, desto größer ist seine Viskosität. Entsprechende Werte lassen sich sogar für Materialien wie Bitumen und Asphalt messen. Für eine Modellierung von Strömungen mit den Navier-Stokes-Gleichungen wird jedoch die eingangs erwähnte Annahme 1 vorausgesetzt, welche nicht automatisch erfüllt ist. Im letzteren Fall, bei sogenannten *nichtnewtonschen Fluiden* wie beispielsweise Blut, führen Berechnungen auf Basis der Navier-Stokes-Gleichungen zunehmend zu Ungenauigkeiten.

## 3.4 Die Navier-Stokes-Gleichungen

Jetzt können wir die Ergebnisse zusammenfassen. Beginnen wir mit den Randbedingungen. Experimente mit der Zugabe von Farbstoff in Strömungen zeigen, dass die Fließgeschwindigkeit in der Nähe von festen Rändern zum Erliegen kommt. Damit ist die Randbedingung $\mathbf{u} = 0$ gerechtfertigt. In Kap. 5 wird sie sich als wesentlich zur Entstehung von Wirbelstärke erweisen, womit auch der aerodynamische Auftrieb verständlich wird.

**Theorem 3.1** *Eine inkompressible Strömung im Gebiet Ω genügt den Navier-Stokes-Gleichungen:*

$$\frac{\partial \mathbf{u}}{\partial t} + (\mathbf{u} \cdot \nabla)\mathbf{u} + \frac{1}{\varrho}\nabla p + \frac{1}{\varrho}\mathbf{f} = \nu \Delta \mathbf{u} \quad \text{in } \Omega\,. \tag{3.20}$$

$$\operatorname{div} \mathbf{u} = 0 \quad \text{in } \Omega\,. \tag{3.21}$$

$$\mathbf{u} = 0 \quad \text{auf } \partial\Omega\,. \tag{3.22}$$

*Beweis* Gleichung (3.21) ergibt sich aus Korollar 2.3 für eine inkompressible Strömung. Wegen Gl. (3.21) vereinfacht sich Gl. (3.18) zu

$$T_{ij} = -p\,\delta_{ij} + \mu\Big(\frac{\partial u_i}{\partial x_j} + \frac{\partial u_j}{\partial x_i}\Big).$$

Wir berechnen seine Divergenz. Unter Verwendung der Summenkonvention ist

$$\begin{aligned}
\frac{\partial T_{ij}}{\partial x_j} &= -\frac{\partial p}{\partial x_j}\delta_{ij} + \mu\Big(\frac{\partial^2 u_i}{\partial x_j^2} + \frac{\partial}{\partial x_i}\frac{\partial u_j}{\partial x_j}\Big) \\
&= -\frac{\partial p}{\partial x_i} + \mu\frac{\partial^2 u_i}{\partial x_j^2} \qquad \text{wegen } \frac{\partial u_j}{\partial x_j} = 0 \text{ gemäß (3.21)} \\
\text{bzw.}\quad \operatorname{div} \mathsf{T} &= -\nabla p + \varrho\nu\nabla^2\mathbf{u} \qquad \text{mit (3.19)}
\end{aligned}$$

Nach Einsetzen in Gl. (3.4) folgt

$$\varrho\frac{D\mathbf{u}}{Dt} = \mathbf{f} - \nabla p + \varrho\nu\nabla^2\mathbf{u},$$

woraus wir mit Gl. (2.2) nach Umformung die Gl. (3.20) erhalten. □

Üblicherweise wird das Problem in einem Strömungsgebiet mit vorgegebenen Anfangsbedingungen $\mathbf{u}(\mathbf{x}, 0)$ und bekannter externer Kraftdichte $\mathbf{f} = \mathbf{f}(\mathbf{x}, t)$ formuliert, wobei man den Druck $p = p(\mathbf{x}, t)$ sowie das Geschwindigkeitsfeld $\mathbf{u} = \mathbf{u}(\mathbf{x}, t)$ sucht. Bei mathematischen Untersuchungen setzt man häufig voraus, dass die Dichte $\varrho$ konstant ist. Obwohl die Existenz von Lösungen in gewissen Zeitintervallen nachgewiesen werden konnte, ist unbekannt, ob es im dreidimensionalen Raum bei glatten Anfangsbedingungen eine entsprechend glatte Lösung für alle Zeiten gibt.

Bei Simulationen in Windkanälen wird ausgenutzt, dass Strömungsfelder trotz unterschiedlicher Ausdehnung, Geschwindigkeit und Teilchenart grundlegende Ähnlichkeiten im Strömungsverhalten aufweisen können. Wir wollen die Navier-Stokes-Gleichungen in eine Form überführen, mit welcher diese Ähnlichkeit erkennbar wird. Zur Vereinfachung beschränken wir uns auf den Fall verschwindender externer Kräfte $\mathbf{f} = 0$ und benutzen die Variablentransformation

$$\mathbf{x}' = \frac{\mathbf{x}}{L}, \qquad \mathbf{u}' = \frac{\mathbf{u}}{U}, \qquad p' = \frac{p}{\varrho U^2}, \qquad t' = \frac{tU}{L}\,. \tag{3.23}$$

Die Differentialoperatoren nach den neuen Variablen werden mit $\nabla'$ bzw. $\Delta'$ bezeichnet.

**Aufgabe 3.2** Weisen Sie nach, dass sich die Navier-Stokes-Gleichungen (3.20), (3.21) für $\mathbf{f} = 0$ mittels Gl. (3.23) in die folgende Form bringen lassen:

$$\frac{\partial \mathbf{u}'}{\partial t'} + (\mathbf{u}' \cdot \nabla')\mathbf{u}' + \nabla' p' = \frac{\nu}{UL}\Delta'\mathbf{u}' \quad \text{in } \Omega\,. \tag{3.24}$$

$$\operatorname{div} \mathbf{u}' = 0 \quad \text{in } \Omega\,. \tag{3.25}$$

Mit der Substitution $\mathrm{Re} = UL/\nu$ erhalten wir nach Weglassen der Striche die *Navier-Stokes-Gleichungen in dimensionslosen Variablen*:

$$\frac{\partial \mathbf{u}}{\partial t} + (\mathbf{u} \cdot \nabla)\mathbf{u} + \nabla p = \frac{1}{\mathrm{Re}}\Delta\mathbf{u} \quad \text{in } \Omega\,. \tag{3.26}$$

$$\operatorname{div} \mathbf{u} = 0 \quad \text{in } \Omega\,. \tag{3.27}$$

$$\mathbf{u} = 0 \quad \text{auf } \partial\Omega\,. \tag{3.28}$$

Folglich lässt sich die Strömung bei geeigneter Wahl von $U$ und $L$ durch einen einzigen Parameter charakterisieren.

Als *Reynolds-Zahl* bezeichnet man die Konstante

$$\mathrm{Re} = \frac{UL}{\nu}\,. \tag{3.29}$$

Die Wahl von $L$ und $U$ ist mit einer gewissen Willkür behaftet und sollte mit Vorsicht geschehen. Meist wird $L$ als Länge des Strömungshindernisses, z. B. eines Insekts oder Flugzeugs, gewählt. Für $U$ setzt man die ungestörte Strömungsgeschwindigkeit in hinreichender Entfernung vom Hindernis. In Tab. 3.2 sind einige Beispiele aufgeführt. Schnelle Strömungen schwach visköser Fluide zeichnen sich meist durch hohe Reynolds-Zahlen aus.

Ein Vergleich der Reynolds-Zahlen verschafft eine Vorstellung, mit welchen Herausforderungen andere Lebewesen bei der Fortbewegung konfrontiert sind. Das folgende Beispiel ist [3] entnommen.

**Tab. 3.2** Typische Werte für Reynolds-Zahlen bei $\nu = 0.15\,\text{cm}^2/\text{s}$ für Luft und $\nu = 0.01\,\text{cm}^2/\text{s}$ für Wasser. Daten: [2,3]

| | $U$ (cm/s) | L (cm) | Re $= UL/\nu$ |
|---|---|---|---|
| Schwimmendes Bakterium [1] | $10^{-2}$ | $10^{-5}$ | $10^{-5}$ |
| Schwimmendes Spermium | $10^{-2}$ | $10^{-3}$ | $10^{-3}$ |
| Wimpertierchen (Ciliophora) [2] | $10^{-2}$ | $10^{-1}$ | $10^{-1}$ |
| Elritze | 5 | 2 | $10^3$ |
| Kleine Wespe[3] | 0,06 | $10^2$ | 15 |
| Heuschrecke[4] | 4 | 400 | $10^4$ |
| Taube[5] | 25 | 100–1000 | $10^5$ |
| Mittlerer Fisch | 50 | 100 | $5 \cdot 10^4$ |
| Auto auf Autobahn | 300 | 300 | $10^6$ |
| Passagierflugzeug | 3000 | 3000 | $10^8$ |

[1] Unterer Grenzwert der Navier-Stokes-Theorie wegen Einfluss der Brownschen Bewegung
[2] Geißellänge $\approx 10^{-3}$ cm
[3] $U$ ist die Geschwindigkeit der Flügelspitze beim Schweben
[4] Für die Flügelströmung wäre Re $\approx 2000$
[5] Für die Flügelströmung wäre Re $\approx 10^4$

**Beispiel 3.1** *Zur Veranschaulichung der Lebensbedingungen eines Wimpertierchens stellen wir uns einen Schwimmer von der Größe $L = 2$ m bei der Geschwindigkeit $U = 1$ m/s im Umfeld des Wimpertierchens* (Re $= 10^{-1}$) *vor. Der Mann befände sich in einem Fluid der kinematischen Viskosität $\nu = UL/\text{Re} = 2 \cdot 10^5\,\text{cm}^2/\text{s}$. Der Wert entspricht einer dynamischen Viskosität von heißem Teer bzw. Bitumen aus* Tab. 3.1, *wie man nach Umrechnung mittels Gl.* (3.19) *unter Nutzung der Teerdichte $\varrho = 1.175\,\text{g/cm}^3$ überprüft. Die Gegenüberstellung verdeutlicht, welche Rolle die Reibungskräfte für die Fortbewegung von Einzellern spielen.*

Mit den charakteristischen Strömungseigenschaften sind also spezifische Anforderungen an das Lebewesen verbunden, die zur Ausbildung des Körperbaus und passender Fortbewegungstechniken geführt haben.

Zugleich lässt sich die Berechnung des Strömungsverhaltens erleichtern, wenn in den Gleichungen nur die wesentlichen Bestandteile erhalten bleiben und andere vernachlässigt werden. In der Modellierung für Lebewesen unterscheidet man zwischen den Fällen Re $\ll 1$ (Mikroorganismen) und Re $\gg 1$ (Fische, Vögel und Insekten).

Im Zusammenhang mit der Umströmung von Hindernissen erwähnen wir einige häufige Begriffe.

Als *Anströmung* bezeichnet man die Strömung bzw. das Fluid, wenn es sich auf das Hindernis zubewegt. Oftmals wird die Anströmung durch Annahme einer konstanten Geschwindigkeit, der *(ungestörten) Anströmgeschwindigkeit* $\mathbf{U}$ modelliert.

Der *Nachlauf* ist die Strömung, welche dem Hindernis nachfolgt. Er wird wesentlich durch die Form des Hindernisses mitbestimmt.

Eine Strömung übt auf ein Hindernis eine Kraft aus, die wie folgt zerlegt wird:

- Die entgegen der Strömungsrichtung wirkende Komponente wird als *Strömungswiderstand* bzw. Widerstand bezeichnet.
- Die senkrecht zur Strömung wirkende Komponente wird als *Auftrieb* bezeichnet.

## 3.5 Laminare und turbulente Strömungen

Gegen Ende des 19. Jahrhunderts führte Reynolds Experimente mit Strömungen in Rohren durch, wobei er Farbe durch eine Öffnung injizierte. Bei geringeren Strömungsgeschwindigkeiten wurde die Farbe in einem Faden transportiert. Erhöhte man die Geschwindigkeit, so begann der Faden auszufransen und Flecken zu bilden, wobei der Farbstoff sehr rasch das gesamte Rohr ausfüllte. Ein derartiges Verhalten wird als Übergang von einer laminaren zur turbulenten Strömung bezeichnet (Abb. 3.2).

Turbulente Strömungen erfordern Reibung und weisen dabei stärkere Scherspannungen als laminare auf. Sie bilden eine Vielzahl von Wirbeln unterschiedlicher Größe aus, die in Wechselwirkung stehen und – im Gegensatz zum laminaren Fall – zufällige Fluktuationen der Teilchen verursachen. Damit zeigen turbulente Strömungen ein wesentlich anderes Verhalten als die meisten im Buch untersuchten Fälle. Insbesondere sind Turbulenzen stets instationär und aufgrund ihrer Wirbel numerisch schwer berechenbar. Sie spielen eine wesentliche Rolle beim Randverhalten vieler Strömungen und sind zur Erklärung des aerodynamischen Auftriebs unverzichtbar.

Bei der Untersuchung von Turbulenzen stellt sich heraus, dass die Strömungsgeschwindigkeit kein alleiniges Merkmal für ihr Auftreten ist. Turbulente Strömungen können auch bei geringen Geschwindigkeiten beobachtet werden. Als Anhaltspunkt erweist sich in vielen praktischen Fällen eine hohe Reynolds-Zahl $\mathrm{Re} = UL/\nu$. Somit tragen größere Geschwindigkeiten $U$ ebenso wie kleinere Längenskalen $L$ und Viskositäten $\nu$ zur Ausbildung von Turbulenzen bei.

Aufgrund der Größe und Geschwindigkeit von Autos, Flugzeugen und Raketen spielen Turbulenzeffekte in der Technik eine wichtige Rolle. Mit entsprechender Energieaufnahme in der Grenzschicht steigen die Treibstoffkosten, sodass eine Minderung der Turbulenz oftmals wünschenswert ist.

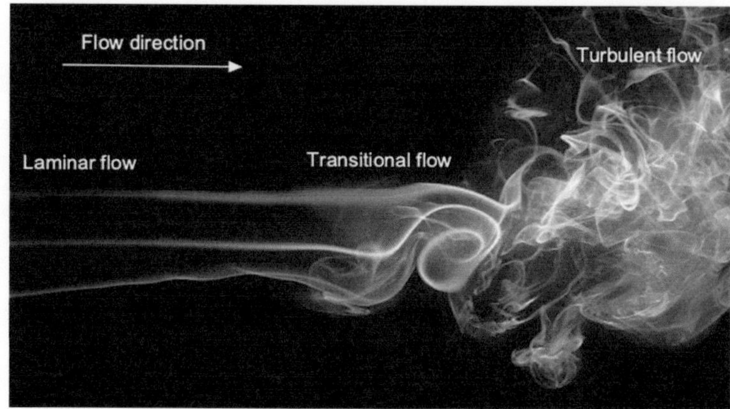


**Abb. 3.2** Beim laminaren Fluss strömt das Fluid in Schichten, die sich nicht vermischen. Hier sind stationäre Strömungen möglich. Dagegen ist eine turbulente Strömung durch starke Verwirbelungen und Durchmischung gekennzeichnet. Der Übergang vom laminaren zum turbulenten Fluss erfolgt über eine gewisse Entfernung, die insbesondere vom lokalen Druckgradienten abhängt. Autor: airguy1988, CC BY-ND (Attribution NoDerivatives) license. https://creativecommons.org/licenses/by-nd/4.0/

In gewissen Fällen sind Turbulenzen unverzichtbar, beispielsweise zur Erzeugung eines Startwirbels am Tragflügel (Abschn. 5.6). Im Zusammenhang mit der Grenzschichtdicke wird verständlich, dass turbulente Grenzschichten fester als laminare an Oberflächen haften können (siehe Abschn. 5.4, 5.5 sowie [6]). Dadurch reduziert sich ihr verwirbelter Bereich im Nachlauf, was zur Verringerung entsprechender Energieverluste führt. Die Überlegungen müssen bei hohen Geschwindigkeiten in die Energiebilanz einbezogen werden.

## 3.6 Die reibungsfreie Näherung

Für $\nu\Delta\mathbf{u} = 0$ vernachlässigt man die Reibung.[3] Damit vereinfachen sich Gl. (3.20), (3.21) und (3.22) zu den *Euler-Gleichungen*

$$\frac{\partial\mathbf{u}}{\partial t} + (\mathbf{u}\cdot\nabla)\mathbf{u} + \frac{1}{\varrho}\nabla p + \frac{1}{\varrho}\mathbf{f} = 0 \quad \text{in}\ \Omega\,. \tag{3.30}$$

$$\operatorname{div}\mathbf{u} = 0 \quad \text{in}\ \Omega\,. \tag{3.31}$$

$$\mathbf{u}\cdot\mathbf{n} = 0 \quad \text{auf}\ \partial\Omega\,. \tag{3.32}$$

Gleichung (3.30) ist für ein ideales Fluid aus Abschn. 3.2 erfüllt, dessen Spannungstensor per Definition nur den Druckanteil enthält. Wegen Gl. (3.31) ist das Fluid inkompressibel.

[3] Die reibungsfreie Näherung ist auch für $\nu \neq 0$ möglich, siehe Aufgabe 4.5.

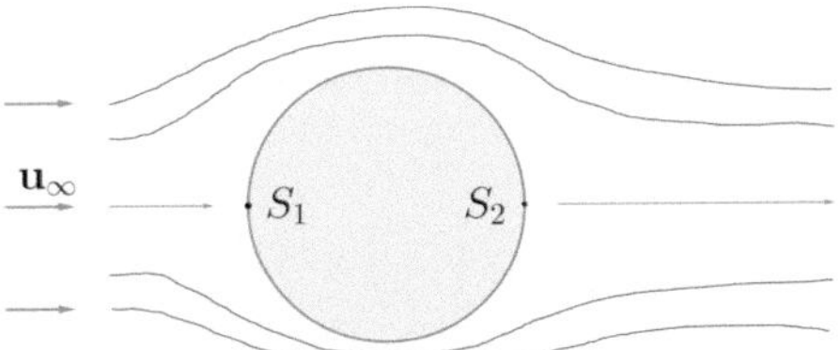


**Abb. 3.3** Bei gleichförmiger Anströmung eines kreisförmigen Hindernisses findet man Stagnationspunkte bei $S_1$ und $S_2$. Der obere und untere Kreisbogen bildet jeweils eine Stromlinie

Die Randbedingung (3.32) bedeutet, dass das Fluid den festen Rand nicht durchdringen kann. Jedoch ist das Gleiten entlang des Rands möglich, d. h., die Geschwindigkeit besitzt am Rand im Allgemeinen eine Tangentialkomponente. Eine Beibehaltung der stärkeren Forderung (3.22) wäre im reibungsfreien Modell zu einschränkend, da eine Reihe wichtiger Anwendungsfälle nur noch die triviale Lösung $\mathbf{u} = 0$ besäßen.

Selbst im reibungsfreien Modell kann die Strömungsgeschwindigkeit in gewissen Randpunkten dauerhaft verschwinden (Abb. 3.3).

Ein Raumpunkt $\mathbf{x}$ mit $\mathbf{u}(\mathbf{x}, t) = 0$ wird als *Stagnationspunkt* bezeichnet. Damit besteht der Rand aus Stromlinien, die durch Stagnationspunkte voneinander getrennt sind.

Bei Vernachlässigung der Reibung bewirkt die Verrichtung von Arbeit am fließenden Teilchen nach dem Energieerhaltungssatz eine entsprechende Veränderung der mechanischen Energie. Die folgende Aussage wurde im 18. Jahrhundert von den Brüdern Daniel und Johann Bernoulli entdeckt und ist die Grundlage zahlreicher aero- und hydrodynamischer Anwendungen.

**Theorem 3.2 (Bernoulli)** *Im Gebiet $\Omega$ betrachten wir ein ideales Fluid mit konstanter Dichte in einer stationären Strömung, wobei die externe Kraftdichte konservativ ist, also ein Potential $\Phi$ besitzt. Dann ist*

$$\frac{p}{\varrho} + \Phi + \frac{1}{2}\|\mathbf{u}\|^2 = \text{const} \qquad \textit{auf jeder Stromlinie.} \tag{3.33}$$

*Unter der zusätzlichen Voraussetzung eines wirbelfreien Flusses ist*

$$\frac{p}{\varrho} + \Phi + \frac{1}{2}\|\mathbf{u}\|^2 = \text{const} \qquad \textit{in } \Omega\,. \tag{3.34}$$

*Beweis* Zur Behauptung in Gl. (3.33): Da $\varrho$ konstant und $\mathbf{f}$ konservativ ist, findet man ein Potential $\Phi$ mit $\frac{1}{\varrho}\mathbf{f} = \nabla\Phi$. Aus Gl. (3.30) folgt

$$(\mathbf{u} \cdot \nabla)\mathbf{u} + \nabla\left(\frac{p}{\varrho}\right) + \nabla\Phi = 0\,. \tag{3.35}$$

Weiterhin erhalten wir aus Gl. (1.16)

$$\nabla\,(\mathbf{a} \cdot \mathbf{b}) = (\mathbf{a} \cdot \nabla)\,\mathbf{b} + (\mathbf{b} \cdot \nabla)\,\mathbf{a} + \mathbf{a} \times \operatorname{rot}\mathbf{b} + \mathbf{b} \times \operatorname{rot}\mathbf{a}$$

für $\mathbf{a} = \mathbf{b} = \mathbf{u}$ die Identität

$$\begin{aligned} \nabla\,(\|\mathbf{u}\|^2) &= 2(\mathbf{u} \cdot \nabla)\,\mathbf{u} + 2\mathbf{u} \times \operatorname{rot}\mathbf{u}\,, \\ (\mathbf{u} \cdot \nabla)\,\mathbf{u} &= \frac{1}{2}\nabla\,(\|\mathbf{u}\|^2) - \mathbf{u} \times \operatorname{rot}\mathbf{u} \end{aligned} \tag{3.36}$$

und nach Einsetzen in Gl. (3.35)

$$\nabla\left(\frac{p}{\varrho} + \Phi + \frac{1}{2}(\|\mathbf{u}\|^2)\right) = \mathbf{u} \times \operatorname{rot}\mathbf{u}\,. \tag{3.37}$$

Bilden wir auf beiden Seiten das Skalarprodukt mit $\mathbf{u}$ und berücksichtigen, dass $\mathbf{u} \times \operatorname{rot}\mathbf{u}$ senkrecht auf $\mathbf{u}$ steht, so folgt

$$\mathbf{u} \cdot \nabla\left(\frac{p}{\varrho} + \Phi + \frac{1}{2}(\|\mathbf{u}\|^2)\right) = 0\,.$$

Damit verschwindet die Richtungsableitung von

$$H := \frac{p}{\varrho} + \Phi + \frac{1}{2}(\|\mathbf{u}\|^2)$$

nach dem Vektorfeld $\mathbf{u}$. Folglich bleibt $H$ auf jeder Integralkurve von $\mathbf{u}$, also auf jeder Stromlinie konstant.

Zum Beweis von Gl. (3.34) betrachten wir nochmals Gl. (3.37), wo für ein wirbelfreies Feld die rechte Seite im gesamten Strömungsgebiet $\Omega$ verschwindet. Damit bleibt $H$ in $\Omega$ konstant. □

**Beispiel 3.2** *Als Aortenklappenstenose bezeichnet man in der Medizin die Verengung der Aortenklappe, die am linken oder rechten Ventrikel auftreten kann. Stenosen erhöhen die Belastung der Herzmuskulatur, was in schweren Fällen zur Herzinsuffizienz führt.*

*Die Messung des Druckdifferenz kann über die Einführung eines Druckkatheters erfolgen. Als nichtinvasive Alternative misst man die maximale Fließgeschwindigkeit der Erythrozyten (im Blut) mit echokardiographischen Verfahren, um daraus die Druckdifferenz in der Stenose zu berechnen.*

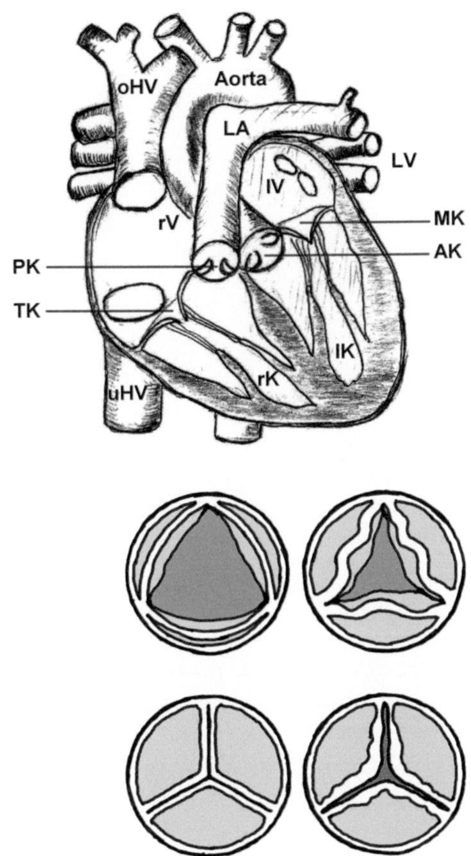


**Abb. 3.4** Schema des Herzens: oHV obere Hohlvene, uHV untere Hohlvene, LA Lungenarterie, LV Lungenvene, rV rechter Vorhof, lV linker Vorhof, rK rechte Kammer, lK linke Kammer, PK Pulmonalklappe, TK Trikuspidalklappe, MK Mitralklappe, AK Aortenklappe

**Abb. 3.5** Normale Aortenklappe (links oben geöffnet, links unten geschlossen) und Aortenstenose (rechts oben geöffnet, rechts unten geschlossen)

*Wir bezeichnen die Werte von Druck, Fließgeschwindigkeit und potentieller Energie vor der Verengung mit* $p_1$, $\mathbf{u}_1$, $\Phi_1$ *und nach der Verengung mit* $p_2$, $\mathbf{u}_2$, $\Phi_2$. *Aus dem Satz von Bernoulli erhalten wir*:

$$p_1 + \varrho\Phi_1 + \frac{\varrho}{2}\|\mathbf{u}_1\|^2 = p_2 + \varrho\Phi_2 + \frac{\varrho}{2}\|\mathbf{u}_2\|^2 .$$

*Im betrachteten Abschnitt bleibt die potentielle Energie nahezu konstant, d. h., es ist* $\Phi_1 = \Phi_2$. *Mit* $\Delta p = p_1 - p_2$ *und dem Näherungswert* $\varrho \approx 8$ *für Blut folgt*

$$\Delta p = 4(u_2^2 - u_1^2) .$$

*In den meisten Fällen der klinischen Praxis ist die Fließgeschwindigkeit vor der Verengung* $\mathbf{u}_1 < 1$ *und kann gegenüber* $\mathbf{u}_2$ *vernachlässigt werden. Dann berechnet man die Druckdifferenz mittels*

**Tab. 3.3** Druckdifferenzen an der Aortenklappe zwischen Aorta und dem linken Ventrikel. Daten: [4]

| **Schweregrad** | **Mittlere Druckdifferenz** $\Delta p$ (mmHg) |
|---|---|
| Normal | $< 5$ |
| Milde Stenose | 5–25 |
| Moderate Stenose | 25–50 |
| Schwere Stenose | $> 50$ |

$$\Delta p = 4u_2^2 \,. \tag{3.38}$$

*Misst man beispielsweise an der Aortenklappe beim linken Ventrikel die Fließgeschwindigkeit* $u_2 = 4$ *m/s, so erhält man mit Gl.* (3.38) *die Druckdifferenz* $\Delta p = 64$ *mmHg und den Hinweis auf eine schwere Stenose (Tab.* 3.3*).*

*Bei der Auswertung ist zu beachten, dass die auf dem Doppler-Effekt beruhende Methode die höchste Geschwindigkeit aufzeichnet und damit die Druckdifferenz überschätzt.*

**Beispiel 3.3** *Seit Jahrhunderten nutzt man im Orient ein energiesparendes Kühlsystem, das als Badgir (persisch: Windfänger) bezeichnet wird. Hierbei erlaubt ein massiver, bis ins Kellergeschoss reichender Turm (Abb.* 3.7*) die Luftzirkulation von der geöffneten Turmspitze bis zu einem unterirdischen Kanal.*

*Wir bezeichnen die Werte von Windgeschwindigkeit und Druck an der Turmspitze mit* $\mathbf{u}(\mathbf{x}_t)$, $p(\mathbf{x}_t)$ *und am Eingangsschacht zum Kanal mit* $\mathbf{u}(\mathbf{x}_e)$, $p(\mathbf{x}_e)$. *Vernachlässigen wir die potentielle Energie* $\Phi$ *der Luftteilchen, so gilt nach dem Satz von Bernoulli:*

$$\frac{p(\mathbf{x}_t)}{\varrho} + \frac{1}{2}\|\mathbf{u}(\mathbf{x}_t)\|^2 = \frac{p(\mathbf{x}_e)}{\varrho} + \frac{1}{2}\|\mathbf{u}(\mathbf{x}_e)\|^2$$

*In der Höhe ist die Windgeschwindigkeit größer als in Bodennähe. Folglich ist der Druck in der Höhe geringer als in Bodennähe, und die Luft kann an der Turmspitze einfacher aus dem Gebäude entweichen als aus dem Eingangsschacht. Dadurch stellt sich eine Luftzirkulation vom Eingangsschacht durch den Kanal ins Gebäude ein, die in Abb.* 3.6 *durch eine gestrichelte Linie dargestellt ist. Während die Luft im unterirdischen Kanal über das Wasser streicht, kühlt sie sich ab und nimmt Wasserdampf auf, den die Lehmwände im Gebäude anschließend absorbieren. Bei der späteren Verdunstung wird der Raumluft Wärme entzogen, was für zusätzliche Abkühlung sorgt. Bei Außentemperaturen bis zu* 48 °C *wird im Gebäude eine Temperatursenkung bis zu* 20 °C *erreicht.*

Abschließend untersuchen wir einen wichtigen Spezialfall reibungsfreier Strömungen.

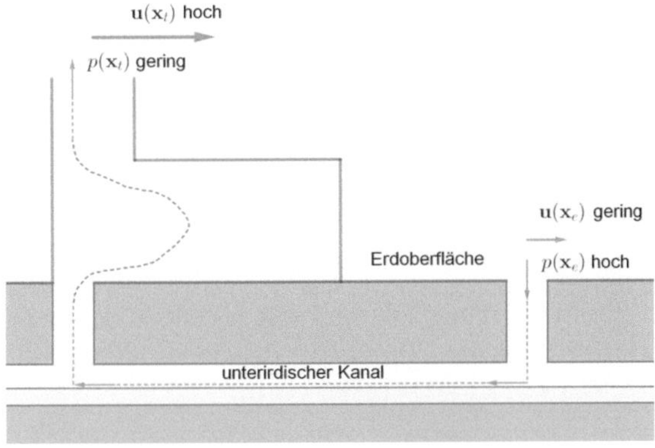


**Abb. 3.6** Arbeitsschema eines Badgir

**Abb. 3.7** Badgir als Wasserspeicher im Iran

**Lemma 3.4** *Eine wirbelfreie, inkompressible Strömung* **u** *erfüllt die Eulersche Bewegungsgleichung (3.30).*

*Beweis* Aus Gl. (1.13) folgt

$$\Delta \mathbf{u} = \nabla \underbrace{(\nabla \cdot \mathbf{u})}_{=0} - \nabla \times \underbrace{(\nabla \times \mathbf{u})}_{=0} = 0\,.$$

Deshalb verschwindet der Term $\nu \Delta \mathbf{u}$ in der Navier-Stokes-Gleichung (3.20) und sie reduziert sich auf Gl. (3.30). □

Damit können wirbelfreie, inkompressible Strömungen als reibungsfrei betrachtet werden und erhalten die entsprechende Randbedingung (3.32).

In den folgenden Kapiteln wenden wir die Navier-Stokes-Gleichungen (3.20), (3.21), (3.22) bzw. ihre reibungsfreie Vereinfachung (3.30), (3.31), (3.32) zur Lösung verschiedener Probleme an. Da die Schwerkraft der Teilchen bei Flüssigkeiten eine Rolle spielt, ist in hydrodynamischen Aufgaben meist $\mathbf{f} \neq 0$. Dagegen kann das Gewicht von Gasteilchen oft vernachlässigt werden, weshalb wir in der Aerodynamik die externe Kraft $\mathbf{f} = 0$ setzen.

## 3.7 Ausbreitung von Wirbelfeldern

Bisher haben wir uns auf wirbelfreie Strömungen beschränkt. Wie wir jedoch in Kap. 5 erfahren, sind Wirbel für den aerodynamischen Auftrieb unverzichtbar. Sie entstehen im Wesentlichen unmittelbar an den Tragflächen und werden mit der Strömung weitergetragen. Während die Wirbelbildung im zunehmenden Abstand vom Tragflügel keine Rolle für den Auftrieb spielt, ist ihr Transport stromabwärts von Bedeutung.

Da die Reibung außerhalb einer dünnen Schicht um den Tragflügel vernachlässigt werden kann, modellieren wir den entfernteren Luftraum mit den Euler-Gleichungen (3.30), (3.31), (3.32) in der Form

$$\frac{\partial \mathbf{u}}{\partial t} + (\mathbf{u} \cdot \nabla)\mathbf{u} + \frac{1}{\varrho}\nabla p = 0 . \tag{3.39}$$

$$\operatorname{div} \mathbf{u} = 0 . \tag{3.40}$$

**Lemma 3.5** *Eine Strömung mit konstanter Dichte $\varrho$ wird durch Gl. (3.39) und (3.40) beschrieben. Dann gilt für den Wirbeltransport*

$$\frac{D\boldsymbol{\omega}}{Dt} = (\boldsymbol{\omega} \cdot \nabla)\mathbf{u} \tag{3.41}$$

*Ist die Strömung zweidimensional, so folgt*

$$\frac{D\boldsymbol{\omega}}{Dt} = 0 . \tag{3.42}$$

*Beweis* Aus Gl. (1.16) erhalten wir für $\mathbf{a} = \mathbf{b} = \mathbf{u}$ nach Umstellung

$$(\mathbf{u} \cdot \nabla)\,\mathbf{u} = \frac{1}{2}\nabla\,(\mathbf{u} \cdot \mathbf{u}) - \mathbf{u} \times \operatorname{rot} \mathbf{u} . \tag{3.43}$$

Wenden wir den Rotationsoperator auf Gl. (3.39) an, so folgt

$$\begin{aligned}
\frac{\partial \boldsymbol{\omega}}{\partial t} + \operatorname{rot}\,(\mathbf{u} \cdot \nabla)\mathbf{u} &= 0 \qquad \text{wegen (1.18)}, \\
\frac{\partial \boldsymbol{\omega}}{\partial t} + \operatorname{rot}\left[\frac{1}{2}\nabla\,(\mathbf{u} \cdot \mathbf{u}) - \mathbf{u} \times \operatorname{rot} \mathbf{u}\right] &= 0 \qquad \text{mit (3.43)}, \\
\frac{\partial \boldsymbol{\omega}}{\partial t} - \operatorname{rot}\,[\mathbf{u} \times \operatorname{rot} \mathbf{u}] &= 0 \qquad \text{mit (1.18)}.
\end{aligned} \tag{3.44}$$

Wir berechnen mit Gl. (1.15)

$$\begin{aligned}
\operatorname{rot}\,(\mathbf{u} \times \operatorname{rot} \mathbf{u}) &= (\operatorname{rot} \mathbf{u} \cdot \nabla)\mathbf{u} - (\mathbf{u} \cdot \nabla)\operatorname{rot} \mathbf{u} + \mathbf{u}\,(\operatorname{div} \operatorname{rot} \mathbf{u}) - \operatorname{rot} \mathbf{u} \operatorname{div} \mathbf{u} \\
&= (\boldsymbol{\omega} \cdot \nabla)\mathbf{u} - (\mathbf{u} \cdot \nabla)\boldsymbol{\omega} \qquad \text{wegen (1.17), (3.40)}
\end{aligned}$$

Durch Einsetzen in Gl. (3.44) erhalten wir

$$\begin{aligned}\frac{\partial \boldsymbol{\omega}}{\partial t} - (\boldsymbol{\omega} \cdot \nabla)\mathbf{u} + (\mathbf{u} \cdot \nabla)\boldsymbol{\omega} &= 0\,, \\ \frac{D\boldsymbol{\omega}}{Dt} - (\boldsymbol{\omega} \cdot \nabla)\mathbf{u} &= 0\,.\end{aligned}$$

Nach Gl. (1.19) steht die Wirbelstärke im zweidimensionalen Fall senkrecht auf der Ebene des Geschwindigkeitsfelds:

$$\mathbf{u} = \begin{pmatrix} u(x, y) \\ v(x, y) \\ 0 \end{pmatrix}, \qquad \boldsymbol{\omega} = \begin{pmatrix} 0 \\ 0 \\ \omega_3 \end{pmatrix}.$$

Mit Gl. (1.11) folgt für die Richtungsableitung:

$$(\boldsymbol{\omega} \cdot \nabla)\mathbf{u} = \begin{pmatrix} \omega_3\, \partial_z u \\ \omega_3\, \partial_z v \\ \omega_3\, \partial_z 0 \end{pmatrix} = \begin{pmatrix} 0 \\ 0 \\ 0 \end{pmatrix}$$

und damit Gl. (3.42). □

Im zweidimensionalen Modell entspricht die Wirbelstärke einer skalaren Größe, die sich gemäß Gl. (3.42) entlang einer Trajektorie nicht verändert. Sie bleibt an jedem Teilchen konstant. (Wir erinnern uns, dass ein Teilchen aus einer Gruppe benachbarter Moleküle besteht.)

Im reibungsfreien Modell wird die Wirbelstärke vom Fluss transportiert, wobei eine Verzerrung mit der Jacobi-Matrix (2.12) erfolgt. Zur Erläuterung betrachten wir ein Fluidteilchen, welches sich zum Startzeitpunkt null am Ort $\mathbf{a}$ und zur Zeit $t$ bei $\mathbf{x} = \mathbf{x}(\mathbf{a}, t)$ befindet (Abb. 3.8).

**Lemma 3.6** *Unter Benutzung der Lagrange-Abbildung* $M_t : \mathbf{a} \mapsto \mathbf{x}(\mathbf{a}, t)$ *und seiner Jacobi-Matrix* $DM_t$ *gilt:*

$$\boldsymbol{\omega}(\mathbf{x}(\mathbf{a}, t), t) = DM_t\, \boldsymbol{\omega}(\mathbf{a}, 0)\,. \tag{3.45}$$

*Beweis* Mittels

$$\hat{\boldsymbol{\omega}}(\mathbf{a}, t) := \boldsymbol{\omega}(\mathbf{x}(\mathbf{a}, t), t)$$

beschreiben wir das Wirbelfeld in Abhängigkeit von $\mathbf{a}$ und $t$. Hierbei wird die Wirbelstärke entlang einer festen Trajektorie einzig durch die Zeit $t$ bestimmt. Deshalb vereinfacht sich die Materialableitung $D/Dt$ entlang des Flusses zur Zeitableitung, d. h., es ist

$$\frac{\partial}{\partial t}\hat{\boldsymbol{\omega}}(\mathbf{a}, t) = \frac{D}{Dt}\boldsymbol{\omega}(\mathbf{x}(\mathbf{a}, t), t)$$

sowie nach Gl. (3.41)

$$\frac{\partial \hat{\boldsymbol{\omega}}}{\partial t} = (\hat{\boldsymbol{\omega}} \cdot \nabla)\mathbf{u}\,.$$

Wir definieren das Vektorfeld $\boldsymbol{\xi} = \boldsymbol{\xi}(\mathbf{a}, t)$ mit

$$\boldsymbol{\xi}(\mathbf{a}, t) = DM_t\, \boldsymbol{\omega}(\mathbf{a}, 0)\,. \tag{3.46}$$

Unter Benutzung von Gl. (2.12) und der Schreibweise

$$DM_t = \begin{pmatrix} \frac{\partial x_1}{\partial a_1} & \frac{\partial x_1}{\partial a_2} & \frac{\partial x_1}{\partial a_3} \\ \frac{\partial x_2}{\partial a_1} & \frac{\partial x_2}{\partial a_2} & \frac{\partial x_2}{\partial a_3} \\ \frac{\partial x_3}{\partial a_1} & \frac{\partial x_3}{\partial a_2} & \frac{\partial x_3}{\partial a_3} \end{pmatrix} = \frac{\partial \mathbf{x}}{\partial \mathbf{a}}$$

berechnen wir

$$\frac{\partial DM_t}{\partial t} = \frac{\partial}{\partial t}\frac{\partial \mathbf{x}}{\partial \mathbf{a}} = \frac{\partial}{\partial \mathbf{a}}\frac{\partial \mathbf{x}}{\partial t} = \frac{\partial \mathbf{u}}{\partial \mathbf{a}} = \frac{\partial \mathbf{u}}{\partial \mathbf{x}}\frac{\partial \mathbf{x}}{\partial \mathbf{a}},$$

wobei im letzten Schritt die Kettenregel angewendet wurde. Dann ist

$$\begin{aligned} \frac{\partial \boldsymbol{\xi}}{\partial t} &= \frac{\partial DM_t}{\partial t}\,\boldsymbol{\omega}(\mathbf{a}, 0) = \frac{\partial \mathbf{u}}{\partial \mathbf{x}}\frac{\partial \mathbf{x}}{\partial \mathbf{a}}\,\boldsymbol{\omega}(\mathbf{a}, 0) = \frac{\partial \mathbf{u}}{\partial \mathbf{x}}\,\boldsymbol{\xi} \qquad \text{mit (3.46)}\,. \\ &= (\boldsymbol{\xi} \cdot \nabla)\,\mathbf{u} \end{aligned}$$

Damit haben wir gezeigt, dass die Vektorfelder $\hat{\boldsymbol{\omega}}(\mathbf{a}, t)$ und $\boldsymbol{\xi}(\mathbf{a}, t)$ derselben Differentialgleichung genügen. Wegen $DM_0 = \mathrm{Id}$ stimmen sie auch zum Startzeitpunkt $t = 0$ überein und sind somit identisch. □

Berücksichtigt man die Reibung, so kommen Diffusionseffekte hinzu.

**Aufgabe 3.3** Beweisen Sie für den Diffusionsterm der Wirbelstärke

$$\operatorname{rot} \Delta\mathbf{u} = \Delta\boldsymbol{\omega}\,. \tag{3.47}$$

Aus den Navier-Stokes-Gleichungen mit konstanter Dichte folgt damit in Analogie zu Lemma 3.5 die *Advektions-Diffusions-Gleichung der Wirbelstärke*

$$\frac{D\boldsymbol{\omega}}{Dt} = (\boldsymbol{\omega} \cdot \nabla)\mathbf{u} + \nu\Delta\boldsymbol{\omega}\,. \tag{3.48}$$

Sie zeigt Ähnlichkeiten zur Wärmeleitungsgleichung $\frac{\partial T}{\partial t} = k\,\Delta T$ ($k$ Temperaturleitfähigkeit).

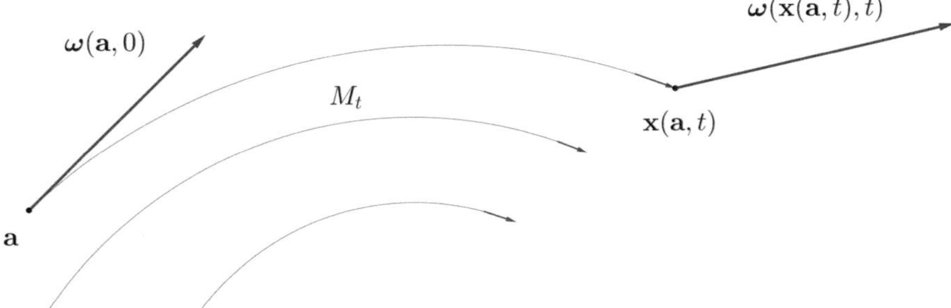


**Abb. 3.8** Die Lagrange-Abbildung $M_t$ transportiert das Wirbelfeld

## Literatur

1. Aris R.: *Vectors, Tensors and the Basic Equations of Fluid Mechanics.* Prentice-Hall, New Jersey (1962)
2. Childress S.: *An Introduction to Theoretical Fluid Mechanics.* Courant Lecture Notes in Mathematics Vol. 19, AMS, Providence RI (2009)
3. Childress S.: *Mechanics of swimming and flying.* Cambridge University Press, Cambridge (1981)
4. Gross K., Bejot T., Shernan S.: *eecho.* https://www.e-echocardiography.com/normal-values Zugriff 3. Sept 2024
5. Hodge P.G.: *On Isotropic Cartesian Tensors.* The American Mathematical Monthly (1961), 68(8), 793-795.
6. Platzer M.F., Jones K.D.: *Concepts of aero- and hydromechanics.* WIT, Flow Phenomena in Nature, Vol. 1 (2006), pp. 5-19

# Aerodynamischer Auftrieb 4

Die Grundlagen der Strömungsmechanik wurden im 18. Jahrhundert gelegt, hauptsächlich durch Euler, d'Alembert und die Gebrüder Bernoulli. Ihre Vervollständigung zu den Navier-Stokes-Gleichungen folgte bis zur ersten Hälfte des 19. Jahrhunderts, wobei Navier, Poisson, Saint-Venant und Stokes entsprechende Beiträge leisteten. Jedoch dauerte es bis zum Beginn des 20. Jahrhunderts, als Lanchester, Kutta, Joukowski und Prandtl zum Verständnis des aerodynamischen Auftriebs gelangten.

Ein Grund für die Verzögerung lag darin, dass die Herleitung brauchbarer Formeln eine wesentliche Vereinfachung der Navier-Stokes-Gleichungen erfordert. Auf den ersten Blick eröffnete sich eine Fülle von Ansatzmöglichkeiten, doch nach gründlicher Untersuchung verloren die meisten Modelle an praktischem Wert. So lässt sich die Umströmung einer dünnen Platte mit abgerundeter Bugspitze mit Ansätzen untersuchen, deren Lösungen den Abb. 4.1, 4.2, 4.3 und 4.4 entsprechen (siehe [1]).

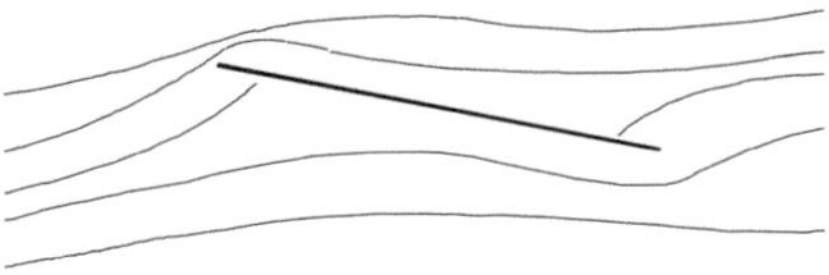

**Abb. 4.1** Angeströmte Platte mit Staupunkten nahe der Ecken. Entstehung eines Drehmoments, jedoch weder Auftrieb noch Strömungswiderstand

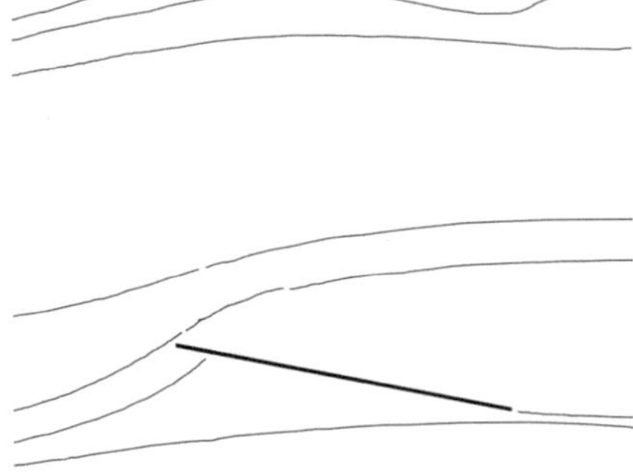

**Abb. 4.2** Strömungsabriss nahe der Ecken. Geringer Auftrieb, starker Strömungswiderstand (Helmholtz-Kirchhoff-Fluss)


R. Spielmann, *Theoretische Strömungsmechanik*,
https://doi.org/10.1007/978-3-662-70549-0_4

**Abb. 4.3** Staupunkt beim Bug, Strömungsabriss am Heck. Starker Auftrieb, kein Strömungswiderstand (Kutta-Joukowski-Fluss)

**Abb. 4.4** Strömungsabriss an der Oberseite mit Ausbildung eines „Totwasserbereichs". Reduzierter Auftrieb, geringer Strömungswiderstand

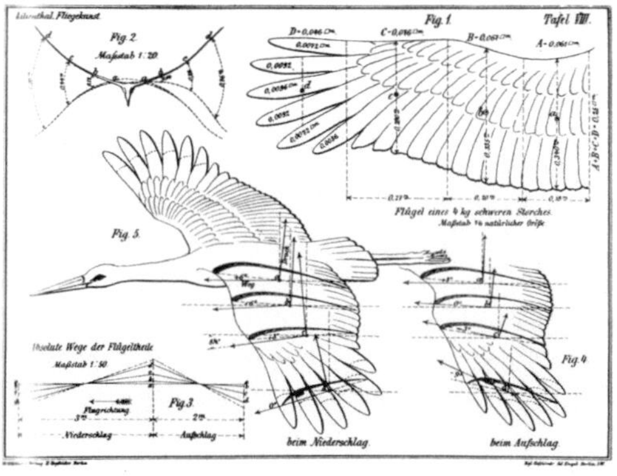


**Abb. 4.5** Vermessung von Storchenflügeln nach O. Lilienthal: *Der Vogelflug als Grundlage der Fliegekunst,* 1889

Alle beschreiben reale Situationen, doch nur bei Abb. 4.3 ist ein beständiger Flug möglich.[1] Das Erkennen des geeigneten Modells erforderte eine scharfe Beobachtung des Strömungsverlaufs um die gewählte Tragflügelform (Abb. 4.5 und 4.6).

Die Verschiedenheit der Stromlinienbilder in Abb. 4.1–4.4 wird wesentlich durch das Verhalten innerhalb einer schmalen Schicht um die Platte bestimmt, welche als Grenzschicht bezeichnet wird. Der aerodynamische Auftrieb ist kompliziert zu erklären, weil die entscheidenden Prozesse der Reibung und Wirbelbildung in dieser Grenzschicht ablaufen, deren Ausbildung und Stabilität von der Flügelgeometrie und Anströmung abhängt. Zur Aufdeckung dieser Zusammenhänge führt eine Folge schrittweiser Vereinfachungen an den Navier-Stokes-Gleichungen, die in den nächsten Kapiteln nachvollzogen wird.

Gewöhnlich rücken theoretische Probleme in den Fokus, wenn sie praktisch umsetzbar werden. Lilienthals Testflug mit einem Hanggleiter im Jahre 1894 waren umfangreiche Beobachtungen und Windkanalmessungen mit Storchenflügeln vorausgegangen, die zur Erkenntnis der spezifischen Profilwölbung als Auftriebsursache

[1] Die Situationen in Abb. 4.2 und 4.4 sind für die Flugstabilität von Interesse, siehe Abschn. 5.4 sowie [2]. Abb. 4.1 veranschaulicht die Situation unmittelbar vor dem Abheben und wird in Abschn. 4.5 erläutert.

**Abb. 4.6** Lilienthals Doppeldecker am 19.10.1895. Im Folgejahr kam der Flugpionier bei einem Unfall ums Leben

**Abb. 4.7** Wright Model B von 1910

führten. Joukowski erwarb einen der Gleitflugapparate und führte seit 1902 eigene Experimente im Windkanal durch. Der praktische Durchbruch in der Flugzeugkonstruktion erfolgte parallel zum theoretischen. Im Jahre 1903 glückte den Gebrüdern Wright der erste bemannte Motorflug (Abb. 4.7). Die Formeln der Auftriebskraft am Profil wurden im Jahre 1902 von Kutta und vier Jahre später unabhängig von Joukowski gefunden.

## 4.1 Stromlinien und Druckgradient

Wir untersuchen eine stationäre Strömung in der reibungsfreien Näherung (3.30), (3.31) und (3.32). Für den Kutta-Joukowski-Fluss (Abb. 4.3) lässt sich die Richtung der Auftriebskraft aus der Wölbung der Stromlinien ablesen (Abb. 4.8). Die Idee basiert auf der Verwendung eines mitreisenden Koordinatensystems, des Frenetschen Dreibeins entlang einer Stromlinie. Die zugrunde liegende Theorie regulärer Kurven ist im Anhang A.3 zusammengestellt.

Die Frenetschen Formeln stellen den Zusammenhang zwischen der Krümmung und der Änderung von Tangentenvektoren, d. h. der Beschleunigung her. Mit der

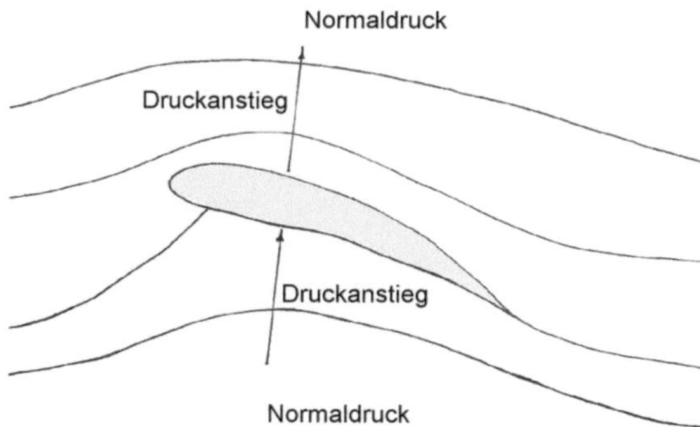


**Abb. 4.8** Querschnitt eines stationär umströmten Flügels. Der Druck steigt in Richtung nach oben. Wegen der geringen Höhendifferenz herrscht über bzw. unter dem Flügel derselbe atmosphärische Druck (Normaldruck)

Euler-Gleichung (3.30) suchen wir eine Beziehung zwischen Stromlinienkrümmung und Druckänderung. Damit kann die Wirkung von Kräften erklärt werden.

Zunächst parametrisieren wir den Abschnitt einer Stromlinie mit der Bogenlänge $s$. Die Position eines darauf befindlichen Teilchens wird durch $s = s(t)$ mit der Zeit $t$ beschrieben. Für die Teilchengeschwindigkeit und Beschleunigung gilt

$$\mathbf{u} = \mathbf{u}(s(t), t), \qquad \mathbf{a} = \frac{\mathrm{d}}{\mathrm{d}t}\mathbf{u}(s(t), t) = \frac{\partial \mathbf{u}}{\partial s}\frac{\mathrm{d}s}{\mathrm{d}t} + \frac{\partial \mathbf{u}}{\partial t}. \tag{4.1}$$

Jetzt sei $\{\mathbf{t}, \mathbf{n}, \mathbf{b}\}$ eine Orthonormalbasis am aktuellen Ort des Teilchens, bestehend aus Tangenten-, Normalen- und Binormalenvektor an die Stromlinie (Abb. 4.9).

Die Geschwindigkeit, deren Betrag $u = \|\mathbf{u}\|$ bezeichnet, liegt in Richtung des Tangentenvektors, d. h.

$$\mathbf{u} = u\,\mathbf{t} = \frac{\mathrm{d}s}{\mathrm{d}t}\,\mathbf{t}\,.$$

**Abb. 4.9** Stromlinie mit Tangenten- und Normalenvektor. Der Binormalenvektor steht senkrecht zur Zeichenebene und zeigt zum Betrachter

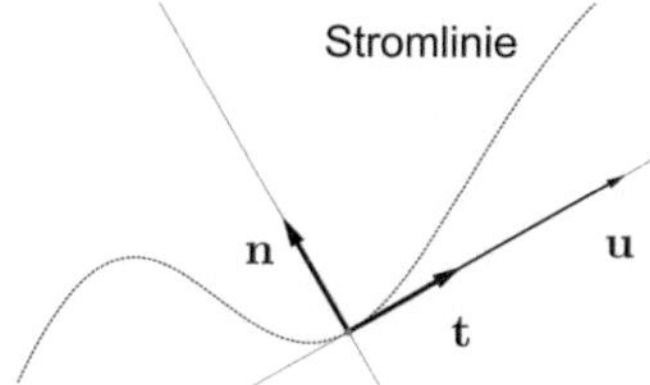

Durch Einsetzen in (4.1) folgt

$$\mathbf{a} = \frac{\partial(u\mathbf{t})}{\partial s}\,u + \frac{\partial \mathbf{u}}{\partial t} = \left(\frac{\partial u}{\partial s}\,\mathbf{t} + u\,\frac{\partial \mathbf{t}}{\partial s}\right) u + \frac{\partial \mathbf{u}}{\partial t} = u\,\frac{\partial u}{\partial s}\,\mathbf{t} + u^2\,\frac{\partial \mathbf{t}}{\partial s} + \frac{\partial \mathbf{u}}{\partial t}$$

und hieraus unter Berücksichtigung der Produktregel $\frac{\partial(u^2)}{\partial s} = 2u\,\frac{\partial u}{\partial s}$

$$\mathbf{a} \;=\; \frac{1}{2}\frac{\partial(\|\mathbf{u}\|^2)}{\partial s}\,\mathbf{t} + \|\mathbf{u}\|^2\,\frac{\partial \mathbf{t}}{\partial s} + \frac{\partial \mathbf{u}}{\partial t}\,.$$

Mit der Frenetschen Formel $\frac{\partial \mathbf{t}}{\partial s} = k(s)\,\mathbf{n}$ für die Stromlinienkrümmung $k(s)$ erhalten wir die Beschleunigung

$$\mathbf{a} = \frac{1}{2}\frac{\partial(\|\mathbf{u}\|^2)}{\partial s}\,\mathbf{t} + \|\mathbf{u}\|^2\,k(s)\,\mathbf{n} + \frac{\partial \mathbf{u}}{\partial t}\,.$$

Andererseits lässt sich $\mathbf{a}$ durch die Materialableitung (2.4) darstellen:

$$\mathbf{a} = \frac{\partial \mathbf{u}}{\partial t} + (\mathbf{u}\cdot\nabla)\mathbf{u}\,.$$

Die Gleichsetzung beider Ausdrücke ergibt

$$(\mathbf{u}\cdot\nabla)\mathbf{u} = \frac{1}{2}\frac{\partial(\|\mathbf{u}\|^2)}{\partial s}\,\mathbf{t} + \|\mathbf{u}\|^2\,k(s)\,\mathbf{n}\,. \tag{4.2}$$

Der Druckgradient erhält in unserer Orthonormalbasis die Form

$$\nabla p = \frac{\partial p}{\partial s}\,\mathbf{t} + \frac{\partial p}{\partial n}\,\mathbf{n} + \frac{\partial p}{\partial b}\,\mathbf{b}, \tag{4.3}$$

wobei $\frac{\partial p}{\partial s}$, $\frac{\partial p}{\partial n}$, $\frac{\partial p}{\partial b}$ seine Richtungsableitungen nach $\mathbf{t}$, $\mathbf{n}$, $\mathbf{b}$ bezeichnen.

Setzen wir die Beziehungen (4.2) und (4.3) in die Euler-Gleichung (3.30) ein, berücksichtigen die Vernachlässigung der Schwerkraft $\mathbf{f} = 0$ bei Gasteilchen und beschränken uns auf den stationären Fall $\frac{\partial \mathbf{u}}{\partial t} = 0$, so ist

$$\begin{aligned}
\frac{1}{2}\frac{\partial(\|\mathbf{u}\|^2)}{\partial s}\,\mathbf{t} + \|\mathbf{u}\|^2\,k(s)\,\mathbf{n} + \frac{1}{\varrho}\left(\frac{\partial p}{\partial s}\mathbf{t} + \frac{\partial p}{\partial n}\mathbf{n} + \frac{\partial p}{\partial b}\mathbf{b}\right) &= 0\,,\\
\left(\frac{1}{2}\frac{\partial(\|\mathbf{u}\|^2)}{\partial s} + \frac{1}{\varrho}\frac{\partial p}{\partial s}\right)\mathbf{t} + \left(\|\mathbf{u}\|^2\,k(s) + \frac{1}{\varrho}\frac{\partial p}{\partial n}\right)\mathbf{n} + \frac{1}{\varrho}\frac{\partial p}{\partial b}\mathbf{b} &= 0\,.
\end{aligned} \tag{4.4}$$

Da die Vektoren $\mathbf{t}$, $\mathbf{n}$, $\mathbf{b}$ linear unabhängig sind, müssen ihre Vorfaktoren verschwinden. Für den Anteil nach $\mathbf{b}$ ergibt sich

$$\frac{\partial p}{\partial b} = 0\,. \tag{4.5}$$

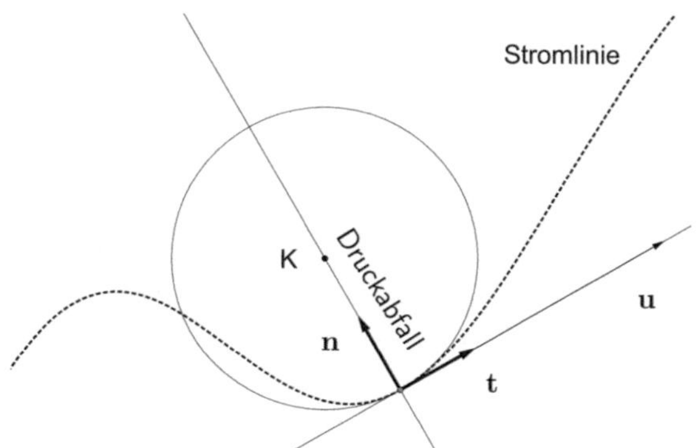


**Abb. 4.10** Der Druck fällt in Richtung des Krümmungszentrums der Stromlinie

Der Druck bleibt konstant entlang der Binormalen, d. h. in der Richtung, welche senkrecht aus dem Bild heraus zu uns zeigen würde.

Für den Anteil von **t** ist

$$\frac{1}{2}\frac{\partial(\|\mathbf{u}\|^2)}{\partial s} + \frac{1}{\varrho}\frac{\partial p}{\partial s} = 0\,, \tag{4.6}$$

womit wir erneut den Satz von Bernoulli (Theorem 3.2) erhalten. Zum Schluss werten wir Gl. (4.4) nach dem Anteil von **n** aus.

**Theorem 4.1 (Stromlinien-Krümmungs-Theorem)** *Bei einer stationären, reibungsfreien Strömung ist*

$$\|\mathbf{u}\|^2\, k(s) + \frac{1}{\varrho}\frac{\partial p}{\partial n} = 0\,. \tag{4.7}$$

Die Gleichung lässt eine verblüffende Interpretation zu. Bekanntlich sind die Krümmung $k(s) > 0$ und der Vektor **n** zum Zentrum $K$ des Krümmungskreises gerichtet. Dann ist $\frac{\partial p}{\partial n} = -\varrho\|\mathbf{u}\|^2\, k(s) < 0$, also **fällt der Druck in der Richtung zum Krümmungszentrum** (Abb. 4.10).

Beim stationären Flug dürfen die Flügel nicht zu stark bewegt werden. Flugzeuge, aber auch Vögel im Gleitflug benutzen derartige Techniken. In diesem Fall ist das Stromlinien-Krümmungs-Theorem anwendbar, und wir sind mithilfe von Abb. 4.8 imstande, den Auftrieb aus dem charakteristischen, nach oben gewölbten Stromlinienverlauf sichtbar zu machen.

Die Krümmungszentren der Stromlinien liegen unterhalb des Flügels. Unmittelbar auf dem Flügel muss ein geringerer Druck (Unterdruck) herrschen, der nach oben wächst und sich so dem Normaldruck annähert. Unter dem Flügel herrscht ein höherer Druck, welcher sich in Richtung nach unten verringert und dem Normaldruck annähert. Durch den Druckunterschied zwischen Unter- und Oberseite erhält der Flügel den Auftrieb.

Das Stromlinien-Krümmungs-Theorem liefert noch weitere Erklärungen. Auch bei *Strudeln,* die in Flüssen und engen Meeresstraßen infolge der Unebenheiten des Grundes entstehen können, bilden sich spiralförmige Stromlinien. In Richtung des Krümmungszentrums nimmt der Druck ab, sodass sich ein Sog ausbildet.

*Tornados* sind atmosphärische Luftwirbel mit annähernd senkrechter Drehachse. Meist dauert ein Tornado nur Minuten und selten länger als eine Stunde. Dabei kann er einen Unterdruck bis zu 100 hPa entwickeln, was etwa 10 % des mittleren Luftdrucks auf Meereshöhe (= 1013,25 hPa) entspricht.

**Aufgabe 4.1** Warum können Regenschirme bei starkem Wind in schneller Folge nach oben und wieder nach unten klappen?

Der folgende Zusammenhang zwischen Druckgradient und Teilchenbeschleunigung lässt sich auch in Situationen mit Reibung beobachten.

**Aufgabe 4.2** Weisen Sie für eine stationäre, reibungsfreie Strömung nach, dass Teilchen entlang einer Stromlinie

(a) beschleunigt werden, falls der Druck in Stromrichtung sinkt,
(b) gebremst werden, falls der Druck in Stromrichtung steigt.

## 4.2 Potentialflüsse

Im vorigen Kapitel haben wir den Auftrieb mithilfe der Euler-Gleichungen in der Stromlinienform wiedererkannt. Nun soll er berechnet werden. Da der Reibungsterm die Gleichungen von Navier-Stokes erheblich verkompliziert, wäre eine Lösung des Auftriebsproblems mit den Euler-Gleichungen äußerst erfreulich. Hinzu kommt, dass Gasteilchen außerhalb des Randbereichs tatsächlich reibungsarm fließen. Deshalb werden wir diese Möglichkeiten ausloten.

Als *Potentialfluss* bezeichnet man einen reibungs- und wirbelfreien Fluss.

Ein Strömungsfeld besitzt ein *Geschwindigkeitspotential* $\phi$, falls eine skalare Funktion mit $\operatorname{grad}\phi = \mathbf{u}$ existiert.

Beim Potentialfluss handelt es sich um eine Idealisierung, bei der Reibung und Wirbelbildung im Gebiet vernachlässigt werden. Die Bezeichnung hat historischen Ursprung und ist ungünstig gewählt. Nicht bei jedem Potentialfluss besitzt die Strömungsgeschwindigkeit $\mathbf{u}$ tatsächlich ein Geschwindigkeitspotential.

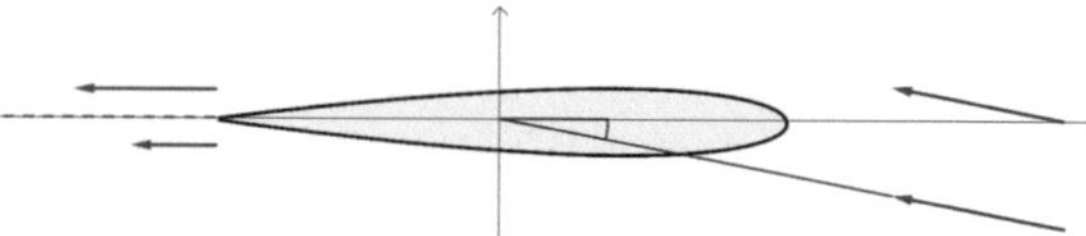

**Abb. 4.11** Am Heck entsteht eine Unstetigkeitskurve (gestrichelte Linie)

Für Anwendungen des Modells erweist sich von Nutzen, dass Wirbel zumindest an den Unstetigkeitsstellen des Geschwindigkeitsfelds auftreten können. Diese lassen sich an Kanten von Hindernissen beobachten, beispielsweise an der Heckspitze eines Tragflügelprofils, wo die Strömung die Ober- und Unterseite mit verschiedenen Geschwindigkeiten verlässt. Innerhalb solcher *Unstetigkeitskurven* wird die Wirbelstärke transportiert, die für den Auftrieb entscheidend ist (siehe Abschn. 5.6 und 5.7).

**Aufgabe 4.3** Beweisen Sie, dass jede wirbelfreie Strömung mit konstanter Dichte ein Potentialfluss ist.

**Aufgabe 4.4** Beweisen Sie, dass jeder Potentialfluss $\mathbf{u}$ in einem einfach zusammenhängenden Gebiet ein Geschwindigkeitspotential $\phi$ besitzt.

Wir untersuchen das zweidimensionalen Außengebiet eines festen Strömungshindernisses, beispielsweise eines Tragflügelprofils. In diesem mehrfach zusammenhängenden Gebiet betrachten wir eine stationäre Strömung, die wir zusätzlich als wirbelfrei und inkompressibel voraussetzen. Mit den Forderungen wird die Fließgeschwindigkeit als analytische Funktion modellierbar, sodass eine reichhaltige mathematische Theorie zur Verfügung steht. Deshalb wandeln wir sämtliche Vektorfelder in geeignete komplexe Größen um. Anhang A.4 stellt wichtige Definitionen und Formeln zusammen.

Der vektoriellen Strömungsgeschwindigkeit $\mathbf{u} = \begin{pmatrix} u \\ v \end{pmatrix}$ wird die *komplexe Geschwindigkeit* $\mathcal{U} = u - \mathrm{i}v$ zugeordnet.

Ebenso entspricht der Kraft $\mathbf{F} = \begin{pmatrix} F_x \\ F_y \end{pmatrix}$ die *komplexe Kraft* $\mathcal{F} = F_x - \mathrm{i}F_y$.

**Hinweis** Vektoren werden also nicht in die unmittelbaren, sondern in konjugiert komplexe Größen umgewandelt.

**Lemma 4.1** *Bei einer zweidimensionalen, stationären Strömung mit einem wirbelfreien, inkompressiblen Geschwindigkeitsfeld* $\mathbf{u} = \begin{pmatrix} u \\ v \end{pmatrix}$ *ist die komplexe Geschwindigkeit* $\mathcal{U} = u - \mathrm{i}v$ *eine analytische Funktion.*

*Beweis* Inkompressibilität bedeutet $\operatorname{div} \mathbf{u} = 0$, also

$$\frac{\partial u}{\partial x} + \frac{\partial v}{\partial y} = 0\,.$$

Die Wirbelfreiheit $\operatorname{rot} \mathbf{u} = 0$ ist im zweidimensionalen Fall nach Gl. (1.20)

$$\frac{\partial v}{\partial x} - \frac{\partial u}{\partial y} = 0\,.$$

Damit erhalten wir für $\mathcal{U} = u + \mathrm{i}(-v)$ die Cauchy-Riemannschen Differentialgleichungen

$$\frac{\partial u}{\partial x} = -\frac{\partial v}{\partial y}\,, \qquad \frac{\partial v}{\partial x} = \frac{\partial u}{\partial y}\,,$$

womit diese Funktion im betrachteten Gebiet analytisch ist. □

**Aufgabe 4.5** Beweisen Sie, dass jeder inkompressible Fluss mit einem Geschwindigkeitspotential reibungsfrei ist.

**Aufgabe 4.6** Wir betrachten ein instationäres Strömungsfeld konstanter Dichte mit konservativer Kraftdichte $\mathbf{f}/\varrho = \operatorname{grad} \Phi$ und Geschwindigkeitspotential $\phi$. Beweisen Sie die instationäre Bernoulli-Gleichung

$$\frac{\partial \phi}{\partial t} + \frac{1}{2}\|\operatorname{grad} \phi\|^2 + \frac{p}{\varrho} + \Phi = c(t)\,, \tag{4.8}$$

wobei $c(t)$ eine zeitabhängige Konstante ist.

## 4.3 Der Satz von Kutta-Joukowski

Wir betrachten eine Strömung um ein festes Strömungshindernis $D \subset \mathbb{C}$, dessen Rand mit $C = \partial D$ bezeichnet wird und eine einfach geschlossene Kurve bildet. Zur Vereinfachung setzen wir voraus, dass der Koordinatenursprung in $D$ liegt.

Der folgende Satz liefert den ersten Schritt zur Auftriebsberechnung an Tragflügelprofilen. Hierbei wird die Kraft auf ein Hindernis aus dem einwirkenden Druck berechnet, der über den Satz von Bernoulli an die Strömungsgeschwindigkeit gekoppelt ist.

**Theorem 4.2 (Blasius)** *In einem Potentialfluss mit konstanter Dichte liegt ein Strömungshindernis mit Rand $C$. Dann wirkt auf das Hindernis die Kraft*

$$\mathcal{F} = -\frac{\mathrm{i}\varrho}{2}\overline{\left[\int_C \mathcal{U}^2\,\mathrm{d}z\right]}.$$

*Beweis* Der infinitesimale Zuwachs entlang $C$ ist $\mathrm{d}z = \mathrm{d}x + \mathrm{i}\,\mathrm{d}y$. Den entsprechenden Zuwachs in Normalenrichtung liefert $\mathrm{d}z/\mathrm{i}$ (siehe Aufgabe A.6). Wegen $\mathbf{F} = -\int_C p\mathbf{n}\,\mathrm{d}s$ ist die komplexe Kraft

$$\mathcal{F} = -\int_C p\,\frac{\mathrm{d}z}{\mathrm{i}} = \mathrm{i}\int_C p\,\mathrm{d}z\,.$$

Der Satz von Bernoulli (Theorem 3.2) gilt aufgrund der Wirbelfreiheit von Potentialflüssen nicht nur auf einzelnen Stromlinien, sondern im gesamten Außengebiet $\mathbb{R}^2 \setminus D$ mit einer Konstanten $K$.

$$\frac{p}{\varrho} + \frac{u^2 + v^2}{2} = K\,.$$

Das Kraftintegral ändert sich nicht, wenn man zu $p$ eine Konstante addiert. Damit kann $K = 0$ gesetzt werden, d. h., es sind

$$p = -\frac{\varrho(u^2 + v^2)}{2} \tag{4.9}$$

und

$$\mathcal{F} = -\frac{\mathrm{i}\varrho}{2}\int_C (u^2 + v^2)\,\mathrm{d}z\,.$$

Andererseits gilt $\mathcal{U}^2 = (u - \mathrm{i}v)^2 = u^2 - v^2 - 2\mathrm{i}uv$. Am Rand $C$ ist die Geschwindigkeit $\mathbf{u}$ parallel zum Tangentialvektor $\begin{pmatrix}\mathrm{d}x\\ \mathrm{d}y\end{pmatrix}$, und folglich $u\,\mathrm{d}y = v\,\mathrm{d}x$. Dann vereinfacht sich

$$\mathcal{U}^2\,\mathrm{d}z = (u^2 - v^2 - 2\mathrm{i}uv)(\mathrm{d}x + \mathrm{i}\mathrm{d}y) = (u^2 + v^2)(\mathrm{d}x - \mathrm{i}\,\mathrm{d}y)\,.$$

Da $u^2 + v^2$ reell ist, gilt

$$\overline{\mathcal{U}^2\,\mathrm{d}z} = (u^2 + v^2)\overline{(\mathrm{d}x - \mathrm{i}\,\mathrm{d}y)} = (u^2 + v^2)\,\mathrm{d}z\,.$$

Nach Einsetzen in das obige Integral erhalten wir die Behauptung. □

Als entscheidender Faktor zur Auftriebsberechnung wird sich die Zirkulation erweisen, die in enger Verbindung mit Wirbeln steht.

Die *Zirkulation* über eine vorgegebene, geschlossene Kurve $C$ wird durch ein Umlaufintegral definiert:

$$\Gamma = \oint_C \mathbf{u}\,\mathrm{d}\mathbf{x}\,. \tag{4.10}$$

Handelt es sich um die Randkurve des Hindernisses, so wird der Index $C$ weggelassen.

Als *Anströmgeschwindigkeit* bezeichnet man die Fließgeschwindigkeit im Unendlichen.

$$\mathbf{u}_\infty = \begin{pmatrix} U \\ V \end{pmatrix} \quad \text{bzw.} \quad \mathcal{U}_\infty = U - \mathrm{i}V\,. \tag{4.11}$$

**Aufgabe 4.7** Abbildung 4.12 zeigt die Umströmung eines Tragflügels in aufeinanderfolgenden Zeitpunkten. Schätzen Sie das Vorzeichen der Zirkulation über die Randkurve ab.

Durch Umschreiben in komplexe Funktionen erhalten wir für die Zirkulation

$$\begin{aligned} \Gamma &= \oint_C \mathbf{u}\,\mathrm{d}\mathbf{x} = \oint_C u\,\mathrm{d}x + v\,\mathrm{d}y = \oint_C (u - \mathrm{i}v)\,(\mathrm{d}x + \mathrm{i}\,\mathrm{d}y) \\ &= \oint_C \mathcal{U}\,\mathrm{d}z\,. \end{aligned} \tag{4.12}$$

Weiterhin bezeichne $\mathbf{n}$ den Normalenvektor zu $\mathbf{u}_\infty$. Nun können wir die Auftriebsformel herleiten.

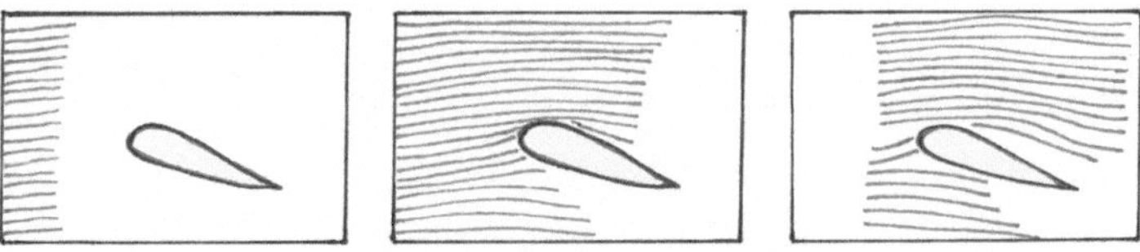

**Abb. 4.12** Umströmung eines Tragflügelprofils mit Rauchpartikeln

**Theorem 4.3** ***(Kutta-Joukowski)*** *Im Außengebiet um ein Hindernis mit Rand $C$ betrachten wir einen Potentialfluss konstanter Dichte mit der Anströmgeschwindigkeit $\mathbf{u}_\infty$. Auf das Strömungshindernis wirkt die Kraft*

$$\mathbf{F} = \varrho\Gamma \, \|\mathbf{u}_\infty\| \, \mathbf{n} \,, \tag{4.13}$$

*wobei die Zirkulation $\Gamma$ über die Randkurve $C$ berechnet wird.*

Besitzt ein Strömungshindernis die passende Form, um bei geeigneter Anströmung eine Zirkulation am Rand sowie einen Potentialfluss im Außengebiet zu ermöglichen, dann ist es als Tragflügelprofil geeignet. Das klingt einfach, doch die praktische Umsetzung benötigte Jahrzehnte anspruchsvoller Experimente.

*Beweis* Nach Voraussetzung befindet sich der Koordinatenursprung im Hindernis $D$ (Abb. 4.13). Im durchströmten Gebiet ist $\mathcal{U}$ eine analytische Funktion und kann als Laurent-Reihe (Theorem A.2) dargestellt werden. Wegen $\lim_{z\to\infty} \mathcal{U} = \mathcal{U}_\infty$ darf die Reihenentwicklung keine positiven Potenzen von $z$ enthalten. Dann gilt für jeden Kreis mit Ursprung null, welcher den Rand $C$ enthält

$$\mathcal{U} = a_0 + \frac{a_1}{z} + \frac{a_2}{z^2} + \frac{a_3}{z^3} + \ldots, \quad \mathcal{U}^2 = a_0^2 + \frac{2a_0a_1}{z} + \frac{2a_0a_2 + a_1^2}{z^2} + \ldots$$

Nach Aufgabe A.7 ist

$$\int_C \frac{\mathrm{d}z}{z^k} = \begin{cases} 2\pi \mathrm{i} & \text{falls } k = 1\,, \\ 0 & \text{falls } k \neq 1\,. \end{cases}$$

und wir erhalten

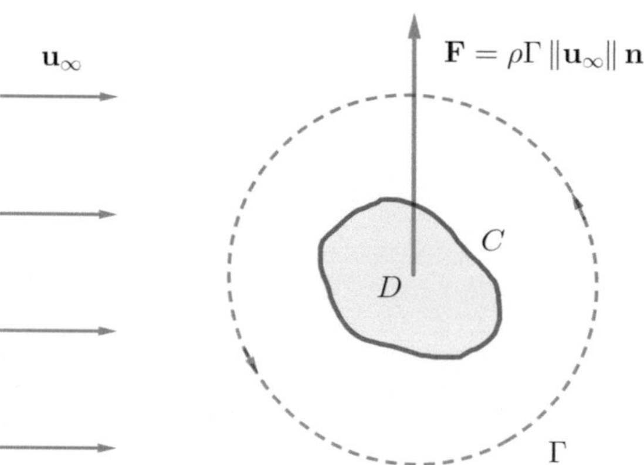


**Abb. 4.13** Bei horizontaler Anströmung wirkt die Kraft in vertikaler Richtung. Wenn sie nach oben gerichtet ist, wird sie als Auftrieb bzw. Lift bezeichnet

$$\int_C \mathcal{U}^2 \, dz = 4\pi i \, a_0 a_1 .$$

Wir berechnen die restlichen Koeffizienten. Wegen $\lim_{z\to\infty} \mathcal{U} = \mathcal{U}_\infty$ folgt mit Gl. (4.11)

$$a_0 = U - iV .$$

Mit Aufgabe A.7 bestimmen wir die Zirkulation $\Gamma = \oint_C \mathcal{U} \, dz = 2\pi i \, a_1$ und damit

$$a_1 = \frac{\Gamma}{2\pi i} .$$

Unter Benutzung des Satzes von Blasius folgt

$$\mathcal{F} = -\frac{i\varrho}{2} \overline{\left[ \int_C \mathcal{U}^2 \, dz \right]} = -\frac{i\varrho}{2} \overline{(4\pi i \, a_0 a_1)} = \varrho \Gamma (V - iU) .$$

Ohne Einschränkung wählen wir das Koordinatensystem derart, dass die Anströmung in positiver x-Richtung verläuft, d. h. $U = \|\mathbf{u}_\infty\|$, $V = 0$. Dann ist

$$\mathcal{F} = -i\varrho\Gamma \, \|\mathbf{u}_\infty\| .$$

Da die Multiplikation $-i$ eine Drehung um einen rechten Winkel bewirkt, folgt die Behauptung durch Rückverwandlung der komplexen Größe in Vektorform. □

Ob die vertikale Kraft (4.13) nach oben oder unten gerichtet ist, hängt vom Vorzeichen von $\Gamma$ und somit auch von der Geometrie des umströmten Körpers ab. In [2] wurde für den praktisch bedeutsamen *vorzeitigen Strömungsabriss (Helmholtz-Kirchhoff-Fluss)* ein Analogon zu Theorem 4.3 bewiesen.

Das Konzept der Zirkulation wird durch folgende Anmerkungen verständlich.

- Würden wir anstelle der Euler-Gleichungen die präziseren Navier-Stokes-Gleichungen verwenden, so wäre die Zirkulation gleich null, ebenso wie die Randgeschwindigkeit des Satzes von Blasius. Wenn die Approximation mittels Randzirkulation bessere Resultate als der exakte Wert liefert, dann bedarf es einer Interpretation. Diese erschliesst sich aus dem Beweis des Satzes von Blasius und den zugrunde liegenden Euler-Gleichungen:
  *Die Randgeschwindigkeit der Euler-Gleichungen ist keine Näherung der Strömungsgeschwindigkeit zum Rand, sondern eine Projektion des innerhalb einer umgebenden Schicht gemittelten Strömungsverhaltens auf den Rand. Durch eine weitere Mittelung über den Rand stellt die Zirkulation das grenznahe Verhalten in einem Zahlenwert dar.*

- Mit Gl. (4.13) haben wir den zweidimensionalen Auftrieb auf das Vorhandensein einer Randzirkulation zurückgeführt. Dasselbe wird sich in Abschn. 4.7 für den dreidimensionalen Fall herausstellen, wobei noch nichts über Ursachen der Zirkulation ausgesagt wird. Ihre Entstehung ist durch Reibung in der Randschicht mit anschließender Wirbelbildung erklärbar und wird in Abschn. 5.6 diskutiert.

Zur Vereinfachung von Berechnungen kann es zweckmäßig sein, sich ein Strömungshindernis als durch Fluid ersetzt vorzustellen, das eine passende Wirbelverteilung aufweist. Sie wird als *gebundener Wirbel* bezeichnet.

Im Gegensatz dazu spricht man von *freien* Wirbeln, die ohne oben genannte gedankliche Veränderung der Realität erklärbar sind.

Gebundene Wirbel sind bei Strömungshindernissen mit nicht verschwindender Randzirkulation $\Gamma$ anzutreffen, beispielsweise an Tragflügeln. Nach dem Satz von Stokes (Theorem 1.2) erfüllt das virtuelle Fluid die Bedingung $\Gamma = \int_S (\operatorname{rot} \mathbf{u}) \cdot \mathbf{n} \, \mathrm{d}S$, wobei $S$ die Oberfläche des Hindernisses bezeichnet.

## 4.4 Komplexe Potentiale

Zu Beginn des 20. Jahrhunderts wurde das Auftriebsverhalten bei verschiedenen Profilen über die Berechnung mit komplexen Potentialen untersucht. Wir erläutern die Grundlagen und werden die Methode im nächsten Abschnitt an einem Beispiel erläutern, welches erstmals von Joukowski betrachtet wurde.

Als Ausgangspunkt betrachten wir einen zweidimensionalen Potentialfluss aus Abschn. 4.2, wobei $\mathcal{U} = u - \mathrm{i}v$ sein komplexes Geschwindigkeitsfeld bezeichnet.

Besitzt die analytische Funktion $\mathcal{U} = u - \mathrm{i}v$ im Gebiet $\Omega \subset \mathbb{C}$ eine analytische Stammfunktion $w = \phi + \mathrm{i}\psi$, so bezeichnet man diese als ihr *komplexes Potential.*

**Lemma 4.2** *Falls $\mathcal{U}$ ein komplexes Potential $w = \phi + \mathrm{i}\psi$ besitzt, dann sind $\phi$ das Potential von* $\mathbf{u}$ *und $\psi$ seine Stromfunktion. Weiterhin sind die Stromlinien $\psi = \text{const}$ orthogonal zu den Niveaulinien des Geschwindigkeitspotentials $\phi = \text{const}$.*

*Beweis* Für $z = x + \mathrm{i}y$, $w(z) = \phi(x, y) + \mathrm{i}\psi(x, y)$ ist

$$\frac{\partial \phi}{\partial x} + \mathrm{i}\frac{\partial \psi}{\partial x} = \frac{\partial w}{\partial x} = \frac{\mathrm{d}w}{\mathrm{d}z}\frac{\partial z}{\partial x} = \frac{\mathrm{d}w}{\mathrm{d}z} = \mathcal{U} = u - \mathrm{i}v\,,$$

also $\frac{\partial \phi}{\partial x} = u$, $\frac{\partial \psi}{\partial x} = -v$. Aus den Cauchy-Riemannschen Differentialgleichungen für $w$ erhalten wir

$$\frac{\partial \phi}{\partial x} = \frac{\partial \psi}{\partial y}, \qquad \frac{\partial \phi}{\partial y} = -\frac{\partial \psi}{\partial x}\,. \tag{4.14}$$

Zusammenfassend ist

$$u = \frac{\partial \phi}{\partial x} = \frac{\partial \psi}{\partial y}, \qquad v = \frac{\partial \phi}{\partial y} = -\frac{\partial \psi}{\partial x}\,. \tag{4.15}$$

Somit ist $\operatorname{grad}\phi = \mathbf{u}$, d.h., $\phi$ ist ein Geschwindigkeitspotential. Aus Korollar 2.2 ergibt sich, dass $\psi$ eine Stromfunktion ist.

Die Orthogonalität (Abb. 4.14) folgt mit Gl. (4.14):

$$\operatorname{grad}\phi \cdot \operatorname{grad}\psi = \frac{\partial \phi}{\partial x}\frac{\partial \psi}{\partial x} + \frac{\partial \phi}{\partial y}\frac{\partial \psi}{\partial y} = \frac{\partial \phi}{\partial x}\left(-\frac{\partial \phi}{\partial y}\right) + \frac{\partial \phi}{\partial y}\frac{\partial \phi}{\partial x} = 0\,.$$

□

**Aufgabe 4.8** Weisen Sie nach, dass der Imaginärteil des komplexen Potentials auf dem Rand des Strömungsgebiets konstant bleibt.

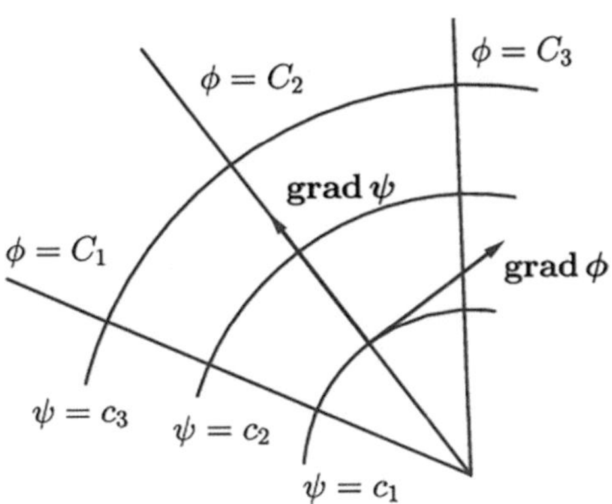


**Abb. 4.14** Besitzt der Fluss $\mathcal{U}$ ein komplexes Potential, dann verlaufen die Stromlinien orthogonal zu den Niveaulinien des Geschwindigkeitspotentials

Die Methode der komplexen Potentiale bietet eine praktikable Alternative zu Navier-Stokes-Problemen, falls die wesentlichen Reibungseffekte auf eine schmale Schicht am Gebietsrand beschränkt bleiben. Von den Euler-Gleichungen (3.30), (3.31) wird nur die Divergenzgleichung (3.31) beibehalten, während die Bewegungsgleichung (3.30) durch die Forderung nach Wirbelfreiheit, $\operatorname{rot}\mathbf{u} = 0$ ersetzt wird. Verschärft man beides, so gelangt man zur Forderung nach einem komplexen Potential $w$. Somit ersetzt man die Differentialgleichungen durch die Suche nach $w$, das bei Einschluss eines geeigneten Terms sogar die Zirkulation berücksichtigt. Die Randbedingung (3.32) wird gemäß Aufgabe 4.8 durch die Forderung erfüllt, dass der Imaginärteil von $w$ auf dem Rand des Strömungsgebiets konstant bleibt. Für unbeschränkte Strömungsgebiete fordert man zusätzlich eine konstante Strömungsgeschwindigkeit im Unendlichen, d. h., $\lim_{z\to\infty} \mathrm{d}w/\mathrm{d}z = \text{const.}$

Ohne Gl. (3.30) fehlt im Potentialmodell eine Bestimmungsgleichung für den Druck $p$, der wegen $\mathbf{F} = \int_C p\,\mathrm{d}\mathbf{x}$ zur Kräfteberechnung unverzichtbar ist. Der Engpass lässt sich mit dem Satz von Bernoulli (Theorem 3.2) umgehen, welches die Druckberechnung aus der Fließgeschwindigkeit erlaubt. Da der Satz von Bernoulli auf Grundlage der Bewegungsgleichung (3.30) hergeleitet wurde, bezieht die Methode der komplexen Potentiale im erweiterten Sinne also auch die Eulersche Bewegungsgleichung ein.

Eine konforme Abbildung $z = \mathcal{E}(\zeta)$ wandelt Potentiale ineinander um:

$$\hat{w}(z) = w(\mathcal{E}^{-1}(z))\,. \tag{4.16}$$

Falls sich die Behandlung von $w(\zeta)$ einfacher als bei $\hat{w}(z)$ gestaltet, so wird zunächst in den $\zeta$-Koordinaten gerechnet. Die Geschwindigkeitsberechnung in $z$-Koordinaten erfolgt anschließend über

$$\frac{\mathrm{d}\hat{w}}{\mathrm{d}z} = \frac{\mathrm{d}w}{\mathrm{d}\zeta}\frac{\mathrm{d}\zeta}{\mathrm{d}z}\,. \tag{4.17}$$

Das Auffinden eines komplexen Potentials wird durch die Forderung erschwert, dass sein Imaginärteil auf einer vorgegebenen Randkurve $C$ konstant sein muss. Zuerst wurde das Problem für eine kreisförmige Berandung gelöst. Anschließend suchte man Transformationen auf Ellipsen und andere interessierende Profile.

$K(C, a) \subset \mathbb{C}$ bezeichnet einen Kreis mit Radius $a$ und Mittelpunkt $C$. Er wird durch $|\zeta - \zeta_c| = a$ beschrieben, wobei $\zeta_c$ die Mittelpunktskoordinaten sind.

Wir werden sehen, dass sich die Auftriebsberechnungen in der komplexen Ebene auf die Umströmung eines Kreises zurückführen lassen. Das unten stehende Beispiel dient als Grundbaustein.

**Beispiel 4.1** *Wir untersuchen die Funktion*

$$w(\zeta) = u_\infty \left[ (\zeta - \zeta_c) + \frac{a^2}{\zeta - \zeta_c} + \mathrm{i}\, a\kappa \ln(\zeta - \zeta_c) \right], \quad |\zeta - \zeta_c| \geq a\,. \tag{4.18}$$

*Hier sind $u_\infty$ der Betrag der Strömungsgeschwindigkeit in hinreichender Entfernung von $K(C, a)$ und $\kappa$ eine Konstante.*

In den folgenden Aufgaben wird nachgewiesen, dass das Potential (4.18) eine konstante Strömung in einer Ebene mit einem kreisförmigen Hindernis beschreibt. Gemäß Aufgabe 4.8 muss der Kreisrand eine Stromlinie bilden, d. h., der Imaginärteil bleibt auf dem Rand konstant. Der Parameter $\kappa$ erweist sich als Maß für die Zirkulation.

**Aufgabe 4.9** Weisen Sie nach, dass der Imaginärteil von Potential (4.18) auf dem Kreis $K(C, a)$ konstant ist.

**Aufgabe 4.10** Weisen Sie nach, dass die Strömungsgeschwindigkeit für Potential (4.18) in hinreichender Entfernung von $K(C, a)$ konstant und horizontal gerichtet ist:

$$\lim_{\zeta \to \infty} \mathcal{U} = u_\infty\,.$$

Nach Gl. (4.13) ist unser Potential nur dann zur Auftriebsberechnung geeignet, falls eine Zirkulation um das Profil besteht.

**Aufgabe 4.11** Beweisen Sie $\Gamma = -2au_\infty\pi\kappa$ für die Zirkulation um $K(C, a)$ bei Potential (4.18).

Wir wollen nachweisen, dass die Stärke der Zirkulation das Geschwindigkeitsfeld nicht nur quantitativ, sondern auch qualitativ verändert. Einen wichtigen Anhaltspunkt liefern die Stagnationspunkte.

**Lemma 4.3** *In Abhängigkeit von $\kappa$ besitzt das Geschwindigkeitsfeld $\mathcal{U} = \frac{\mathrm{d}w}{\mathrm{d}\zeta}$ von Potential (4.18) folgende Eigenschaften:*

*1) Für $\kappa < 2$ findet man nach Einführung eines Parameters*

$$\sin\beta = \frac{\kappa}{2} \tag{4.19}$$

*die beiden Stagnationspunkte*

$$\zeta = \zeta_c + a(-\mathrm{i}\sin\beta \pm \cos\beta)\,. \tag{4.20}$$

*Sie liegen symmetrisch zueinander auf dem Kreisrand (Abb. 4.15).*

2) *Für $\kappa = 2$ erhält man einen Stagnationspunkt auf dem Kreisrand*

$$\zeta = \zeta_c - a\mathrm{i}\,. \tag{4.21}$$

3) *Für $\kappa > 2$ führt man einen Parameter*

$$\cosh\beta = \frac{\kappa}{2}, \quad \beta \neq 0 \tag{4.22}$$

*ein und erhält die beiden Punkte*

$$\zeta = \zeta_c + a\mathrm{i}(-\cosh\beta \pm \sinh\beta) = \zeta_c - a\mathrm{i}\mathrm{e}^{\pm\beta}\,. \tag{4.23}$$

*Einer von ihnen liegt im Strömungsgebiet und ist ein Stagnationspunkt, während sich der andere außerhalb des Strömungsgebiets befindet.*

*Beweis* Aus dem Ansatz $\mathcal{U} = 0$ für Stagnationspunkte von Potential (4.18) folgt

$$\begin{aligned} 0 &= u_\infty\left[1 - \frac{a^2}{(\zeta-\zeta_c)^2} + \frac{\mathrm{i}\,a\kappa}{\zeta-\zeta_c}\right], \\ \zeta &= \zeta_c + a\left[-\frac{i\kappa}{2} \pm \sqrt{1-\frac{\kappa^2}{4}}\right]. \end{aligned} \tag{4.24}$$

Für die Diskriminante unterscheiden wir

Fall 1: $\kappa/2 < 1$. Mit dem Ansatz $\kappa/2 = \sin\beta$ folgt (4.20), siehe Abb. 4.15.
Fall 2: $\kappa/2 = 1$. Aus (4.24) folgt (4.21).
Fall 3: $\kappa/2 > 1$. Mit dem Ansatz $\kappa/2 = \cosh\beta$ folgt (4.23). Für die beiden Lösungen $\zeta_1$ und $\zeta_2$ gilt

$$|\zeta_1 - \zeta_c| = a\mathrm{e}^{\beta} \quad \text{bzw.} \quad |\zeta_2 - \zeta_c| = a\mathrm{e}^{-\beta}\,.$$

Für $\mathrm{e}^{\beta} > 1$ ist $\mathrm{e}^{-\beta} < 1$, sodass nur $\zeta_1$ Stagnationspunkt ist. Im umgekehrten Fall $\mathrm{e}^{-\beta} > 1$ ist nur $\zeta_2$ Stagnationspunkt. □

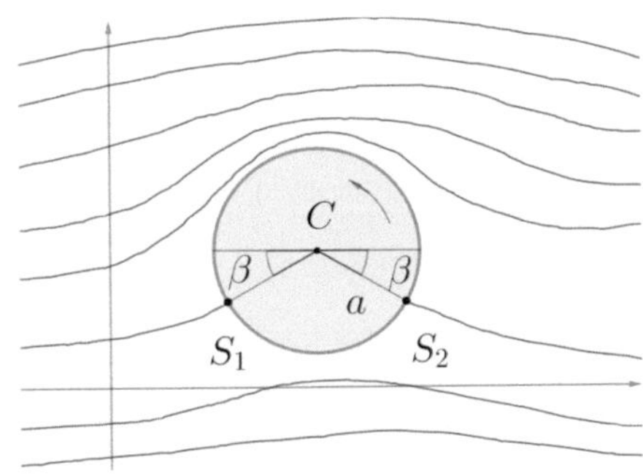


**Abb. 4.15** Stromlinien des Potentials (4.18) für $\kappa < 2$. Aufgrund der beiden Stagnationspunkte lässt sich das Modell der Tragflügelberechnung zugrunde legen

Unser Kreisprofil (4.18) soll später in ein entsprechendes Flügelprofil transformiert werden. Bei der Untersuchung des Strömungsverhaltens an Tragflügeln wie Abb. 4.8 findet man zwei spezielle Punkte. Zunächst liegt ein Stagnationspunkt unterhalb der abgerundeten Bugspitze; diesem muss auch im Kreisprofil ein Stagnationspunkt entsprechen. An der Heckspitze ist die Randkurve nicht glatt, und die Fließgeschwindigkeit wird dort nur endlich, wenn das zugrunde liegende Kreisprofil an der entsprechenden Stelle einen weiteren Stagnationspunkt besitzt. Zur Modellierung einer Tragflügelumströmung mithilfe von Potential (4.18) benötigt man demnach zwei Stagnationspunkte. Dazu sind nur Parameterwerte $\kappa < 2$ geeignet.

Aus Gl. (4.18) folgt mit Formel (4.19) der Potentialansatz

$$w(\zeta) = u_\infty \left[ (\zeta - \zeta_c) + \frac{a^2}{\zeta - \zeta_c} + \mathrm{i}\, 2a \sin\beta \ln(\zeta - \zeta_c) \right], \quad |\zeta - \zeta_c| \geq a\,. \tag{4.25}$$

Unter Berücksichtigung von Formel (4.19) und Aufgabe 4.11 beschreibt der letzte Summand die Zirkulation $\Gamma$, wogegen die ersten beiden Terme nichts zur Zirkulation beitragen.

**Abb. 4.16** Die Buckau war ein umgebauter Schoner und das erste Rotorschiff. Es wurde im Jahre 1924 von Anton Flettner in Zusammenarbeit mit Ludwig Prandtl konstruiert

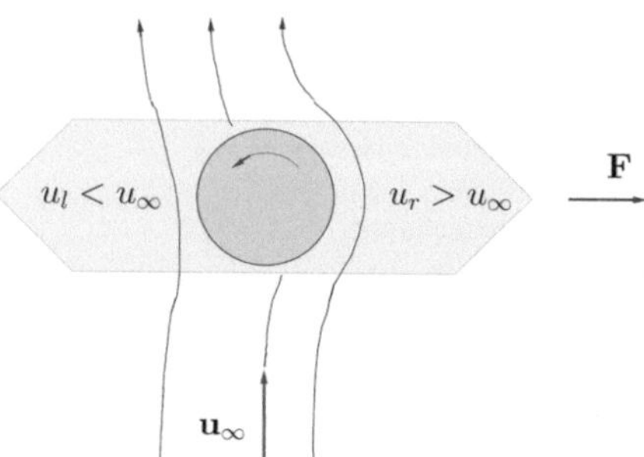


**Abb. 4.17** Aufsicht eines Flettner-Schiffs. Sein Antrieb beruht auf den unterschiedlichen Fließgeschwindigkeiten um den Rotor, die eine nicht verschwindende Zirkulation erzeugen

**Beispiel 4.2** *Als Magnus-Effekt bezeichnet man den Auftrieb, welchen ein rotierendes Objekt in einer Strömung erfährt. Da die Rotation die anströmenden Teilchen auf einer Seite des Gegenstand zusätzlich beschleunigt und auf der anderen Seite abbremst, ergibt sich eine nicht verschwindende Zirkulation auf dem Rand, welche nach Gl. (4.13) für den Auftrieb sorgt. (In Beispiel 4.1 wurde ein Potential eingeführt, das entsprechende Berechnungen erlaubt.)*

*Das Prinzip kommt beim Flettner- bzw. Rotorschiff zur Anwendung, wo motorgetriebene rotierende Türme bei Seitenwind die Fortbewegung unterstützen (Abb. 4.16 und 4.17). Wechselt der Wind in die Gegenrichtung, so muss die Drehrichtung der Türme geändert werden. Flettner-Schiffe zeichnen sich durch einen günstigen Energieverbrauch bei Erhaltung der Seetüchtigkeit aus. Die Einsparung gegenüber einem rein konventionellen Antrieb liegt zwischen 5 und 20 %. Gegenwärtig werden Flettner-Schiffe als Containerschiffe bzw. Fähren genutzt. Eines der größten ist der Tanker Maersk Pelican mit der Tragfähigkeit (DWT) von 109.647 t.*

## 4.5 Umströmte elliptische Zylinder

Das Grundprinzip des folgenden Modells wurde bereits in Abb. 4.1 vorgestellt und kommt in verschiedenen Situationen zur Anwendung.

- In der Aerodynamik lässt sich eine abgeflachte Ellipse als Tragflügelmodell einsetzen. Indem wir die Lage der beiden Stagnationspunkte während der Startphase eines Flugzeugs berechnen, wird die Entstehung des Startwirbels in Abschn. 5.6 besser verständlich.
- Aus der Navigation ist bekannt, dass der Steuermann selbst dann den Kurs korrigieren muss, wenn sein Schiff in Stromrichtung fährt. Wir erläutern, warum sich ein steuerloses Schiff zwangsläufig quer zur Strömung stellt.

Die vollständige Beschreibung der Kraftwirkung auf starre Körper erfordert nicht nur durch die resultierende Kraft auf einen Punkt, sondern auch ein Drehmoment. In diesem Sinne werden wir den Satz von Blasius (Theorem 4.2) ergänzen. Wie in Abschn. 4.4 benutzen wir zweidimensionale Flüsse mit einem komplexen Potential $w$ und die komplexe Geschwindigkeit $\mathrm{d}w/\mathrm{d}z = \mathcal{U} = u - \mathrm{i}v$.

Mit **M** wird das *Drehmoment* eines Profils $C$ bezeichnet, wobei der Vektor in z-Richtung orientiert ist.

Seine z-Komponente $M$ gibt zusätzlich zum Betrag die Richtung an ($M > 0$ für den mathematisch positiven Drehsinn bzw. Orientierung in positive z-Richtung).

**Aufgabe 4.12** Wir betrachten ein umströmtes Profil im Randpunkt $Q = \begin{pmatrix} x \\ y \end{pmatrix}$. Beweisen Sie für dessen Beitrag zum Drehmoment um den Nullpunkt

$$\mathrm{d}M = p(x\,\mathrm{d}x + y\,\mathrm{d}y)\,. \tag{4.26}$$

**Aufgabe 4.13** Beweisen Sie für eine analytische Funktion $w$

$$\frac{\mathrm{d}\bar{w}}{\mathrm{d}\bar{z}} = \overline{\left(\frac{\mathrm{d}w}{\mathrm{d}z}\right)}\,. \tag{4.27}$$

**Aufgabe 4.14** Es sei $w = \phi + \mathrm{i}\psi$ ein komplexes Potential in einem Gebiet mit Rand $C$. Beweisen Sie

$$\mathrm{d}\bar{w} = \mathrm{d}w \qquad \text{auf } C\,. \tag{4.28}$$

**Theorem 4.4 (Blasius)** *Ein Potentialfluss mit konstanter Dichte umströmt ein Hindernis mit Rand C. Wird der Fluss durch ein komplexes Potential w beschrieben, so erhält man für das Drehmoment um den Nullpunkt*

$$M = -\frac{\varrho}{2}\,\mathrm{Re}\left[\int_C z\left(\frac{\mathrm{d}w}{\mathrm{d}z}\right)^2 \mathrm{d}z\right].$$

*Beweis* Nach Gl. (4.26) ist

$$\mathrm{d}M = p(x\,\mathrm{d}x + y\,\mathrm{d}y) = \mathrm{Re}\,[pz\,\mathrm{d}\bar{z}]\,. \tag{4.29}$$

Wie im Nachweis von Theorem 4.2 benutzen wir den Satz von Bernoulli in der Form von Gl. (4.9):

$$p = -\frac{\varrho(u^2 + v^2)}{2}\,. \tag{4.30}$$

Unter Berücksichtigung von $\mathrm{d}w/\mathrm{d}z = u - \mathrm{i}v$ und Formel (4.27) ist

$$u^2 + v^2 = (u - \mathrm{i}v)(u + \mathrm{i}v) = \frac{\mathrm{d}w}{\mathrm{d}z}\overline{\left(\frac{\mathrm{d}w}{\mathrm{d}z}\right)} = \frac{\mathrm{d}w}{\mathrm{d}z}\frac{\mathrm{d}\bar{w}}{\mathrm{d}\bar{z}}\,, \tag{4.31}$$

und wir erhalten mit Gl. (4.30) und (4.31)

$$pz\,\mathrm{d}\bar{z} = -\frac{\varrho}{2}\frac{\mathrm{d}w}{\mathrm{d}z}\frac{\mathrm{d}\bar{w}}{\mathrm{d}\bar{z}}z\,\mathrm{d}\bar{z} = -\frac{\varrho}{2}\frac{\mathrm{d}w}{\mathrm{d}z}z\,\mathrm{d}\bar{w}\,.$$

Wegen Gl. (4.28) gilt auf dem Rand $C$

$$\begin{aligned}\frac{\mathrm{d}w}{\mathrm{d}z}\mathrm{d}\bar{w} &= \frac{\mathrm{d}w}{\mathrm{d}z}\mathrm{d}w = \frac{\mathrm{d}w}{\mathrm{d}z}\frac{\mathrm{d}w}{\mathrm{d}z}\,\mathrm{d}z\\ pz\,\mathrm{d}\bar{z} &= -\frac{\varrho}{2}\left(\frac{\mathrm{d}w}{\mathrm{d}z}\right)^2 z\,\mathrm{d}z\end{aligned}$$

und somit nach Integration von Gl. (4.29)

$$M = -\frac{\varrho}{2}\,\mathrm{Re}\left[\int_C z\left(\frac{\mathrm{d}w}{\mathrm{d}z}\right)^2 \mathrm{d}z\right].$$

□

Zur Bestimmung des komplexen Potentials verfahren wir gemäß Abschn. 4.4. Modellieren wir einen Schiffsrumpf in Aufsicht als Ellipse, so empfiehlt sich die Einführung geeigneter Koordinaten.

Die konforme Abbildung $z = \mathcal{E}(\zeta)$ sei durch

$$z = c\cosh\zeta \qquad \text{mit } z = x + \mathrm{i}y, \quad \zeta = \xi + \mathrm{i}\eta \tag{4.32}$$

definiert. Hierbei bezeichnet man $(\xi, \eta)$ als *Kegelschnittkoordinaten.*

**Aufgabe 4.15** Leiten Sie aus Gl. (4.32) die folgenden Formeln ab:

$$\frac{x^2}{c^2\cosh^2\xi} + \frac{y^2}{c^2\sinh^2\xi} = 1 \quad \text{Ellipsengleichung für festes } \xi\,, \tag{4.33}$$

$$\frac{x^2}{c^2\cos^2\eta} - \frac{y^2}{c^2\sin^2\eta} = 1 \quad \text{Hyperbelgleichung für festes } \eta\,. \tag{4.34}$$

Indem die elliptische Randkurve zum Parameterwert $\xi_0 > 0$ als Gebietsrand gewählt wird, definieren wir ein Außengebiet:

In der $\zeta$-Ebene betrachten wir das Gebiet mit $\xi \geq \xi_0$. Für festes $\alpha$ untersuchen wir das *Potential*

$$w(\zeta) = cA\cosh(\zeta - \zeta_0), \qquad \zeta_0 = \xi_0 + \mathrm{i}\alpha$$

und transformieren es mit Gl. (4.16) zu $\hat{w}(z) = w(\mathcal{E}^{-1}(z))$.

Die Interpretation der Parameter $\alpha$ und $A$ wird in Aufgabe 4.17 geliefert. Zur Berechnung der Kraft und des Drehmoments leiten wir das Potential ab.

**Lemma 4.4** *Es gilt*

$$\frac{\mathrm{d}\hat{w}}{\mathrm{d}z} = A\left(e^{-\zeta_0} - \frac{c^2\sinh\zeta_0}{2z^2} + \ldots\right), \tag{4.35}$$

$$\left(\frac{\mathrm{d}\hat{w}}{\mathrm{d}z}\right)^2 = A^2\left(e^{-2\zeta_0} - \frac{c^2 e^{-\zeta_0}\sinh\zeta_0}{z^2} + \ldots\right), \tag{4.36}$$

*wobei die Punkte für Terme mit Potenzen* $\frac{1}{z^n}$, $n \geq 3$ *stehen.*

*Beweis* Wegen

$$\frac{\mathrm{d}w}{\mathrm{d}\zeta} = cA\sinh(\zeta - \zeta_0), \qquad \frac{\mathrm{d}z}{\mathrm{d}\zeta} = c\sinh\zeta \tag{4.37}$$

liefert die Kettenregel (4.17)

$$\frac{\mathrm{d}\hat{w}}{\mathrm{d}z} = \frac{\mathrm{d}w}{\mathrm{d}\zeta}\frac{\mathrm{d}\zeta}{\mathrm{d}z} = \frac{\mathrm{d}w}{\mathrm{d}\zeta}\Big/\frac{\mathrm{d}z}{\mathrm{d}\zeta} = \frac{A\sinh(\zeta - \zeta_0)}{\sinh\zeta}. \tag{4.38}$$

Unter Verwendung des Additionstheorems für $\sinh(\zeta - \zeta_0)$ folgt

$$\frac{\mathrm{d}\hat{w}}{\mathrm{d}z} = A\frac{\sinh\zeta\cosh\zeta_0 - \sinh\zeta_0\cosh\zeta}{\sinh\zeta}$$

$$= A\left[\cosh\zeta_0 - \sinh\zeta_0\frac{\cosh\zeta}{\sinh\zeta}\right] \tag{4.39}$$

$$= A\left[\mathrm{e}^{-\zeta_0} + \sinh\zeta_0\left(1 - \frac{\cosh\zeta}{\sinh\zeta}\right)\right]. \tag{4.40}$$

Wir vereinfachen den letzten Term. Aus Gl. (4.32) ergibt sich

$$\sqrt{z^2 - c^2} = c\sinh\zeta, \qquad \frac{\cosh\zeta}{\sinh\zeta} = \frac{z}{\sqrt{z^2 - c^2}}.$$

Unter Nutzung der Reihenentwicklung

$$\frac{1}{\sqrt{1-x}} = 1 - \frac{1}{2}x + \frac{1 \cdot 3}{2 \cdot 4}x^2 + \ldots \qquad \text{für } |x| < 1$$

erhalten wir

$$\frac{z}{\sqrt{z^2 - c^2}} = \frac{1}{\sqrt{1 - \frac{c^2}{z^2}}} = 1 - \frac{1}{2}\frac{c^2}{z^2} + \ldots$$

und somit

$$1 - \frac{\cosh\zeta}{\sinh\zeta} = \frac{1}{2}\frac{c^2}{z^2} - \ldots \tag{4.41}$$

Zusammenfassend folgt aus Gl. (4.40), (4.41)

$$\frac{\mathrm{d}\hat{w}}{\mathrm{d}z} = A\left[\mathrm{e}^{-\zeta_0} + \sinh\zeta_0\left(\frac{1}{2}\frac{c^2}{z^2} - \ldots\right)\right]$$

und nach Quadrierung die gesuchte Beziehung (4.36). □

Gemäß Abschn. 4.4 wird gefordert, dass die Strömung im Unendlichen gleichförmig bleibt und den Gebietsrand nicht durchdringt. Nach Aufgabe 4.8 berechnen wir hierfür das Potential $w$ auf dem Rand.

**Aufgabe 4.16** Beweisen Sie, dass der Imaginärteil von $w$ für $\xi = \xi_0$ konstant bleibt.

**Aufgabe 4.17** Weisen Sie für $\hat{w}$ eine gleichförmige Strömung im Unendlichen nach, und zeigen Sie für die Anströmgeschwindigkeit

$$\mathbf{u}_\infty = A\mathrm{e}^{-\xi_0}\begin{pmatrix}\cos\alpha \\ \sin\alpha\end{pmatrix}, \tag{4.42}$$

$$u_\infty^2 = A^2\mathrm{e}^{-2\xi_0^2}. \tag{4.43}$$

Damit haben wir eine Interpretation der Parameter $\alpha$ und $A$ gefunden. Aus Formel (4.42) ist ersichtlich, dass die Anströmgeschwindigkeit $\mathbf{u}_\infty$ mit der Hauptachse des Strömungshindernisses den Winkel $\alpha$ einschließt.

Ein wichtiger Anhaltspunkt des Strömungsverhaltens sind die Stagnationspunkte.

**Aufgabe 4.18** Weisen Sie nach, dass die Stagnationspunkte von $\hat{w}$ bei den Winkeln

$$\eta_1 = \alpha + \pi, \qquad \eta_2 = \alpha$$

vorliegen.

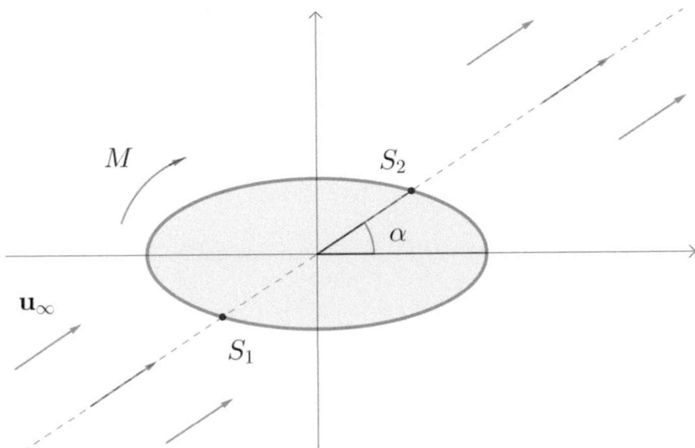


**Abb. 4.18** Elliptisches Hindernis im gleichförmigen Strom. Der Staudruck bei $S_1$ führt zur Ausbildung eines Drehmoments

Beim Vergleich der Abb. 4.18 und 5.12 bemerken wir, dass die Lage ihrer Stagnationspunkte übereinstimmt. Damit dient die umströmte Ellipse zugleich als Modell eines Tragflügels beim Start, wenn die Anströmgeschwindigkeit noch gering ist.

Mithilfe der Sätze von Blasius können die resultierende Kraft und das Drehmoment berechnet werden.

**Theorem 4.5** *Wird die Strömung mithilfe des Potentials (4.16) modelliert, so erfährt das Hindernis weder Auftrieb noch Strömungswiderstand. Jedoch wirkt ein Drehmoment*

$$M = -\pi \varrho c^2 u_\infty^2 \sin\alpha \cos\alpha \,. \tag{4.44}$$

*Beweis* Wegen $\mathcal{U} = \mathrm{d}\hat{w}/\mathrm{d}z$ und Gl. (4.36) folgt für die Kraft mit Theorem 4.2

$$\begin{aligned}
\mathcal{F} &= -\frac{\mathrm{i}\varrho A^2}{2}\overline{\left[\int_C (\mathrm{e}^{-2\zeta_0} - \frac{c^2\mathrm{e}^{-\zeta_0}\sinh\zeta_0}{z^2} + \ldots)\,\mathrm{d}z\right]} \\
&= -\frac{\mathrm{i}\varrho A^2}{2}\overline{\left[\mathrm{e}^{-2\zeta_0}\int_C \mathrm{d}z\right]} \qquad \text{nach Aufgabe } A.7 \\
&= 0\,.
\end{aligned}$$

Für das Drehmoment erhalten wir aus Theorem 4.4 und Gl. (4.36)

$$
\begin{aligned}
M &= -\frac{\varrho}{2}\,\mathrm{Re}\left[\int_C zA^2(\mathrm{e}^{-2\zeta_0} - \frac{c^2\mathrm{e}^{-\zeta_0}\sinh\zeta_0}{z^2} + \ldots)\,\mathrm{d}z\right] \\
&= \frac{\varrho}{2}\,\mathrm{Re}\left[A^2c^2\mathrm{e}^{-\zeta_0}\sinh\zeta_0\int_C \frac{\mathrm{d}z}{z}\right] \qquad \text{wegen Aufgabe } A.7 \text{ und Theorem } A.1 \\
&= \frac{\varrho}{2}\,\mathrm{Re}\left[A^2c^2\mathrm{e}^{-\zeta_0}\sinh\zeta_0\,2\pi\mathrm{i}\right] \qquad \text{wegen Aufgabe } A.7 \\
&= -\varrho c^2A^2\pi\,\mathrm{e}^{-2\xi_0}\sin\alpha\,\cos\alpha\,.
\end{aligned}
$$

Nach Ersetzen von Gl. (4.43) folgt die Behauptung. □

Das Fehlen von Auftrieb und Strömungswiderstand ist unrealistisch, war jedoch als Konsequenz der Modellierung mit einem komplexen Potential ohne Zirkulationsterm zu erwarten. Zur Interpretation des Drehmoments benötigen wir zunächst die Gleichgewichtslagen.

**Aufgabe 4.19** Weisen Sie nach, dass das Drehmoment für $\alpha = 0$ (Längsstellung) und $\alpha = \pi/2$ (Querstellung) verschwindet, wobei die erste Position instabil und die zweite stabil ist.

Obwohl in Längsstellung kein Drehmoment auftritt, entsteht es bei der geringsten Kursabweichung. Bei unterlassener Kurskorrektur bewirkt es aufgrund des Vorzeichens in Gl. (4.44) die weitere Drehung, bis der Schiffsrumpf quer zum Strom steht.

Die Wirkung des Drehmoments lässt sich auch mit den Stagnationspunkten $S_1$ (bei $\eta = \alpha + \pi$) und $S_2$ (bei $\eta = \alpha$) erkennen (Abb. 4.18). Bei $S_1$ ist der Staudruck maximal, womit eine Drehung nach rechts verursacht wird.

## 4.6 Auftriebsberechnungen an Profilen

Von den Strömungsmodellen zu Beginn von Kap. 4 taugt einzig der Kutta-Joukowski-Fluss (Abb. 4.3) zur Beschreibung eines stabilen Flugverhaltens. Zur Auftriebsberechnung benutzen wir erneut die Methode aus Abschn. 4.4.

Schritt 1: Man sucht eine konforme Abbildung zwischen den Außengebieten eines Kreises und des zu untersuchenden Profils. Die Kreispunkte können damit als Koordinaten des Profils betrachtet werden.

Schritt 2: Aus einem geeigneten komplexen Potential im Außengebiet eines Kreises lässt sich mithilfe der konformen Abbildung ein komplexes Potential für den umströmten Tragflügel konstruieren.

Schritt 3: Durch Ableitung des komplexen Potentials erhält man das Geschwindigkeitsfeld, woraus der Auftrieb mithilfe des Satzes von Blasius bestimmt wird. Die Berechnung erfolgt durch Rücktransformation auf die Kreiskoordinaten.

**Schritt 1:** **konforme Abbildung (Joukowski-Transformation)**

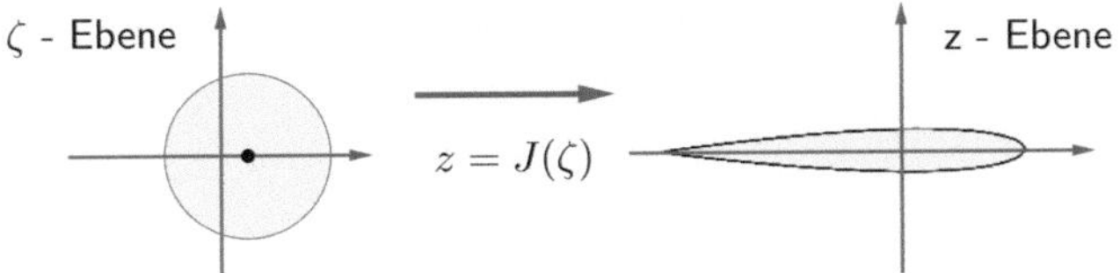


**Schritt 2:** **Potential im Aussengebiet**

$$w(\zeta) \longrightarrow \hat{w}(z) = w(J^{-1}(z))$$

**Schritt 3:** **Geschwindigkeitsfeld**

$$\mathcal{U} = \frac{dw}{d\zeta} \longrightarrow \hat{\mathcal{U}} = \frac{d\hat{w}}{dz} = \frac{dw}{d\zeta}\frac{dJ^{-1}}{dz} = \frac{dw}{d\zeta}\frac{d\zeta}{dz}$$

**Abb. 4.19** Berechnungsschritte für das Geschwindigkeitsfeld

## Zu Schritt 1: Abbildung eines Kreises auf ein Tragflächenprofil

Die Funktion

$$z = \zeta + \frac{1}{\zeta} \tag{4.45}$$

wird *Joukowski-Transformation* genannt.

Wir wollen nachweisen, dass sie einen geeigneten Kreis in ein Tragflügelprofil überführt.

**Aufgabe 4.20** Beweisen Sie, dass die Joukowski-Transformation

(a) den Kreis $|\zeta| = 1$ auf das Intervall $[-2; 2]$ abbildet,
(b) sowohl das Außengebiet $|\zeta| > 1$ als auch das Kreisinnere $|\zeta| < 1$ bijektiv auf $\mathbb{C} \setminus [-2; 2]$ abbildet.

Zum besseren Verständnis der Joukowski-Transformation zerlegen wir sie in

$$\zeta_1 = \frac{1}{\zeta}, \tag{4.46}$$

$$z = \zeta + \zeta_1 . \tag{4.47}$$

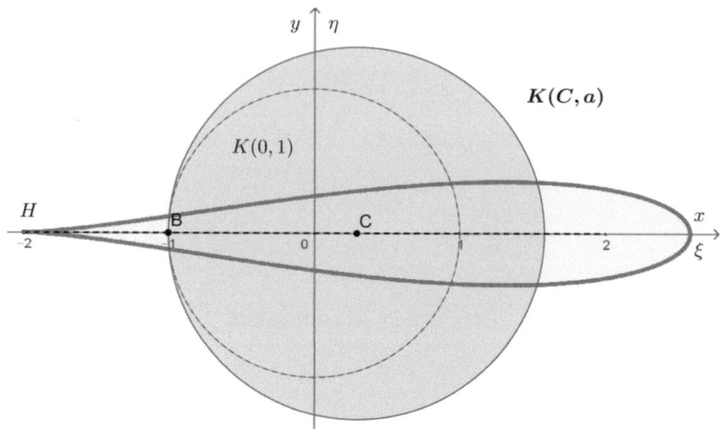


**Abb. 4.20** Überlagerung von $\zeta$- und $z$-Ebene. Die Joukowski-Transformation bildet das Außengebiet des Kreises $K(C, a)$ bijektiv auf das Außengebiet eines Tragflügels ab

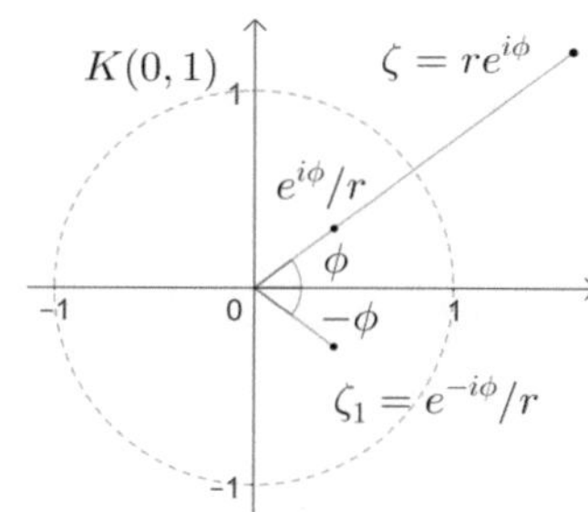


**Abb. 4.21** Die Abbildung (4.46) lässt sich durch Spiegelung am Einheitskreis und anschließenden Übergang zur komplex konjugierten Zahl konstruieren

Für $\zeta = r\mathrm{e}^{\mathrm{i}\phi}$ erhalten wir $\zeta_1 = \frac{1}{r}\mathrm{e}^{-\mathrm{i}\phi}$. Damit ergibt sich die Transformation (4.46) durch Spiegelung am Einheitskreis mit anschließender Spiegelung an der Abszisse (Abb. 4.21). Summiert man $\zeta_1 + \zeta$ und lässt $\zeta$ einen geeigneten Kreis $K(C, a)$ durchlaufen, so erhält man ein Tragflügelprofil aus Abb. 4.20.

**Aufgabe 4.21** Wir betrachten den Kreis $K(C, a)$, wobei der Koordinatenursprung im Kreisinneren liegt. Beweisen Sie, dass Formel (4.46) diesen Kreis in einen Kreis mit Mittelpunkt $-\bar{\zeta}_0/\eta$ und Radius $a/\eta$ überführt ($\eta = a^2 - \zeta_0\bar{\zeta}_0$).

**Aufgabe 4.22** Beweisen Sie, dass die Joukowski-Transformation im Außengebiet $|\zeta| > 1$ konform ist.

**Aufgabe 4.23** Beweisen Sie die Formel

$$\frac{z+2}{z-2} = \left(\frac{\zeta+1}{\zeta-1}\right)^2 \qquad \text{für } \zeta \neq 1\,. \tag{4.48}$$

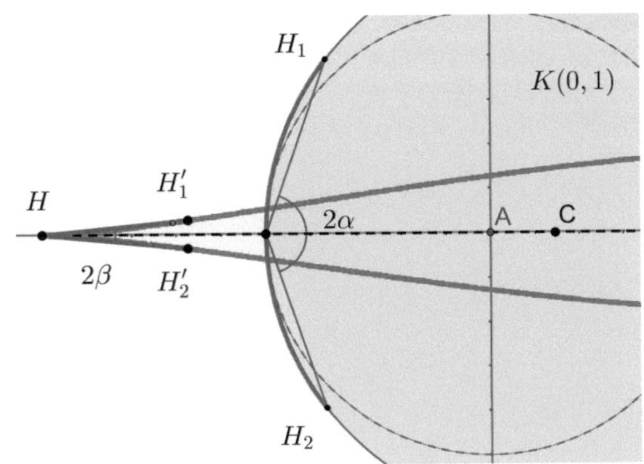


**Abb. 4.22** Überlagerung von $\zeta$- und $z$-Ebene. Während auf $K(C, a)$ der Bogen von $H_1$ bis $H_2$ durchlaufen wird, durchwandert der Bildpunkt der Joukowski-Transformation die Spitze von $H_1'$ über $H$ bis $H_2'$

Wir betrachten den Kreis $K(C, a)$ mit Mittelpunkt auf der positiven x-Achse und linkem Randpunkt $\zeta = -1$ (Abb. 4.20 und 4.22). Da der Kreis mit Ausnahme von $\zeta = -1$ im Außengebiet $|\zeta| > 1$ liegt, ist sein Bild bei Joukowski-Transformation für $z \neq -2$ eine glatte Kurve. Der spitze Winkel bei $z = -2$ lässt sich nachweisen, indem wir die Transformation bei $\zeta = -1$ untersuchen. In den entsprechenden Umgebungen machen wir den Ansatz

$$\begin{aligned} \zeta &= -1 + r\mathrm{e}^{\mathrm{i}\alpha} && \text{für die Koordinaten von } H_1 \in K(C, a)\,, \\ z &= -2 + R\mathrm{e}^{\mathrm{i}\beta} && \text{für die Koordinaten des Bildpunkts } H_1'\,. \end{aligned}$$

Hierbei sind $r \ll 1$ und $R \ll 2$. Nach Einsetzen in Gl. (4.48) erhalten wir in erster Näherung

$$\begin{aligned} \frac{R\mathrm{e}^{\mathrm{i}\beta}}{-4} &= \left(\frac{r\mathrm{e}^{\mathrm{i}\alpha}}{-2}\right)^2, \\ R\mathrm{e}^{\mathrm{i}(\beta+\pi)} &= r^2\mathrm{e}^{2\alpha\mathrm{i}} \qquad \text{wegen } -1 = \mathrm{e}^{\mathrm{i}\pi}\,. \end{aligned}$$

Damit ist $\beta + \pi = 2\alpha$. Aus $2\alpha \approx \pi$ folgt $\beta \approx 0$.

Die folgende Aussage veranschaulicht die Wirkung der Joukowski- Transformation im Außengebiet des Einheitskreises.

**Theorem 4.6** *Die Joukowski-Transformation (4.45) bildet konzentrische Kreise auf Ellipsen und Strahlen auf Hyperbeln ab (Abb. 4.23, 4.24).*

*Beweis* Mit dem Ansatz $\zeta = r\mathrm{e}^{\mathrm{i}\phi}$ folgt aus Gl. (4.45)

$$z = r\mathrm{e}^{\mathrm{i}\phi} + \frac{1}{r}\mathrm{e}^{-\mathrm{i}\phi} = \left(r + \frac{1}{r}\right)\cos\phi + \mathrm{i}\left(r - \frac{1}{r}\right)\sin\phi\,.$$

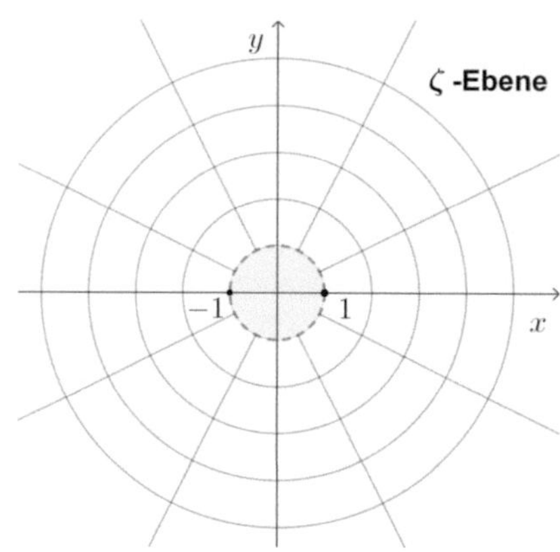


**Abb. 4.23** Außengebiet $|\zeta| > 1$ mit Gitterlinien aus konzentrischen Kreisen und Strahlen

Für $z = u + \mathrm{i}v$ erhalten wir

$$u = \left(r + \frac{1}{r}\right)\cos\phi, \qquad v = \left(r - \frac{1}{r}\right)\sin\phi\,. \tag{4.49}$$

Bei einem konzentrischen Kreis der $\zeta$-Ebene ist $r = \text{const.}$ Aus

$$\cos\phi = \frac{u}{(r + \frac{1}{r})}, \qquad \sin\phi = \frac{u}{(r - \frac{1}{r})}$$

folgt mit $1 = \cos^2\phi + \sin^2\phi$ die Ellipsengleichung in der z-Ebene:

$$1 = \frac{u^2}{(r + \frac{1}{r})^2} + \frac{v^2}{(r - \frac{1}{r})^2}\,.$$

Für einen Strahl der $\zeta$-Ebene ist $\phi = \text{const.}$ Aus Gl. (4.49) erhalten wir

$$\begin{aligned} \frac{u^2}{\cos^2\phi} &= \left(r + \frac{1}{r}\right)^2 = r^2 + 2 + \frac{1}{r^2}\,, \\ \frac{v^2}{\sin^2\phi} &= \left(r - \frac{1}{r}\right)^2 = r^2 - 2 + \frac{1}{r^2}\,, \end{aligned}$$

und nach Subtraktion ergibt sich die Hyperbelgleichung in der z-Ebene:

$$\frac{u^2}{\cos^2\phi} - \frac{v^2}{\sin^2\phi} = 4\,.$$

Die Ellipsen und Hyperbeln besitzen die Brennpunkte $\pm 2$ (Abb. 4.24). □

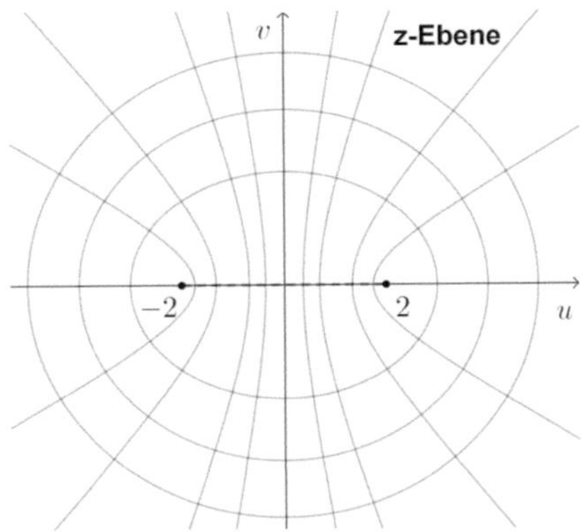


**Abb. 4.24** Die Joukowski-Transformation überführt Kreise in Ellipsen und Strahlen in Hyperbeln

**Zu Schritt 2: Vorgabe eines komplexen Potentials um den Kreis und Überführung in ein Potential des Tragflächenprofils**
Unser Kreispotential soll im Außengebiet des Einheitskreises definiert werden, damit die Joukowski- Transformation zwischen den entsprechenden Außengebieten mit Ausnahme der Heckspitze konform bleibt.

Das Potential (4.25) enthält den Parameter $\beta$, der die Zirkulation bestimmt. Dabei erfolgt die Anströmung in horizontaler Richtung. Für die Manövrierfähigkeit muss der Auftrieb auch bei geneigtem Tragflügel gewährleistet bleiben. Deshalb wird ein Neigungswinkel $\alpha$ zwischen Anströmrichtung und Flügelachse eingeführt. Die Berechnung erfolgt durch Drehung des Koordinatensystems (Abb. 4.25, 4.26).

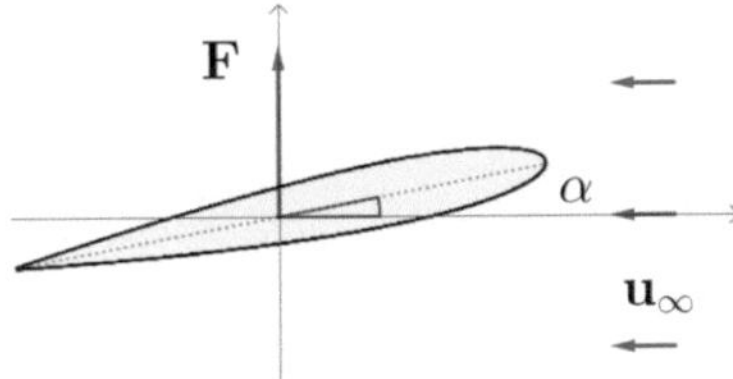


**Abb. 4.25** In Realität ist das Flügelprofil geneigt und die Anströmung erfolgt horizontal. Die Kraft wirkt stets senkrecht

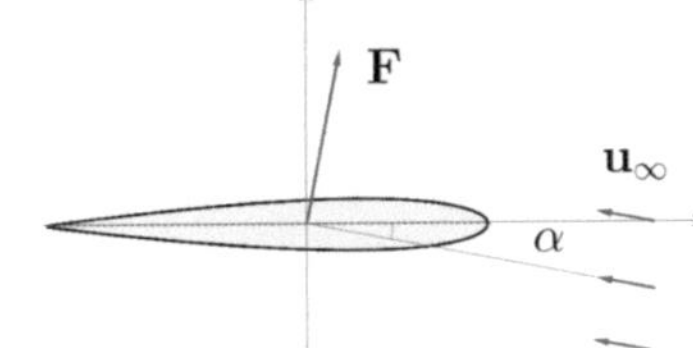


**Abb. 4.26** Zur Berechnung dreht man das Koordinatensystem um $\alpha$, damit das Profil in waagerechte Lage kommt (vgl. Abb. 4.20)

Wir betrachten einen Kreis $K(C, a)$ mit Mittelpunkt auf der positiven x-Achse, dessen linker Randpunkt $\zeta = -1$ sei (Abb. 4.20). Die Funktion

$$w(\zeta) = u_\infty \left[ (\zeta - \zeta_c)\mathrm{e}^{\mathrm{i}\alpha} + \frac{a^2\mathrm{e}^{-\mathrm{i}\alpha}}{\zeta - \zeta_c} + \mathrm{i}\,2a\sin\beta\ln(\zeta - \zeta_c) \right], \quad |\zeta - \zeta_c| \geq a \tag{4.50}$$

wird als *Kreispotential* für $K(C, a)$ bezeichnet. Hierbei gibt $\zeta_c > 0$ die x-Koordinate von $C$ an.

Als *Potential des Flügelprofils* bezeichnen wir die Funktion

$$\hat{w}(z) = w(\zeta(z)). \tag{4.51}$$

Dabei ist $\zeta(z)$ die Umkehrfunktion bei Einschränkung der Joukowski-Transformation auf das Außengebiet $|\zeta - \zeta_c| \geq 1$.

**Aufgabe 4.24** Weisen Sie nach, dass die Strömung (4.50) den Kreisrand $K(C, a)$ nicht durchqueren kann.

### Zu Schritt 3: Eigenschaften der zugehörigen Geschwindigkeitsfelder

Als *Geschwindigkeitsfeld um den Kreis* bezeichnen wir die Ableitung

$$\mathcal{U}(\zeta) = \frac{\mathrm{d}w}{\mathrm{d}\zeta}, \quad |\zeta - \zeta_c| \geq a. \tag{4.52}$$

Unter dem *Geschwindigkeitsfeld des Flügelprofils* verstehen wir

$$\hat{\mathcal{U}}(z) = \frac{\mathrm{d}\hat{w}}{\mathrm{d}z}. \tag{4.53}$$

Wir wollen nachweisen, dass $\hat{\mathcal{U}}$ für einen Tragflügel tatsächlich ein realistisches Geschwindigkeitsfeld ist. Zunächst berechnen wir aus Gl. (4.50) und (4.52)

$$\mathcal{U}(\zeta) = u_\infty \left[ e^{i\alpha} - \frac{a^2 e^{-i\alpha}}{(\zeta - \zeta_c)^2} + \frac{i\, 2a \sin\beta}{\zeta - \zeta_c} \right]. \tag{4.54}$$

Mit Gl. (4.51) und (4.53) folgt

$$\begin{aligned} \hat{\mathcal{U}}(z) &= \frac{d}{dz} w(\zeta(z)) = \frac{dw}{d\zeta}\frac{d\zeta}{dz} \\ &= \mathcal{U}(\zeta)\, \frac{d\zeta}{dz}. \end{aligned} \tag{4.55}$$

Weiter erhalten wir aus Gl. (4.45)

$$\frac{d\zeta}{dz} = \frac{1}{dz/d\zeta} = \frac{1}{1 - \frac{1}{\zeta^2}}.$$

Zusammenfassend ist

$$\hat{\mathcal{U}}(z) = \mathcal{U}(\zeta)\, \frac{1}{1 - \frac{1}{\zeta^2}} \tag{4.56}$$

$$= \frac{\mathcal{U}(\zeta)\, \zeta^2}{(\zeta - 1)(\zeta + 1)}. \tag{4.57}$$

**Aufgabe 4.25** Weisen Sie nach, dass die Strömungsgeschwindigkeit $\hat{\mathcal{U}}$ in hinreichender Entfernung vom Tragflügel konstant ist:

$$\lim_{z \to \infty} \hat{\mathcal{U}}(z) = u_\infty e^{-i\alpha}. \tag{4.58}$$

Für den Auftrieb ist nach dem Satz von Kutta-Joukowski (Theorem 4.3) eine nicht verschwindende Zirkulation um den Tragflügel erforderlich.

**Aufgabe 4.26** Beweisen Sie im Modell (4.50), (4.51) die Formel $\Gamma = -4a\pi u_\infty \sin\beta$ für die Zirkulation um das Flügelprofil.

Im Modell (4.50), (4.51) wurde noch keine Aussage über den Zirkulationsparameter $\beta$ getroffen. Er lässt sich aus der Bedingung bestimmen, dass die Fließgeschwindigkeit $\hat{\mathcal{U}}$ im gesamten Strömungsgebiet endlich bleiben muss. Als Problem erweist sich die Heckspitze $\zeta = -1$, wo der Nenner von Gl. (4.57) verschwindet. Der einzige Ausweg besteht darin, dass dort für $\mathcal{U}$ ein Stagnationspunkt vorliegt.

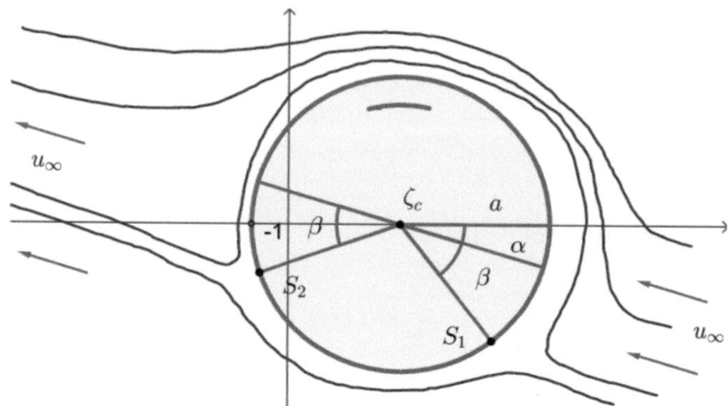


**Abb. 4.27** Stromlinien für das Kreispotential (4.50). Die Punkte $S_1$ und $S_2$ sind Stagnationspunkte

**Abb. 4.28** Die Strömung verlässt die Heckspitze in Richtung der Profilachse mit endlicher Geschwindigkeit

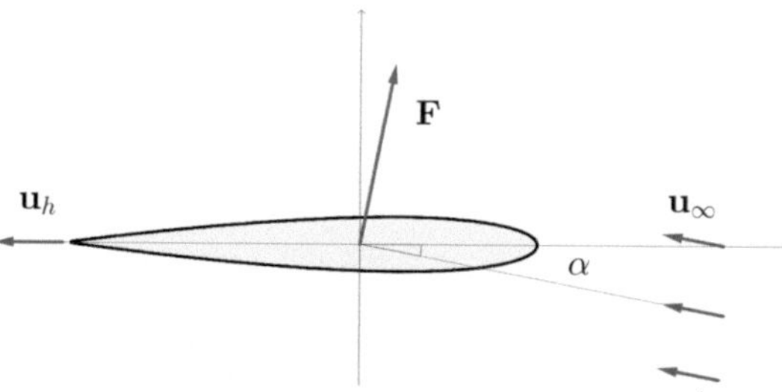


Als *Joukowski-Bedingung* bezeichnet man die Forderung $\mathcal{U}(-1) = 0$.

Aus Abb. 4.27 ist ersichtlich, dass diese Bedingung für $\beta = \alpha$ erfüllt ist.

Wir weisen nach, dass die Joukowski-Bedingung bei der Strömungsablösung am Heck eine endliche Geschwindigkeit $\hat{\mathcal{U}}$ sichert.

**Theorem 4.7** *Für $\beta = \alpha$ verlässt die Strömung die Heckspitze $z = -2$ in Richtung der Profilachse (Abb. 4.28) mit der Geschwindigkeit*

$$u_h = \frac{u_\infty \cos\alpha}{1 + \zeta_c}. \tag{4.59}$$

*Hierbei bezeichnen $\zeta_c > 0$ die x-Koordinate des Kreismittelpunkts C (Abb. 4.20) und $\alpha$ den Neigungswinkel zwischen Anströmrichtung und Flügelachse.*

*Beweis* Unter Berücksichtigung von $2\mathrm{i}\sin\beta = \mathrm{e}^{\mathrm{i}\beta} - \mathrm{e}^{-\mathrm{i}\beta}$ folgt aus Gl. (4.54)

$$\begin{aligned}\mathcal{U}(\zeta) &= u_\infty\left[\mathrm{e}^{\mathrm{i}\alpha} - \frac{a^2\mathrm{e}^{-\mathrm{i}\alpha}}{(\zeta-\zeta_c)^2} + \frac{a(\mathrm{e}^{\mathrm{i}\beta}-\mathrm{e}^{-\mathrm{i}\beta})}{\zeta-\zeta_c}\right]\\ &= u_\infty\left(\mathrm{e}^{\mathrm{i}\alpha} + \frac{a\mathrm{e}^{\mathrm{i}\beta}}{\zeta-\zeta_c}\right)\left(1 - \frac{a\mathrm{e}^{-\mathrm{i}(\alpha+\beta)}}{\zeta-\zeta_c}\right).\end{aligned}$$

Der Punkt $\zeta = -1$ liegt auf dem Kreis $K(C, a)$, d. h., es gilt $a = \zeta_c - (-1) = \zeta_c + 1$ (Abb. 4.27). Nach Voraussetzung wählen wir $\beta = \alpha$ und erhalten

$$\begin{aligned}\mathcal{U}(\zeta) &= u_\infty\mathrm{e}^{\mathrm{i}\alpha}\left(1 + \frac{\zeta_c+1}{\zeta-\zeta_c}\right)\left(1 - \frac{\mathrm{e}^{-2\mathrm{i}\alpha}(\zeta_c+1)}{\zeta-\zeta_c}\right)\\ &= u_\infty\mathrm{e}^{\mathrm{i}\alpha}\,\frac{\zeta+1}{\zeta-\zeta_c}\left(1 - \frac{\mathrm{e}^{-2\mathrm{i}\alpha}(\zeta_c+1)}{\zeta-\zeta_c}\right).\end{aligned}$$

Mit Gl. (4.57) folgt

$$\begin{aligned}\hat{\mathcal{U}}(z) &= u_\infty\mathrm{e}^{\mathrm{i}\alpha}\,\frac{\zeta+1}{\zeta-\zeta_c}\left(1 - \frac{\mathrm{e}^{-2\mathrm{i}\alpha}(\zeta_c+1)}{\zeta-\zeta_c}\right)\frac{\zeta^2}{(\zeta-1)(\zeta+1)}\\ &= u_\infty\mathrm{e}^{\mathrm{i}\alpha}\,\frac{1}{\zeta-\zeta_c}\left(1 - \frac{\mathrm{e}^{-2\mathrm{i}\alpha}(\zeta_c+1)}{\zeta-\zeta_c}\right)\frac{\zeta^2}{\zeta-1}.\end{aligned}$$

Damit ist

$$\hat{\mathcal{U}}_h = \lim_{z\to-2}\hat{\mathcal{U}}(z) = \frac{u_\infty\mathrm{e}^{\mathrm{i}\alpha}}{2(1+\zeta_c)}(1+\mathrm{e}^{-2\mathrm{i}\alpha}) < \infty. \tag{4.60}$$

Wegen $\mathrm{e}^{\mathrm{i}\alpha}(1+\mathrm{e}^{-2\mathrm{i}\alpha}) = \mathrm{e}^{\mathrm{i}\alpha} + \mathrm{e}^{-\mathrm{i}\alpha} = 2\cos\alpha$ folgt aus Gl. (4.60)

$$\hat{\mathcal{U}}_h = \frac{u_\infty\cos\alpha}{1+\zeta_c},$$

d. h., die Geschwindigkeit an der Heckspitze besitzt keinen imaginären Anteil. Die Strömung verlässt das Profil in waagerechter Richtung, also entlang der Profilachse (Abb. 4.29). □

Für eine Vorstellung zur Größenordnung der Ablösegeschwindigkeit am Heck betrachten wir den Anstellwinkel $\alpha < 15°$ und lesen in Abb. 4.20 den Kreismittelpunkt $\zeta_c < 0{,}4$ ab. Nach Gl. (4.59) ist $u_h > 0{,}69\,u_\infty$. Tatsächlich liegt der Wert etwas tiefer, da unser Modell die unrealistische Randbedingung $\mathbf{u} \neq 0$ zulässt und die Reibung auf dem Tragflügel vernachlässigt. Gleichwohl weist die Geschwindigkeit im Zusammenhang mit dem gebremsten Fluss auf dem Profil auf einen hohen Geschwindigkeitsgradienten am Heck hin, der nach Gl. (3.41) eine *verstärkte Wirbelbildung an der Heckspitze* verursacht. Sie spielt eine wesentliche Rolle bei der Entstehung des Auftriebs.

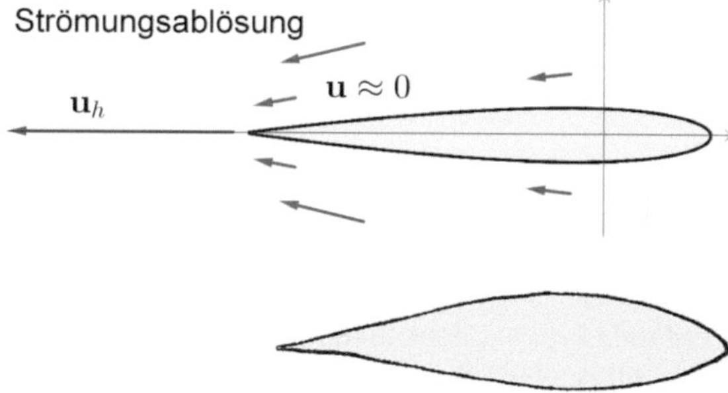


**Abb. 4.29** In Verbindung mit der Abbremsung auf dem Profil weist die Strömungsablösung auf einen hohen Geschwindigkeitsgradienten an der Heckspitze hin

**Abb. 4.30** NACA 64(4)-421

Mit dem Satz von Kutta-Joukowski (Theorem 4.3) berechnen wir die Kraft auf das Flügelprofil bei Anströmung unter dem Winkel $\alpha$:

$$\mathbf{F} = -4a\pi \varrho u_\infty^2 \sin\alpha\, \mathbf{n}\,, \tag{4.61}$$

wobei $\mathbf{n}$ den Normalenvektor zur Anströmrichtung bezeichnet.

Die Formel zeigt, dass unser Profil aus Abb. 4.20 bei horizontaler Anströmung keinerlei Auftrieb erzeugt. Der Anstellwinkel $\alpha$ muss positiv sein, d. h., der Tragflügel sollte eine Neigung besitzen. Die Bestimmung eines zulässigen Intervalls für $\alpha$ geht über den Rahmen des behandelten Modells hinaus, da sich oberhalb der Bugspitze bereits für Winkel $\alpha$ im Bereich 10–15° kleine Wirbel bilden, die bei Ablösung für einen Auftriebsverlust sorgen. Die Problematik ist für die Flugsicherheit von hoher Bedeutung, und wir kommen in den Abschn. 5.4 bzw. 6.1.2 darauf zurück.

Aus der Kraftrichtung in Gl. (4.61) wird ersichtlich, dass der Tragflügel beim Kutta-Joukowski-Fluss keinen Strömungswiderstand entwickelt. Das Ergebnis, eine Konsequenz der reibungsfreien Näherung, steht in erstaunlicher Übereinstimmung mit Experimenten. Windkanalmessungen ergaben, dass ein Flügelprofil vom Typ NACA 64(4)-421 etwa denselben Widerstand wie ein Draht aufweist, dessen Durchmesser nur 0,6 % der Profilbreite beträgt [1, S. 5] (Abb. 4.30).

Abschließend fassen wir die wichtigsten Beziehungen für den Ansatz zusammen. Aus Gl. (4.50) und (4.45) folgt mit Aufgabe 4.26 unter Beachtung der Joukowski-Bedingung:

**Modellgleichungen zur Auftriebsberechnung am Flügelprofil**

*Potential* des Kreises $K(C, a)$ mit Mittelpunktskoordinaten $\zeta_c$:

$$w(\zeta) = u_\infty \left[ (\zeta - \zeta_c)\mathrm{e}^{\mathrm{i}\alpha} + \frac{a^2 \mathrm{e}^{-\mathrm{i}\alpha}}{\zeta - \zeta_c} \right] - \frac{\Gamma \mathrm{i}}{2\pi} \ln(\zeta - \zeta_c), \quad |\zeta - \zeta_c| \geq a\,. \tag{4.62}$$

*Koordinatentransformation* zum Flügelprofil (Joukowski-Transformation):

$$z = \zeta + \frac{1}{\zeta}\,. \tag{4.63}$$

*Zirkulation* zur Garantie der Joukowski-Bedingung bei gegebenem Anströmwinkel $\alpha$:

$$\Gamma = -4a\pi u_\infty \sin\alpha\,. \tag{4.64}$$

## 4.7 Das Paradoxon von d'Alembert

Die Kutta-Joukowski-Formel (4.13) erlaubt den Auftrieb von Hindernissen in einer reibungs- und wirbelfreien Strömung, solange die Zirkulation (4.10) nicht null wird. In diesem Abschnitt untersuchen wir, wie weit sich die Aussage auf den dreidimensionalen Raum übertragen lässt. Es wird sich herausstellen, dass bei Reibungs- und Wirbelfreiheit die Zirkulation und gleichzeitig der Auftrieb verschwinden. Der Flug wäre damit unmöglich.

Im reibungsfreien Auftriebsmodell müssten also zumindest Wirbel beteiligt sein. Zugleich ergibt sich ein neuer Blick auf die Zirkulation. Sie erweist sich als Kunstgriff zur Verschiebung von Wirbeleffekten aus dem Strömungsgebiet zum Gebietsrand.

**Theorem 4.8 (Paradoxon von d'Alembert)** *Es seien $D \subset \mathbb{R}^3$ ein glattes, beschränktes Gebiet und $\mathbf{u} = \mathbf{u}(\mathbf{x})$ ein stationärer Potentialfluss mit konstanter Dichte im Außengebiet $\mathbb{R}^3 \setminus D$. In hinreichender Entfernung vom Hindernis D herrsche eine konstante Strömung, d. h., es sei $\lim_{\|\mathbf{x}\|\to\infty} \mathbf{u}(\mathbf{x}) = \mathbf{u}_\infty$.*

*Dann ist die resultierende einwirkende Kraft* $\mathbf{F} = \int_{\partial D} p\mathbf{n}\,\mathrm{d}A = 0$.

*Beweis* Zur Vereinfachung setzen wir die konstante Dichte $\varrho = 1$ und erhalten aus Gl. (3.30), (3.31) und (3.32) die stationären Euler-Gleichungen

$$(\mathbf{u}\cdot\nabla)\mathbf{u} + \nabla p = 0 \quad \text{in } \mathbb{R}^3 \setminus D\,, \tag{4.65}$$

$$\operatorname{div}\mathbf{u} = 0 \quad \text{in } \mathbb{R}^3 \setminus D\,, \tag{4.66}$$

$$\operatorname{rot}\mathbf{u} = 0 \quad \text{in } \mathbb{R}^3 \setminus D\,, \tag{4.67}$$

mit der Randbedingung $\mathbf{u}\cdot\mathbf{n} = 0$ auf $\partial D$. Hier bezeichnet $\mathbf{n}$ den äußeren Einheitsnormalenvektor an $\partial D$.

Im ersten Schritt suchen wir ein Potential. Unser Außengebiet ist einfach zusammenhängend. Wegen $\operatorname{rot}(\mathbf{u} - \mathbf{u}_\infty) = 0$ und Lemma 1.1 existiert ein Potential $\phi$ mit

$$\mathbf{u} - \mathbf{u}_\infty = \nabla\phi \qquad \text{in } \mathbb{R}^3 \setminus D\,. \tag{4.68}$$

Aus $\lim_{\|\mathbf{x}\|\to\infty} \nabla\phi = \lim_{\|\mathbf{x}\|\to\infty}(\mathbf{u} - \mathbf{u}_\infty) = 0$ ergibt sich

$$\lim_{\|\mathbf{x}\|\to\infty} \phi = \phi_\infty\,.$$

Durch Anwendung des Divergenzoperators folgt aus Gl. (4.68)

$$\Delta\phi = 0 \quad \text{in } \mathbb{R}^3 \setminus D\,, \tag{4.69}$$

und als Randbedingung erhalten wir $(\mathbf{u}_\infty + \nabla\phi)\cdot\mathbf{n} = 0$ bzw.

$$\frac{\mathrm{d}\phi}{\mathrm{d}\mathbf{n}} = -\mathbf{u}_\infty\cdot\mathbf{n} = \text{const} \quad \text{auf } \partial D\,. \tag{4.70}$$

Mit $\hat{\phi}$ bezeichnen wir die Lösung des äußeren Neumann-Problems

$$\begin{aligned} \Delta\hat{\phi} &= 0 && \text{in } \mathbb{R}^3 \setminus D\,,\\ \frac{\mathrm{d}\hat{\phi}}{\mathrm{d}\mathbf{n}} &= -\mathbf{u}_\infty\cdot\mathbf{n} && \text{auf } \partial D\,,\\ \lim_{\|\mathbf{x}\|\to\infty}\hat{\phi}(\mathbf{x}) &= 0\,. \end{aligned}$$

Die Existenz und Eindeutigkeit der Lösung wird bei [3] gezeigt. Gleichzeitig lässt sich $\hat{\phi}$ als Summe der Potentiale der einfachen Schicht und der Doppelschicht darstellen (siehe [3]).

$$\hat{\phi}(\mathbf{x}) = \int_{\partial D}\hat{\phi}(\mathbf{y})\frac{\mathrm{d}G(\mathbf{x},\mathbf{y})}{\mathrm{d}\mathbf{n}_y}\,\mathrm{d}A_y - \int_{\partial D} G(\mathbf{x},\mathbf{y})\frac{\mathrm{d}\hat{\phi}}{\mathrm{d}\mathbf{n}_y}(\mathbf{y})\,\mathrm{d}A_y\,.$$

Hier bezeichnet $G(\mathbf{x},\mathbf{y}) = -\frac{1}{4\pi\|\mathbf{x}-\mathbf{y}\|}$ die Greensche Funktion. Im Folgenden verwenden wir gelegentlich die Bezeichnungen

$$\mathbf{r} = \mathbf{y}-\mathbf{x}, \quad r = \|\mathbf{y}-\mathbf{x}\|, \quad \mathbf{e}_r = \frac{\mathbf{r}}{r}\,.$$

Das Potential $\phi$ von Gl. (4.68) und (4.70) unterscheidet sich von der Lösung des äußeren Neumann-Problems $\hat{\phi}$ durch eine additive Konstante $\phi_\infty$, d. h., es gilt

$$\phi(\mathbf{x}) = \phi_\infty + \int_{\partial D}\phi(\mathbf{y})\frac{\mathrm{d}G(\mathbf{x},\mathbf{y})}{\mathrm{d}\mathbf{n}_y}\,\mathrm{d}A_y - \int_{\partial D} G(\mathbf{x},\mathbf{y})\frac{\mathrm{d}\phi}{\mathrm{d}\mathbf{n}_y}(y)\,\mathrm{d}A_y\,.$$

Setzen wir die Randbedingungen ein, so erhalten wir

$$\begin{aligned} \phi(\mathbf{x}) &= \phi_\infty + \int_{\partial D}\phi(\mathbf{y})\frac{\mathrm{d}G(\mathbf{x},\mathbf{y})}{\mathrm{d}\mathbf{n}_y}\,\mathrm{d}A_y + \int_{\partial D} G(\mathbf{x},\mathbf{y})\,(\mathbf{u}_\infty\cdot\mathbf{n}_y)\,\mathrm{d}A_y\\ &= \phi_\infty + \frac{1}{4\pi}\int_{\partial D}\phi(\mathbf{y})(\mathbf{n}_y\cdot\mathbf{r})\,r^{-3}\,\mathrm{d}A_y - \frac{1}{4\pi}\int_{\partial D} r^{-1}(\mathbf{u}_\infty\cdot\mathbf{n}_y)\,\mathrm{d}A_y\,, \end{aligned}$$

wobei wir im letzten Schritt die Normalenableitung der Greenschen Funktion (1.29) ersetzt haben.

Um zu zeigen, wie stark sich das umströmte Hindernis $D$ als Störung auf Fließgeschwindigkeit und Druck auswirkt, schätzen wir die Ordnungen der Terme ab (siehe Anhang A.1). Unser Ziel sind die Formeln

$$\mathbf{u}(\mathbf{x}) = \mathbf{u}_\infty + O(\|\mathbf{x}\|^{-3}), \quad p(\mathbf{x}) = p_\infty + O(\|\mathbf{x}\|^{-3}) \qquad \text{für } \|\mathbf{x}\| \to \infty ,$$

aus denen sich die Ungleichungen

$$\|\mathbf{u}(\mathbf{x}) - \mathbf{u}_\infty\| \leq \frac{\text{const}}{\|\mathbf{x}\|^3}, \quad |p(\mathbf{x}) - p_\infty| \leq \frac{\text{const}}{\|\mathbf{x}\|^3}$$

ergeben. Die Berechnungen erfolgen über den Gradienten des Potentials.

$$\nabla\phi(\mathbf{x}) = \frac{1}{4\pi}\nabla\int_{\partial D}\phi(\mathbf{y})(\mathbf{n}_y\cdot\mathbf{r})\,r^{-3}\,\mathrm{d}A_y - \frac{1}{4\pi}\nabla\int_{\partial D} r^{-1}(\mathbf{u}_\infty\cdot\mathbf{n}_y)\,\mathrm{d}A_y ,$$

$$\begin{aligned}\nabla\phi(\mathbf{x}) &= \frac{1}{4\pi}\int_{\partial D}\phi(\mathbf{y})\,\nabla_x(\mathbf{n}_y\cdot\mathbf{r})\,r^{-3}\,\mathrm{d}A_y \\ &\quad+\frac{1}{4\pi}\int_{\partial D}\phi(\mathbf{y})(\mathbf{n}_y\cdot\mathbf{r})\,\nabla_x r^{-3}\,\mathrm{d}A_y \\ &\quad-\frac{1}{4\pi}\int_{\partial D}\nabla_x r^{-1}(\mathbf{u}_\infty\cdot\mathbf{n}_y)\,\mathrm{d}A_y .\end{aligned} \tag{4.71}$$

Mit den Koordinaten $\mathbf{n}_y = (n_i)$ und $\mathbf{r} = (x_i - y_i)$ ist

$$\partial_j(n_i(x_i - y_i)) = n_i\,\partial_j x_i = n_i\delta_{ij} = n_j ,$$

also

$$\nabla_x(\mathbf{n}_y\cdot\mathbf{r}) = \mathbf{n}_y . \tag{4.72}$$

Weiter gilt

$$\mathbf{n}_y\cdot\mathbf{r} = r\,(\mathbf{n}_y\cdot\mathbf{e}_r) , \tag{4.73}$$

und aus Formel (1.28) folgt

$$\nabla_x r^{-1} = -r^{-2}\,\mathbf{e}_r, \qquad \nabla_x r^{-3} = -3r^{-4}\,\mathbf{e}_r . \tag{4.74}$$

Ersetzen wir die Terme (4.72), (4.73) und (4.74) in (4.71), so erhalten wir

$$\begin{aligned}\nabla\phi(\mathbf{x}) &= \frac{1}{4\pi}\int_{\partial D}\phi(\mathbf{y})\,\mathbf{n}_y\,r^{-3}\,\mathrm{d}A_y \\ &\quad-\frac{3}{4\pi}\int_{\partial D}\phi(\mathbf{y})\,(\mathbf{n}_y\cdot\mathbf{e}_r)\,r^{-3}\,\mathbf{e}_r\,\mathrm{d}A_y \\ &\quad+\frac{1}{4\pi}\int_{\partial D}\frac{\mathbf{e}_r}{r^2}\,(\mathbf{u}_\infty\cdot\mathbf{n}_y)\,\mathrm{d}A_y .\end{aligned} \tag{4.75}$$

Die ersten beiden Integrale sind von der Ordnung $O(\|\mathbf{x}\|^{-3})$. Für die Auswertung des letzten Integrals setzen wir

$$\mathbf{u}_\infty = \begin{pmatrix} u_1 \\ u_2 \\ u_3 \end{pmatrix}, \mathbf{x} = \begin{pmatrix} x_1 \\ x_2 \\ x_3 \end{pmatrix}, \mathbf{y} = \begin{pmatrix} y_1 \\ y_2 \\ y_3 \end{pmatrix}, \quad \mathbf{a} = \frac{\mathbf{e}_r}{r^2} = \frac{1}{\|\mathbf{x}-\mathbf{y}\|^3} \begin{pmatrix} x_1 - y_1 \\ x_2 - y_2 \\ x_3 - y_3 \end{pmatrix}$$

und benutzen Korollar 1.1:

$$\int_{\partial D} \mathbf{a}(\mathbf{n} \cdot \mathbf{u}_\infty)\, \mathrm{d}S_y = -\int_D [\mathbf{a}(\operatorname{div} \mathbf{u}_\infty) + (\mathbf{u}_\infty \cdot \nabla)\mathbf{a}]\, \mathrm{d}V_y\,.$$

Da $\mathbf{u}_\infty$ konstant ist, folgen $\operatorname{div} \mathbf{u}_\infty = 0$ und

$$\int_{\partial D} \mathbf{a}(\mathbf{n} \cdot \mathbf{u}_\infty)\, \mathrm{d}S_y = -\int_D (\mathbf{u}_\infty \cdot \nabla)\mathbf{a}\, \mathrm{d}V_y, \tag{4.76}$$

wobei für die Richtungsableitung mit Gl. (2.3) gilt:

$$(\mathbf{u}_\infty \cdot \nabla)\mathbf{a} = \begin{pmatrix} \sum_{i=1}^3 u_i \partial_{y_i} \frac{x_1 - y_1}{\|\mathbf{x}-\mathbf{y}\|^3} \\ \sum_{i=1}^3 u_i \partial_{y_i} \frac{x_2 - y_2}{\|\mathbf{x}-\mathbf{y}\|^3} \\ \sum_{i=1}^3 u_i \partial_{y_i} \frac{x_3 - y_3}{\|\mathbf{x}-\mathbf{y}\|^3} \end{pmatrix}.$$

Zur Einsparung von Klammern bezeichnen wir das Skalarprodukt mit

$$(\mathbf{x}-\mathbf{y}) \cdot (\mathbf{x}-\mathbf{y}) = \langle \mathbf{x}-\mathbf{y}, \mathbf{x}-\mathbf{y} \rangle\,.$$

Nun schätzen wir die Ordnung der obigen Terme ab. Nach Rechnung ergibt sich

$$\begin{aligned} \partial_{y_i} \frac{x_i - y_i}{\|\mathbf{x}-\mathbf{y}\|^3} &= \partial_{y_i}[(x_i - y_i)\langle \mathbf{x}-\mathbf{y}, \mathbf{x}-\mathbf{y}\rangle^{-3/2}] \\ &= \frac{3(x_i - y_i)^2}{\|\mathbf{x}-\mathbf{y}\|^5} + \frac{1}{\|\mathbf{x}-\mathbf{y}\|^3} = O(\|\mathbf{x}\|^{-3}) \end{aligned}$$

sowie für $i \neq j$

$$\begin{aligned} \partial_{y_i} \frac{x_j - y_j}{\|\mathbf{x}-\mathbf{y}\|^3} &= (x_j - y_j)\partial_{y_i}[\langle \mathbf{x}-\mathbf{y}, \mathbf{x}-\mathbf{y}\rangle^{-3/2}] \\ &= \frac{3(x_i - y_i)(x_j - y_j)}{\|\mathbf{x}-\mathbf{y}\|^5} = O(\|\mathbf{x}\|^{-3})\,. \end{aligned}$$

Damit ist jede Komponente des Vektors $(\mathbf{u}_\infty \cdot \nabla)\mathbf{a}$ von der Ordnung $O(\|\mathbf{x}\|^{-3})$, und wir erhalten aus Gl. (4.76)

$$\int_{\partial D} \mathbf{a}(\mathbf{u}_\infty \cdot \mathbf{n})\, \mathrm{d}A_y = O(\|\mathbf{x}\|^{-3})\,.$$

Dasselbe gilt für die anderen Integrale in Gl. (4.75). Somit ist $\nabla\phi(\mathbf{x}) = O(\|\mathbf{x}\|^{-3})$. Hieraus bestimmen wir den Einfluss der Störung auf die Geschwindigkeit

$$\mathbf{u}(\mathbf{x}) = \mathbf{u}_\infty + \nabla\phi(\mathbf{x}) = \mathbf{u}_\infty + O(\|\mathbf{x}\|^{-3})\,. \tag{4.77}$$

Zur Untersuchung des Drucks berechnen wir zunächst

$$\begin{aligned}\|\mathbf{u}(\mathbf{x})\|^2 &= (\mathbf{u}_\infty + O(\|\mathbf{x}\|^{-3}))^2 = \|\mathbf{u}_\infty\|^2 + 2\|\mathbf{u}_\infty\|\, O(\|\mathbf{x}\|^{-3}) + O(\|\mathbf{x}\|^{-3})^2 \\ &= \|\mathbf{u}_\infty\|^2 + O(\|\mathbf{x}\|^{-3})\,.\end{aligned}$$

Mit dem Satz von Bernoulli (Theorem 3.2, wirbelfreier Fall) in $\mathbb{R}^3 \setminus D$,

$$\begin{aligned}\frac{1}{2}\|\mathbf{u}(\mathbf{x})\|^2 + \frac{p(\mathbf{x})}{\varrho} &= \frac{1}{2}\|\mathbf{u}_\infty\|^2 + \frac{p_\infty}{\varrho}\,, \\ \frac{\varrho}{2}\left[\|\mathbf{u}_\infty\|^2 + O(\|\mathbf{x}\|^{-3})\right] + p(\mathbf{x}) &= \frac{\varrho}{2}\|\mathbf{u}_\infty\|^2 + p_\infty\,,\end{aligned}$$

bekommen wir für den Druck

$$p(\mathbf{x}) = p_\infty + O(\|\mathbf{x}\|^{-3})\,. \tag{4.78}$$

Jetzt sei $\Sigma$ eine geschlossene Kugeloberfläche mit Mittelpunkt bei null und Radius $R$, welche $D$ vollständig enthält (Abb. 4.31). Mit $W$ bezeichnen wir das Gebiet, welches von $\partial D$ und $\Sigma$ umschlossen ist. Mithilfe der Integralsätze zeigen wir nun die Gleichung

$$\int_{\partial W} [p\,\mathbf{n} + \varrho(\mathbf{u}\cdot\mathbf{n})\,\mathbf{u}]\, \mathrm{d}S = 0\,. \tag{4.79}$$

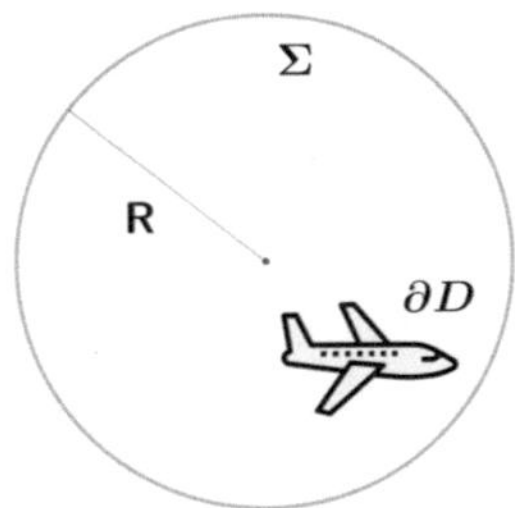


**Abb. 4.31** Die Kugeloberfläche $\Sigma$ umschliesst das Strömungshindernis $D$

Zunächst erhalten wir mit Gl. (1.24)

$$\int_{\partial W} p\,\mathbf{n}\,\mathrm{d}S = \int_W \operatorname{grad} p\,\mathrm{d}V\,.$$

Weiter folgt mit Gl. (1.23):

$$\begin{aligned}\int_{\partial W} \varrho(\mathbf{u}\cdot\mathbf{n})\mathbf{u}\,\mathrm{d}S &= \int_W [(\varrho\mathbf{u})\operatorname{div}\mathbf{u} + \varrho(\mathbf{u}\cdot\nabla)\,\mathbf{u}]\,\mathrm{d}V \\ &= \int_W \varrho(\mathbf{u}\cdot\nabla)\,\mathbf{u}\,\mathrm{d}V \qquad \text{wegen } \operatorname{div}\mathbf{u} = 0.\end{aligned}$$

Zusammenfassend gilt unter Berücksichtigung von Gl. (4.65):

$$\int_{\partial W} [p\,\mathbf{n} + \varrho(\mathbf{u}\cdot\mathbf{n})\mathbf{u}]\,\mathrm{d}S = \int_W [\operatorname{grad} p + \varrho(\mathbf{u}\cdot\nabla)\,\mathbf{u}]\,\mathrm{d}V = 0\,.$$

Wegen $\partial W = \Sigma \cup \partial D$ lässt sich das Integral (4.79) zerlegen, und wir erhalten

$$\int_{\partial D} (p\,\mathbf{n} + \varrho(\mathbf{u}\cdot\mathbf{n})\,\mathbf{u})\,\mathrm{d}S = -\int_\Sigma (p\,\mathbf{n} + \varrho(\mathbf{u}\cdot\mathbf{n})\,\mathbf{u})\,\mathrm{d}S\,. \tag{4.80}$$

Die auf den Körper $D$ einwirkende Kraft ist

$$\begin{aligned}\mathbf{F} &= \int_{\partial D} p\,\mathbf{n}\,\mathrm{d}S \qquad\qquad (4.81)\\ &= \int_{\partial D} (p\,\mathbf{n} + \varrho(\mathbf{u}\cdot\mathbf{n})\,\mathbf{u})\,\mathrm{d}S \quad \text{wegen } \mathbf{u}\cdot\mathbf{n} = 0 \text{ auf } \partial D\,.\end{aligned}$$

Wegen Gl. (4.80) wird die Kraft vollständig auf die Kugeloberfläche $\Sigma$ abgeleitet:

$$\mathbf{F} = -\int_\Sigma (p\,\mathbf{n} + \varrho(\mathbf{u}\cdot\mathbf{n})\,\mathbf{u})\,\mathrm{d}S\,.$$

Mit den Gl. (4.77) und (4.78) für Geschwindigkeit und Druck,

$$\begin{aligned}p\,\mathbf{n} &= [p_\infty + O(\|\mathbf{x}\|^{-3})]\,\mathbf{n} = p_\infty\,\mathbf{n} + O(\|\mathbf{x}\|^{-3})\,,\\ \mathbf{u}\cdot\mathbf{n} &= [\mathbf{u}_\infty + O(\|\mathbf{x}\|^{-3})]\cdot\mathbf{n} = \mathbf{u}_\infty\cdot\mathbf{n} + O(\|\mathbf{x}\|^{-3})\,,\\ \varrho(\mathbf{u}\cdot\mathbf{n})\,\mathbf{u} &= \varrho[\mathbf{u}_\infty\cdot\mathbf{n} + O(\|\mathbf{x}\|^{-3})]\,[\mathbf{u}_\infty + O(\|\mathbf{x}\|^{-3})]\\ &= \varrho(\mathbf{u}_\infty\cdot\mathbf{n})\,\mathbf{u}_\infty + O(\|\mathbf{x}\|^{-3})\,,\end{aligned}$$

erhalten wir schließlich

$$
\begin{aligned}
\mathbf{F} &= -\int_\Sigma [p_\infty \mathbf{n} + O(\|\mathbf{x}\|^{-3}) + \varrho(\mathbf{u}_\infty \cdot \mathbf{n})\,\mathbf{u}_\infty + O(\|\mathbf{x}\|^{-3})]\,\mathrm{d}S \\
&= -\int_\Sigma [p_\infty \mathbf{n} + \varrho(\mathbf{u}_\infty \cdot \mathbf{n})\,\mathbf{u}_\infty]\,\mathrm{d}S - \int_\Sigma O(\|\mathbf{x}\|^{-3})\,\mathrm{d}S\,. \qquad (4.82)
\end{aligned}
$$

Wir untersuchen das erste Integral von Gl. (4.82).

$$
\begin{aligned}
\int_\Sigma [p_\infty \mathbf{n} + \varrho(\mathbf{u}_\infty \cdot \mathbf{n})\,\mathbf{u}_\infty]\,\mathrm{d}S &= p_\infty \int_\Sigma \mathbf{n}\,\mathrm{d}S + \varrho\,\mathbf{u}_\infty \int_\Sigma (\mathbf{u}_\infty \cdot \mathbf{n})\,\mathrm{d}S \\
&= p_\infty \int_\Sigma \mathbf{n}\,\mathrm{d}S + \varrho\,\mathbf{u}_\infty \left(\mathbf{u}_\infty \cdot \int_\Sigma \mathbf{n}\,\mathrm{d}S\right) \\
&= 0 \quad \text{wegen Aufgabe 1.7.}
\end{aligned}
$$

Damit reduziert sich die Berechnung der Kraft (4.82) auf

$$
\begin{aligned}
\mathbf{F} &= -\int_\Sigma O(\|\mathbf{x}\|^{-3})\,\mathrm{d}S \\
&= O(R^{-3})\,4\pi R^2 \ \to 0 \quad \text{für } R \to \infty\,.
\end{aligned}
$$

□

Der Widerspruch fehlender Krafteinwirkung wurde 1752 von Jean Baptiste le Rond d'Alembert für den Strömungswiderstand erkannt, indem er energetische Betrachtungen benutzte. Folglich ist die Wirbelbildung wesentlich bei der Entstehung des Auftriebs beteiligt.

Warum versagt das realistischere dreidimensionale Modell, während das realitätsfernere zweidimensionale Modell für den Auftrieb brauchbare Formeln liefert? Dem Paradoxon von d'Alembert liegt die topologische Verschiedenheit von Strömungsgebieten des $\mathbb{R}^2$ bzw. $\mathbb{R}^3$ zugrunde. Wie Beispiel 1.1 zeigt, sind Strömungsgebiete um Flugzeuge und Vögel einfach zusammenhängend. In einem derartigen Gebiet $\mathbb{R}^3 \setminus D$ ergibt sich aus der vorausgesetzten Wirbelfreiheit $\operatorname{rot}\mathbf{u} = 0$ mit Lemma 1.1 die Existenz eines Potentials $\phi$, also $\mathbf{u} = \nabla\phi$. Damit erhalten wir die Wegeunabhängigkeit für das Integral einer Kurve von $P_1$ nach $P_2$:

$$
\int_{P_1}^{P_2} \mathbf{u}\,\mathrm{d}\mathbf{x} = \phi(P_2) - \phi(P_1)\,.
$$

Insbesondere gilt $\Gamma = \oint_C \mathbf{u}\,\mathrm{d}\mathbf{x} = 0$ entlang jeder geschlossenen Kurve $C$, d. h., Zirkulation und Auftrieb verschwinden im dreidimensionalen Fall gleichzeitig. Im

Gegensatz dazu ist das Strömungsgebiet $\mathbb{R}^2 \setminus D$ mehrfach zusammenhängend. Trotz Wirbelfreiheit existiert kein Potential, d. h., die Zirkulation muss nicht zwangsläufig verschwinden.

## Literatur

1. Jones R.T.: *Wing Theory.* Princeton University Press, Princeton (2014)
2. Maklakov D.V.: *Analog of the Kutta-Joukowskii theorem for the Helmholtz-Kirchhoff flow past a profile*, Doklady Physics 56(11), 573–576 (2011); translation from Dokl. Akad. Nauk 441(2), 187–190 (2011)
3. Vladimirov W.S.: *Equations of mathematical physics.* Mir Publishers, Moscow (1984)

# Wirbel und Reibung 5

Zum Flug werden Wirbel benötigt. Doch wie entstehen sie? Beim Start befindet sich das Flugzeug in einer ruhenden, also auch wirbelfreien Strömung. Wir werden nachweisen, dass die Wirbelstärke bei den Euler-Gleichungen weder aus dem Nichts entsteht noch verschwindet. Somit kann das reibungsfreie Modell keine Wirbel erzeugen und ist zum Erklären des Abhebevorgangs ungeeignet.

## 5.1 Zirkulation im reibungsfreien Modell

In einem dreidimensionalen Strömungsgebiet $\Omega \subset \mathbb{R}^3$ betrachten wir ein ideales Fluid mit konstanter Dichte. Es erfüllt die Euler-Gleichungen für den instationären Fall:

$$\frac{\partial \mathbf{u}}{\partial t} + (\mathbf{u} \cdot \nabla)\mathbf{u} + \frac{1}{\varrho}\nabla p = 0 \quad \text{in } \Omega \qquad \text{(Bewegungsgleichung)}, \tag{5.1}$$

$$\operatorname{div} \mathbf{u} = 0 \quad \text{in } \Omega \qquad \text{(Inkompressibilität)}, \tag{5.2}$$

$$\mathbf{u} \cdot \mathbf{n} = 0 \quad \text{auf } \partial\Omega \qquad \text{(Randbedingung)}. \tag{5.3}$$

Im Gegensatz zu den Voraussetzungen des Paradoxons von d'Alembert verzichten wir hier auf die Forderungen von Stationarität und Wirbelfreiheit.

Eine *materielle* Kurve besteht zu jedem Zeitpunkt aus denselben Teilchen, d. h., sie schwimmt mit dem Fluss.



R. Spielmann, *Theoretische Strömungsmechanik*,
https://doi.org/10.1007/978-3-662-70549-0_5

**Theorem 5.1 (Kelvin)** *Sei $C(t)$ eine einfach geschlossene, materielle Kurve in einem idealen Fluid. Dann ist die Zirkulation $\Gamma_{C(t)}$ invariant unter dem Fluss, d. h.,*

$$\frac{\mathrm{d}}{\mathrm{d}t}\Gamma_{C(t)} = 0\,. \tag{5.4}$$

*Beweis* Wir parametrisieren die Kurve mittels $\mathbf{x}(\alpha, t)$, $0 \le \alpha \le 1$. Dann ist

$$\frac{\mathrm{d}}{\mathrm{d}t}\Gamma_{C(t)} = \frac{\mathrm{d}}{\mathrm{d}t}\oint_{C(t)} \mathbf{u}\,\mathrm{d}\mathbf{x} = \frac{\mathrm{d}}{\mathrm{d}t}\int_0^1 \mathbf{u}\cdot\frac{\partial \mathbf{x}}{\partial \alpha}\,\mathrm{d}\alpha = \int_0^1 \Big[\frac{\mathrm{d}\mathbf{u}}{\mathrm{d}t}\cdot\frac{\partial \mathbf{x}}{\partial \alpha} + \mathbf{u}\cdot\frac{\mathrm{d}\mathbf{u}}{\mathrm{d}\alpha}\Big]\,\mathrm{d}\alpha\,.$$

Die Beschleunigung wird nach Gl. (2.4) berechnet: $\frac{\mathrm{d}\mathbf{u}}{\mathrm{d}t} = \frac{\partial \mathbf{u}}{\partial t} + (\mathbf{u}\cdot\nabla)\mathbf{u}$. Unter Berücksichtigung von Gl. (5.1) ist $\frac{\mathrm{d}\mathbf{u}}{\mathrm{d}t} = -\frac{1}{\varrho}\nabla p$, und wir erhalten

$$\frac{\mathrm{d}}{\mathrm{d}t}\Gamma_{C(t)} = \int_0^1 \Big[-\frac{1}{\varrho}\nabla p\cdot\frac{\partial \mathbf{x}}{\partial \alpha} + \mathbf{u}\cdot\frac{\partial \mathbf{u}}{\partial \alpha}\Big]\,\mathrm{d}\alpha = -\frac{1}{\varrho}\int_0^1 \nabla p\cdot\frac{\partial \mathbf{x}}{\partial \alpha}\,\mathrm{d}\alpha + \int_0^1 \frac{\mathrm{d}}{\mathrm{d}\alpha}\Big(\frac{\|\mathbf{u}\|^2}{2}\Big)\,\mathrm{d}\alpha\,.$$

Da $C(t)$ für alle $t$ geschlossen bleibt, gilt $\mathbf{x}(0, t) = \mathbf{x}(1, t)$ und folglich

$$p(\mathbf{x}(0, t), t) = p(\mathbf{x}(1, t), t), \qquad \mathbf{u}(\mathbf{x}(0, t), t) = \mathbf{u}(\mathbf{x}(1, t), t)\,.$$

Deshalb ist

$$\frac{\mathrm{d}}{\mathrm{d}t}\Gamma_{C(t)} = -\frac{1}{\varrho}\int_0^1 \frac{\mathrm{d}p}{\mathrm{d}\alpha}\,\mathrm{d}\alpha + \frac{1}{2}\int_0^1 \frac{\mathrm{d}}{\mathrm{d}\alpha}\|\mathbf{u}\|^2\,\mathrm{d}\alpha = 0\,.$$

□

**Korollar 5.1** *Für ein ideales Fluid sei $\operatorname{rot}\mathbf{u} = 0$ zum Zeitpunkt $t = 0$. Dann folgt*

$$\operatorname{rot}\mathbf{u} = 0 \qquad \textit{für alle } t\,.$$

*Beweis* Wir betrachten eine einfach geschlossene, materielle Kurve $C(t)$, welche die Fläche $\Sigma(t)$ umrandet. Nach den Sätzen von Stokes (Theorem 1.2) und Kelvin (Theorem 5.1) gilt

$$\int_{\Sigma(t)} \operatorname{rot}\mathbf{u}\,\mathrm{d}S = \oint_{C(t)} \mathbf{u}\,\mathrm{d}\mathbf{x} = \Gamma_{C(t)} = \text{const} \qquad \text{für alle } t\,.$$

Unter Berücksichtigung des Anfangswerts für $t = 0$ ist also

$$\int_{\Sigma(t)} \operatorname{rot}\mathbf{u}\,\mathrm{d}S = 0 \qquad \text{für alle } t\,.$$

Weil $C(t)$ beliebig gewählt werden kann, folgt die Behauptung. □

Jetzt wird verständlich, warum der Start eines Flugzeugs im reibungsfreien Modell nicht erklärt werden kann. Da die Strömung vor dem Start in Ruhe war und im idealen Fluid keine Wirbelstärke entstehen kann, ist im reibungsfreien Modell kein Auftrieb möglich.

## 5.2 Entstehung von Wirbeln an einer Grenzschicht

Reibung ist zur Entstehung des Auftriebs unverzichtbar. Wir zeigen, wie durch die Reibung in der Grenzschicht ein Wirbelfeld entsteht, welches den Auftrieb ermöglicht. Das Prinzip wird verständlich, wenn wir die Abbremsung am Rand untersuchen.

**Aufgabe 5.1** Entlang einer unendlichen Platte betrachten wir eine zweidimensionale Strömung, deren Geschwindigkeit am Rand verschwindet. Die Teilchen bewegen sich parallel zum Rand, wobei ihre Geschwindigkeit auf jeder Stromlinie konstant bleibt (Abb. 5.1). Erklären Sie, warum die Strömung ein nicht verschwindendes Wirbelfeld besitzt.

Zum tieferen Verständnis modellieren wir die Strömung an der Platte mit den Navier-Stokes-Gleichungen. Für ein homogenes, inkompressibles Fluid lauten sie

$$\frac{\partial \mathbf{u}}{\partial t} + (\mathbf{u} \cdot \nabla)\mathbf{u} + \frac{1}{\varrho}\nabla p = \nu \, \Delta \mathbf{u} \quad \text{in } \mathbb{R}^3 \setminus D \quad \text{(Bewegungsgleichung)}, \tag{5.5}$$

$$\operatorname{div} \mathbf{u} = 0 \quad \text{in } \mathbb{R}^3 \setminus D \quad \text{(Inkompressibilität)}, \tag{5.6}$$

$$\mathbf{u} = 0 \quad \text{auf } \partial D \quad \text{(Randbedingung)}. \tag{5.7}$$

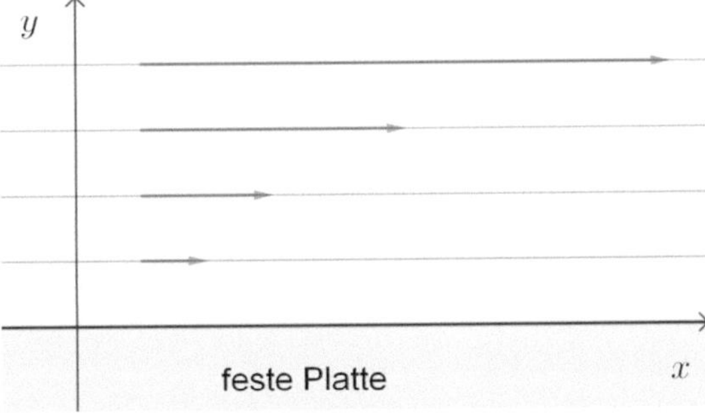


**Abb. 5.1** Eine Strömung fließt parallel zu einer Platte und wird am Rand vollständig abgebremst. Die Teilchengeschwindigkeiten auf den Stromlinien werden durch Richtung und Länge der Pfeile veranschaulicht

Hier bezeichnet $\nu$ die Viskosität. Zur Vereinfachung betrachten wir den zweidimensionalen Fluss $\mathbf{u} = (u(y,t), 0)$ unter den Bedingungen

| | |
|---|---|
| $u(0,t) = 0$ | kein Fluss auf der Platte, |
| $u(\infty,t) = U$ | ungestörter Fluss parallel zu Platte, |
| $\nabla p = 0$ | konstanter Druck. |

Aufgrund der Unabhängigkeit von $\mathbf{u}$ von $x$ ist

$$(\mathbf{u} \cdot \nabla)\mathbf{u} = u \cdot \frac{\partial \mathbf{u}}{\partial x} + 0 \cdot \frac{\partial \mathbf{u}}{\partial y} = \mathbf{0},$$

und die Navier-Stokes-Gleichung (5.5) reduziert sich zur instationären Gleichung

$$\frac{\partial u}{\partial t} = \nu \frac{\partial^2 u}{\partial y^2}.$$

Jetzt wird eine Skalierung durchgeführt. Mit der Transformation

$$y' = y/L, \qquad t' = t/T$$

erhalten wir

$$\frac{\partial u}{\partial t'} = \nu \frac{T}{L^2} \frac{\partial^2 u}{\partial y'^2}, \tag{5.8}$$

wobei die Randbedingungen unverändert bleiben: $u(0,t') = 0$ und $u(\infty,t') = U$.

Da die Gleichung für $L^2 = T$ dieselbe bleibt und ihre Lösung eindeutig ist, gilt

$$u(y',t') = u(\frac{y}{L}, \frac{t}{T}) = u(y,t).$$

Insbesondere ist für $T = t$ und $L = \sqrt{t}$

$$u(\frac{y}{\sqrt{t}}, 1) = u(y,t).$$

Die Lösung kann durch eine einzige Variable $\eta = y/\sqrt{t}$ beschrieben werden. Es sind

$$u(y,t) = u(\frac{y}{\sqrt{t}}, 1) = Uf(\eta)$$

sowie

$$f(\infty) = 1, \qquad f(0) = 0.$$

Wir bestimmen $f$ als Lösung einer gewöhnlichen Differentialgleichung. Aus (5.8) folgt

$$\begin{aligned}\frac{\partial(Uf)}{\partial t} &= \nu\frac{\partial^2(Uf)}{\partial y^2},\\ \frac{\partial f}{\partial t} &= \nu\frac{\partial^2 f}{\partial y^2},\\ \frac{\partial f}{\partial \eta}\frac{\partial \eta}{\partial t} &= \nu\frac{\partial}{\partial y}\Big(\frac{\partial f}{\partial \eta}\frac{\partial \eta}{\partial y}\Big) = \nu\Big(\frac{\partial^2 f}{\partial \eta^2}\Big(\frac{\partial \eta}{\partial y}\Big)^2 + \frac{\partial f}{\partial \eta}\frac{\partial^2 \eta}{\partial y^2}\Big).\end{aligned}$$

Aus $\eta = \frac{yt^{-1/2}}{2\sqrt{\nu}}$ folgt

$$\frac{\partial \eta}{\partial y} = \frac{t^{-1/2}}{2\sqrt{\nu}}, \quad \Big(\frac{\partial \eta}{\partial y}\Big)^2 = \frac{1}{4\nu t}, \quad \frac{\partial \eta}{\partial t} = -\frac{t^{-3/2}y}{4\sqrt{\nu}}, \quad \frac{\partial^2 \eta}{\partial y^2} = 0\,.$$

Somit erhalten wir die gewöhnliche Differentialgleichung

$$\begin{aligned}-f'\frac{t^{-3/2}y}{4\sqrt{\nu}} &= \nu f''\frac{1}{4\nu t},\\ 0 &= 2f'\eta + f''\,.\end{aligned}$$

Unter Berücksichtigung der Randbedingungen folgt

$$\begin{aligned}f'(\eta) &= c\mathrm{e}^{-\eta^2}, \quad c = \text{const} && \text{nach der ersten Integration,}\\ f(\eta) &= \frac{2}{\sqrt{\pi}}\int_0^\eta \mathrm{e}^{-s^2}\,\mathrm{d}s && \text{nach einer weiteren Integration.}\end{aligned}$$

Mit der *Gauß-Fehlerfunktion* $\operatorname{erf}(\eta) = \frac{1}{\sqrt{\pi}}\int_0^\eta \mathrm{e}^{-s^2}\,\mathrm{d}s$ ist $f(\eta) = 2\operatorname{erf}(\eta)$. Somit lautet unsere Lösung

$$\mathbf{u} = (u(y,t),0) \quad \text{mit } u(y,t) = \frac{2U}{\sqrt{\pi}}\int_0^{y/(2\sqrt{\nu t})} \mathrm{e}^{-s^2}\,\mathrm{d}s = 2U\operatorname{erf}\Big(\frac{y}{2\sqrt{\nu t}}\Big).$$

Die Strömung über die Platte erzeugt eine Wirbelstärke:

$$\operatorname{rot}\mathbf{u} = \frac{\partial v}{\partial x} - \frac{\partial u}{\partial y} = -\frac{\partial u}{\partial y} = -\frac{U}{\sqrt{\pi}}\mathrm{e}^{-y^2/(4\sqrt{\nu t})}\frac{1}{\sqrt{\nu t}} \neq 0\,.$$

## 5.3 Die Grenzschichtgleichung

Da die Navier-Stokes-Gleichungen (3.20), (3.21), (3.22) nur numerisch gelöst wurden, sucht man einfache Näherungen für Spezialfälle. Wegen der Wirbelerzeugung ist die Grenzschicht von besonderem Interesse. Das folgende Modell reduziert Gl. (3.20) auf die wesentlichen Terme im Randbereich. Zusätzlich erlaubt es, die Schmalheit der Grenzschicht abzuschätzen. Damit lässt sich die reibungsfreie Theorie von Joukowski rechtfertigen, welche die Wirbel in Form der Randzirkulation einbringt.

In Analogie zu Gl. (3.23) benutzen wir die Variablentransformation

$$x' = \frac{x}{L},\ y' = \frac{y}{\delta},\ u' = \frac{u}{U},\ v' = \frac{v}{U}\frac{L}{\delta},\ p' = \frac{p}{\varrho U^2},\ t' = \frac{tU}{L}, \tag{5.9}$$

wobei die Konstanten in der Reynolds-Zahl $\mathrm{Re} = UL/\nu$ zusammengefasst werden.

**Aufgabe 5.2** Weisen Sie nach, dass die Transformation (5.9) die zweidimensionale Navier-Stokes-Gleichung (3.20) in die folgende Form überführt.

$$\partial_{t'}u' + u'\partial_{x'}u' + v'\partial_{y'}u' = -\partial_{x'}p' + \frac{1}{\mathrm{Re}}\Big[\frac{\partial^2 u'}{\partial(x')^2} + \Big(\frac{L}{\delta}\Big)^2 \frac{\partial^2 u'}{\partial(y')^2}\Big], \tag{5.10}$$

$$\partial_{t'}v' + u'\partial_{x'}v' + v'\partial_{y'}v' = -\Big(\frac{L}{\delta}\Big)^2\partial_{y'}p' + \frac{1}{\mathrm{Re}}\Big[\frac{\partial^2 v'}{\partial(x')^2} + \Big(\frac{L}{\delta}\Big)^2 \frac{\partial^2 v'}{\partial(y')^2}\Big]. \tag{5.11}$$

**Theorem 5.2 (Grenzschichtgleichung von Prandtl)** *Gegeben sei eine zweidimensionale Strömung eines Fluids mit geringer Viskosität an einer horizontalen Platte (Abb. 5.2). In der Nähe des Randes (mit Ausnahme der Plattenspitze) vereinfachen sich die Navier-Stokes-Gleichungen (3.20), (3.21), (3.22) zu*

$$\partial_t u + u\partial_x u + v\partial_y u = -\frac{1}{\varrho}\partial_x p + \nu\frac{\partial^2 u}{\partial y^2}, \tag{5.12}$$

$$\partial_y p = 0, \tag{5.13}$$

$$\partial_x u + \partial_y v = 0, \tag{5.14}$$

$$u = v = 0 \quad \textit{für } y = 0. \tag{5.15}$$

Zur Übertragung der Gl. (5.12)–(5.15) auf gekrümmte Ränder messen $x$ die Weglänge entlang des Randes und $y$ die Distanz entlang der Normalen. Mit $\kappa$ wird die Krümmung bezeichnet. Solange die Krümmung nicht zu stark ist und sich nicht drastisch ändert, d. h. für kleine $\kappa\delta$, $\delta L\, \mathrm{d}\kappa/\mathrm{d}x$, behalten die Gleichungen ihre Gültigkeit (siehe [3], [7]).

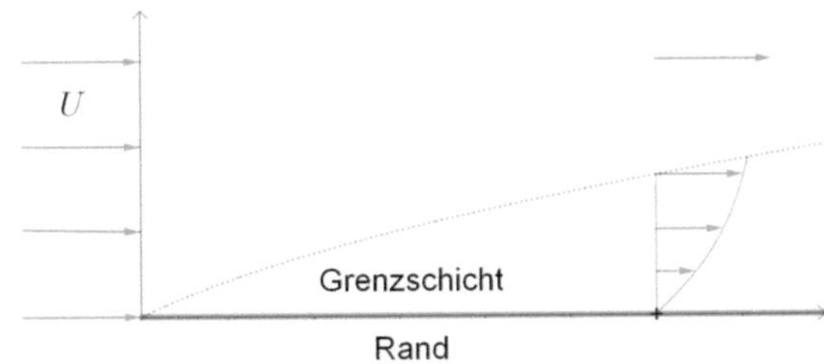

**Abb. 5.2** Grenzschicht an einer Platte mit horizontaler Anströmung

*Beweis* Im zweidimensionalen Fall lautet die Navier-Stokes-Gleichung (3.20)

$$\begin{aligned} \partial_t u + u\partial_x u + v\partial_y u &= -\frac{1}{\varrho}\partial_x p + \nu\Delta u\,, \\ \partial_t v + u\partial_x v + v\partial_y v &= -\frac{1}{\varrho}\partial_y p + \nu\Delta v\,. \end{aligned}$$

Mit Aufgabe 5.2 führen wir die Transformation (5.9) durch, deren Konstanten wie folgt gewählt werden (Abb. 5.3):

| | |
|---|---|
| $L$ | horizontale Längenskala, |
| $U$ | Fließgeschwindigkeit in hinreichendem Abstand von der Platte, |
| $\delta \ll L$ | Dicke der Randschicht bei $x = L$. |

Es bleibt zu bestimmen, welche Terme von Gl. (5.10) und (5.11) den wesentlichen Beitrag zum Strömungsverhalten der Randschicht liefern.

In den Navier-Stokes-Gleichungen bezeichnet man die Kraft $(\mathbf{u} \cdot \nabla)\mathbf{u}$ als *Trägheitsterm*, während $\nu\Delta\mathbf{u}$ *Reibungsterm* genannt wird. Ihr Einfluss auf das Strömungsverhalten hängt vom betrachteten Ort ab. Während der Reibungsterm unmittelbar am Rand von entscheidender Bedeutung ist, dominiert der Trägheitsterm die Strömung schwach visköser Fluide fern von den Rändern (siehe Abschn. 3.6).

Wir betrachten einen Punkt $(L, \delta(L))$, der nicht zu nahe an der Plattenspitze liegt (Abb. 5.3). In einer geeigneten Umgebung von $(L, \delta(L))$ erhalten wir

$$\text{für den Trägheitsterm} \qquad u\frac{\partial u}{\partial x} \sim U\frac{U}{L}$$

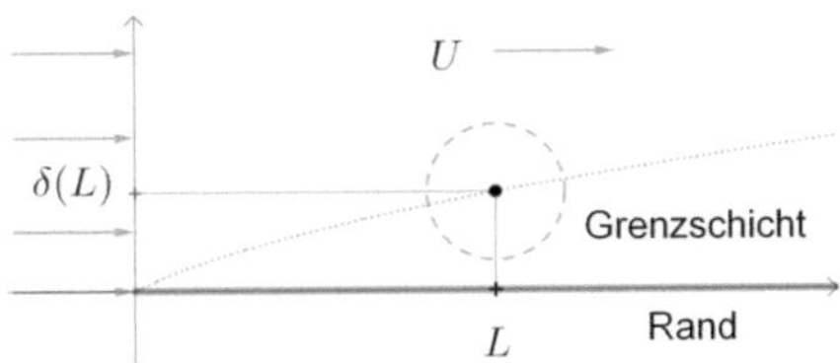

**Abb. 5.3** In der Grenzschicht lässt sich die Navier-Stokes-Gleichung (3.20) in die Form von Gl. (5.12) und (5.13) überführen. Dazu wird die Transformation (5.9) in einer Umgebung von $(L, \delta(L))$ angewandt

sowie[1]

$$\text{für den Reibungsterm} \qquad \nu \frac{\partial^2 u}{\partial y^2} \sim \nu \frac{U/\delta}{\delta} = \nu \frac{U}{\delta^2}\,.$$

Am Randbereich von Grenzschicht und Strömungsgebiet, d. h. in einem Streifen um die gepunktete Kurve von Abb. 5.3, sind die Reibungskräfte mit den Trägheitskräften und dem Druckgradienten ausbalanciert, also ist

$$\frac{\text{Reibungsterm}}{\text{Trägheitsterm}} \sim \frac{\nu U/\delta^2}{U^2/L} = O(1)\,.$$

Hieraus folgt

$$\frac{1}{\text{Re}}\left(\frac{L}{\delta}\right)^2 = O(1), \qquad \delta = O(\text{Re}^{-1/2})\,. \tag{5.16}$$

Multiplizieren wir Gl. (5.11) mit $1/\text{Re}$, so ist

$$\frac{1}{\text{Re}}(\partial_{t'} v' + u'\partial_{x'} v' + v'\partial_{y'} v') = -\frac{1}{\text{Re}}\left(\frac{L}{\delta}\right)^2 \partial_{y'} p' + \frac{1}{\text{Re}^2}\frac{\partial^2 v'}{\partial (x')^2} + \frac{1}{\text{Re}^2}\left(\frac{L}{\delta}\right)^2 \frac{\partial^2 v'}{\partial (y')^2}\,. \tag{5.17}$$

Nach Voraussetzung ist $\nu$ klein, sodass wir die Näherung großer Reynolds-Zahlen benutzen. Für $\text{Re} \to \infty$ folgt unter Beachtung von Gl. (5.16) aus Gl. (5.10) und (5.17)

$$\begin{aligned} \partial_{t'} u' + u'\partial_{x'} u' + v'\partial_{y'} u' &= -\partial_{x'} p' + \frac{1}{\text{Re}}\left(\frac{L}{\delta}\right)^2 \frac{\partial^2 u'}{\partial (y')^2}\,, \\ 0 &= -\frac{1}{\text{Re}}\left(\frac{L}{\delta}\right)^2 \partial_{y'} p'\,. \end{aligned}$$

Nach Rücktransformation erhalten wir Gl. (5.12) und (5.13). □

Gemäß Gl. (5.13) erfahren Teilchen der Grenzschicht *in y-Richtung* keinerlei Beschleunigung oder Abbremsung.

Außer dem behandelten laminaren Fall können auch turbulente Grenzschichtströmungen auftreten. Beim Flugzeugstart sorgt die wachsende Fließgeschwindigkeit in der Grenzschicht des Tragflügels für die Entstehung von Turbulenzen, die eine Strömungsablösung an der Heckspitze ermöglichen. Der Prozess erfordert hohe Reynolds-Zahlen und ist eine wesentliche Bedingung für die Entstehung des aerodynamischen Auftriebs.

[1] Wegen $\frac{\partial^2 u}{\partial x^2} \sim \frac{U/L}{L} \ll \frac{U}{\delta^2} \sim \frac{\partial^2 u}{\partial y^2}$ lässt sich $\frac{\partial^2 u}{\partial x^2}$ beim Reibungsterm vernachlässigen.

## 5.4 Strömungsabriss

Als *Coanda-Effekt* (Abb. 5.4) bezeichnet man die Tendenz einer Strömung, an einer konvexen Oberfläche entlangzulaufen. Löst sie sich stattdessen ab, so spricht man vom *Strömungsabriss* (Abb. 5.5).
Beim umströmten Tragflügel spricht man vom *vorzeitigen Strömungsabriss* bzw. kurz vom Strömungsabriss, wenn sich die wirbelreiche Randschicht noch vor dem Erreichen der Heckspitze trennt. Ihr Abfluss nach oben vermindert den Auftrieb.

Der vorzeitige Strömungsabriss wurde in Abb. 4.2 und 4.4 zu Beginn von Kap. 4 angesprochen und ist Gegenstand umfangreicher experimenteller Untersuchungen. Wir erörtern das Prinzip seines Entstehens mit einem vereinfachten Ansatz. Entgegen steigendem Druck fließende Teilchen werden abgebremst, während sie beim Fluss gegen sinkenden Druck beschleunigt werden (siehe Gl. (4.6) bzw. Aufgabe 4.2).

Betrachten wir einen stationär angeströmten Zylinder, dessen Randströmung im rückwärtigen Bereich abreißt (Abb. 5.6). Oberhalb des Zylinders beschreiben wir die Strömung mit einer s-Koordinate als Weglänge auf dem Zylinder und einer n-Koordinate in Normalenrichtung.

Gemäß Anmerkung nach Theorem 5.2 behält die Grenzschichtgleichung in den krummlinigen Koordinaten ihre Gültigkeit. Im *randnahen Bereich der Grenzschicht* lässt sie sich weiter vereinfachen. Mit der Stationarität und $u \approx 0$, $v \approx 0$ erhalten wir aus Gl. (5.12)

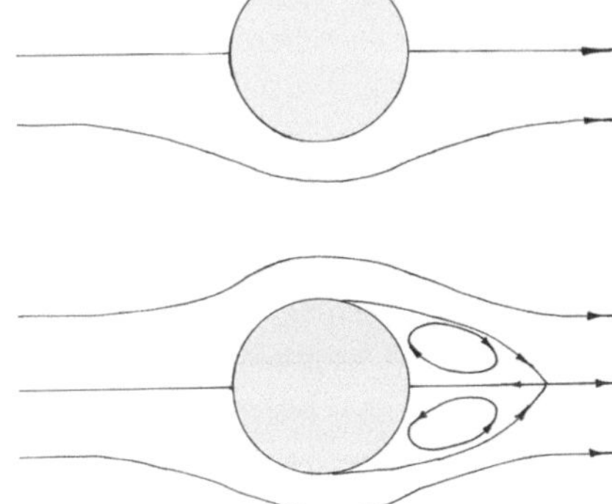

**Abb. 5.4** Re $\approx$ 0,01. Coanda-Effekt am umströmten Kreiszylinder

**Abb. 5.5** Re $\approx$ 20. Bei höheren Reynolds-Zahlen kommt es zur Strömungsablösung

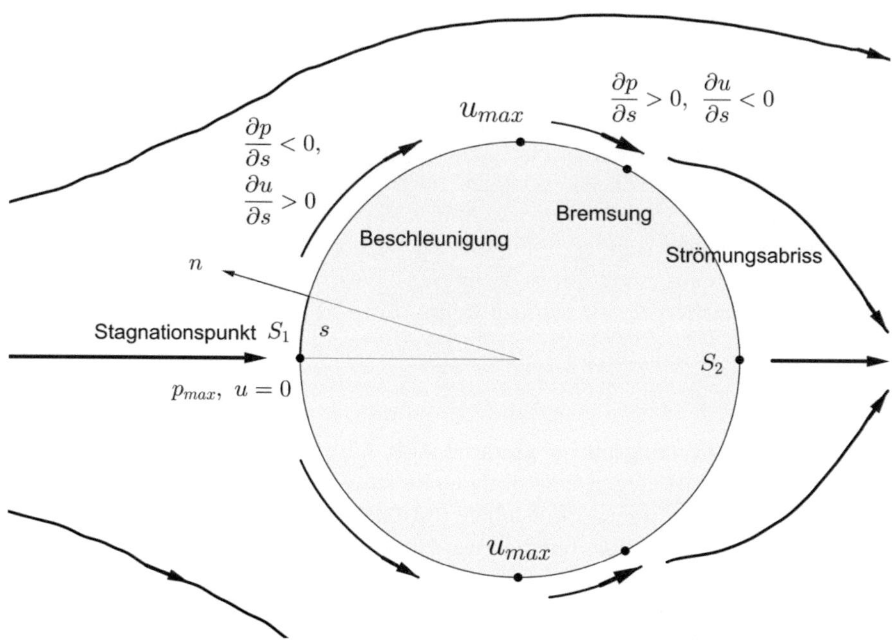


**Abb. 5.6** Stationär angeströmter Zylinder bei Strömungsabriss. Die Stagnationspunkte befinden sich bei $S_1$ und $S_2$

$$0 = -\frac{1}{\varrho}\frac{\partial p}{\partial s} + \nu\frac{\partial^2 u}{\partial n^2} \quad \text{in unmittelbarer Randnähe.} \tag{5.18}$$

Betrachten wir nun die Fließgeschwindigkeit $u$ entlang der Normalenrichtung in wachsender Entfernung vom Rand. Beim Übergang vom randferneren Teil der Grenzschicht zur reibungsfreien Strömung wächst $u$, wobei es sich $U$ annähert. Mit steigender Annäherung wird sein Zuwachs immer kleiner, d. h., es ist

$$\frac{\partial^2 u}{\partial n^2} < 0 \quad \text{beim Übergang zur reibungsfreien Strömung.} \tag{5.19}$$

Entlang der Umrundung wird die Strömung zunächst bis zum Erreichen des Geschwindigkeitsmaximums beschleunigt, wobei der Druck abnimmt. Anschließend sinkt die Geschwindigkeit. Folglich wächst der Druck entlang der Strömung, d. h., im randnahen Bereich der Abbremsung sind

$$\frac{\partial p}{\partial s} > 0 \tag{5.20}$$

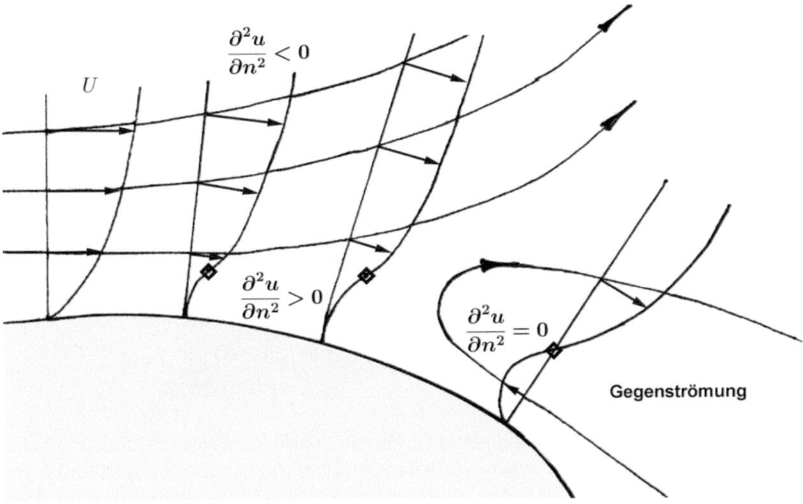


**Abb. 5.7** Strömungsprofile nach der Passage des Geschwindigkeitsmaximums. Bei Ausprägung eines Wendepunkts (◇) kann eine Gegenströmung entstehen

sowie wegen Gl. (5.18)

$$\frac{\partial^2 u}{\partial n^2} > 0 . \tag{5.21}$$

Im Bereich der Abbremsung $\partial p/\partial s > 0$ gelten Gl. (5.19) und (5.21) entlang einer Normalen, womit $\partial^2 u/\partial n^2$ das Vorzeichen wechselt.

Tragen wir die Geschwindigkeiten $u(n)$ im rechten Winkel als Pfeile an der zugehörigen Normalen ab, so erhalten wir die *Strömungsprofile* (Abb. 5.7).

Entlang des Flusses wird sichtbar, dass $u(n)$ einen Wendepunkt ausprägt. Beim Wechsel vom konkaven zum konvexen Verlauf kann eine Gegenströmung in Randnähe entstehen, die einen Strömungsabriss hervorruft.[2] Dasselbe Prinzip gilt für Tragflügel. Da ein Strömungsabriss auf der Oberseite unbedingt zu vermeiden ist, wird ihre Funktionalität durch zwei Grundregeln bestimmt:

- Das Profil sollte flach und spitz auslaufen. Damit ermöglicht es die Verzögerung des Strömungsabrisses in Richtung zur Heckspitze, wogegen ihn abgerundete Heckformen bereits vorher begünstigen.

[2] Die Gegenströmung kann entweder komplett abreißen oder sich wieder anlegen.

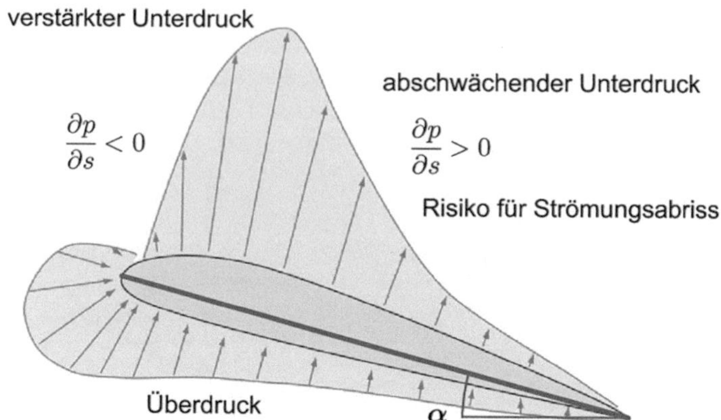


**Abb. 5.8** Druckverhältnisse am Tragflügelprofil. Die zum Profil hinzeigenden Pfeile symbolisieren einen Druck über dem atmosphärischen Normaldruck (Überdruck), während vom Profil wegweisende Pfeile einen Unterdruck anzeigen. Auf der rechten Oberseite gilt $\partial p/\partial s > 0$, womit ein Strömungsabriss möglich ist. Autoren: C. N. Eastlake, C. R. Nave

**Abb. 5.9** Eselspinguin (Pygoscelis papua). Durch die stromlinienförmige Gestalt werden Energieverluste weitgehend reduziert

- Bei steileren Anstellwinkeln $\alpha$ (Abb. 5.8) werden die Teilchen in der Randströmung nach Umrundung der Bugspitze stärker abgebremst, womit sich der Druckanstieg $\partial p/\partial s$ erhöht und das Risiko eines Strömungsabrisses auf der Oberseite zunimmt.

Das Verhalten von Randströmungen spielt auch bei der Fortbewegung an Land und im Wasser eine wichtige Rolle.

Durch Strömungsabriss können Verwirbelungen aus dem Randbereich in größere, umgebende Gebiete eintreten. Diese als *Totwasser* (eddy water) bezeichneten Zonen führen bei bewegten Objekten zur Erhöhung des Widerstands.

Eine stromlinienförmige Gestalt dient der Reduktion von Totwassergebieten und der Minimierung entsprechender Energieverluste (Abb. 5.9).

## 5.5 Abschätzung der Dicke einer Grenzschicht

Mit geringerer Reynolds-Zahl verkleinert sich der Anstellwinkel von Tragflügeln, bei welchem ein Strömungsabriss auftritt. Damit verschlechtert sich die Flugstabilität. Das Problem hat mit der Entwicklung von Drohnen, insbesondere Micro Air Vehicles ($L \leq 10\,\text{cm}$, $U \approx 10\,\text{m/s}$, $1000 \leq \text{Re} \leq 100000$) an Bedeutung gewonnen und kann über die Grenzschichtdicke erklärt werden (siehe [6] und Beispiel 5.2).

Im Folgenden demonstrieren wir das Verfahren von Blasius zur Lösung der Grenzschichtgleichung (5.12), (5.13) und (5.14) für den stationären Fluss an einer horizontal angeströmten, unendlich dünnen Platte. Hieraus lässt sich die Dicke $\delta(x)$ der Grenzschicht bestimmen. Unter den getroffenen Voraussetzungen ist der Druck innerhalb der Grenzschicht näherungsweise konstant, d. h., der Druckgradient verschwindet. Damit vereinfachen sich die Grenzschichtgleichungen zu

$$u\frac{\partial u}{\partial x} + v\frac{\partial u}{\partial y} = \nu\frac{\partial^2 u}{\partial y^2}\,, \tag{5.22}$$

$$\frac{\partial u}{\partial x} + \frac{\partial v}{\partial y} = 0\,, \tag{5.23}$$

$$u = v = 0 \qquad \text{für } y = 0\,. \tag{5.24}$$

Mit Einführung der Stromfunktion $\psi$ ist

$$\frac{\partial \psi}{\partial x} = -v, \qquad \frac{\partial \psi}{\partial y} = u\,. \tag{5.25}$$

Damit lassen sich unsere Gleichungen zusammenfassen. Aus Gl. (5.22) folgt

$$\frac{\partial \psi}{\partial y}\frac{\partial^2 \psi}{\partial xy} - \frac{\partial \psi}{\partial x}\frac{\partial^2 \psi}{\partial y^2} = \nu\frac{\partial^3 \psi}{\partial y^3}\,. \tag{5.26}$$

Wir bestimmen die zugehörigen Randbedingungen:
Für $y = 0$ ist $v = 0$. Ohne Beschränkung der Allgemeinheit erhält man

$$\psi = 0 \qquad \text{für } y = 0\,. \tag{5.27}$$

Für $y = 0$ ist $u = 0$. Hieraus ergibt sich

$$\frac{\partial \psi}{\partial y} = 0 \qquad \text{für } y = 0\,. \tag{5.28}$$

Für $y \to \infty$ ist $u \to u_\infty$. Damit folgt

$$\frac{\partial \psi}{\partial y} \to u_\infty \qquad \text{für } y \to \infty\,. \tag{5.29}$$

Über eine Ähnlichkeitstransformation lässt sich die partielle Differentialgleichung (5.26) in eine gewöhnliche Differentialgleichung überführen. Für die neue Variable $\eta$ probieren wir den Ansatz

$$\eta = \frac{Ay}{x^k}, \tag{5.30}$$

wobei die Konstanten $A, k$ später bestimmt werden. Dann ist

$$\frac{\partial \eta}{\partial x} = -\frac{k\,Ay}{x^{k+1}} = -\frac{k\eta}{x}, \qquad \frac{\partial \eta}{\partial y} = \frac{A}{x^k}. \tag{5.31}$$

Mit einer weiteren Konstanten $B$ und einer Funktion $f(\eta)$ machen wir den Ansatz

$$\psi = Bx^k f(\eta). \tag{5.32}$$

Dann folgt

$$u = \frac{\partial \psi}{\partial y} = Bx^k \frac{\mathrm{d}f}{\mathrm{d}\eta}\frac{\partial \eta}{\partial y} = AB\frac{\mathrm{d}f}{\mathrm{d}\eta}. \tag{5.33}$$

Jetzt bestimmen wir die Konstanten. Mit $AB = u_\infty$ folgt

$$u = u_\infty \frac{\mathrm{d}f}{\mathrm{d}\eta}. \tag{5.34}$$

Weiterhin ist

$$\begin{aligned}
v &= -\frac{\partial \psi}{\partial x} = -\frac{ku_\infty\, x^{k-1}}{A}\left(\eta\frac{\mathrm{d}f}{\mathrm{d}\eta} - f\right), \qquad (5.35)\\
\frac{\partial^2 \psi}{\partial y^2} &= \frac{\partial u}{\partial y} = \frac{u_\infty\, A}{x^k}\frac{\mathrm{d}^2 f}{\mathrm{d}\eta^2},\\
\frac{\partial^2 \psi}{\partial xy} &= \frac{\partial u}{\partial x} = -\frac{ku_\infty\, Ay}{x^{k+1}}\frac{\mathrm{d}^2 f}{\mathrm{d}\eta^2},\\
\frac{\partial^3 \psi}{\partial y^3} &= \frac{\partial^2 u}{\partial y^2} = \frac{u_\infty\, A^2}{x^{2k}}\frac{\mathrm{d}^3 f}{\mathrm{d}\eta^3}.
\end{aligned}$$

Setzen wir die letzten Gleichungen in (5.26) ein, so folgt nach Zusammenfassung der Terme

$$ku_\infty^2\, f\frac{\mathrm{d}^2 f}{\mathrm{d}\eta^2} = -\frac{\nu u_\infty\, A^2}{x^{2k-1}}\frac{\mathrm{d}^3 f}{\mathrm{d}\eta^3}.$$

Für

$$k = \frac{1}{2} \tag{5.36}$$

verschwindet der Term mit $x$ auf der rechten Seite, und wir erhalten die gewöhnliche Differentialgleichung

$$\frac{u_\infty}{2\nu A^2} f \frac{\mathrm{d}^2 f}{\mathrm{d}\eta^2} + \frac{\mathrm{d}^3 f}{\mathrm{d}\eta^3} = 0\,.$$

Mit der Wahl unserer dritten Konstante

$$A = \left(\frac{u_\infty}{\nu}\right)^{1/2} \tag{5.37}$$

erhalten wir

$$\frac{f}{2} \frac{\mathrm{d}^2 f}{\mathrm{d}\eta^2} + \frac{\mathrm{d}^3 f}{\mathrm{d}\eta^3} = 0\,. \tag{5.38}$$

Die Randbedingungen werden auf folgende Weise mittels Gl. (5.30) bestimmt. Aus Gl. (5.27) und (5.32):

$$f(0) = 0\,. \tag{5.39}$$

Aus Gl. (5.28) und (5.33):

$$f'(0) = 0\,. \tag{5.40}$$

Aus Gl. (5.29) und (5.33):

$$\lim_{\eta\to\infty} f'(\eta) = 1\,. \tag{5.41}$$

Gleichung (5.38) mit den Anfangswerten (5.39), (5.40) und (5.41) lässt sich numerisch mit einem Schießverfahren (shooting method) auf Basis des Runge-Kutta-Verfahrens lösen. Die Werte sind in Anhang A.9, Tabelle A.1 aufgeführt.

Jetzt können wir die Dicke der Grenzschicht abschätzen. Zunächst formulieren wir unsere Variable $\eta$ mit Gl. (5.30) und den Konstanten (5.36), (5.37):

$$\eta = \left(\frac{u_\infty}{\nu}\right)^{1/2} \frac{y}{x^{1/2}}\,. \tag{5.42}$$

Als *Grenzschichtdicke* $\delta(x)$ bezeichnen wir den Wert $y = y(x)$ mit

$$u(x, y) = 0{,}99\, u_\infty\,.$$

Aus Gl. (5.34) folgt die Bestimmungsgleichung

$$\begin{aligned} 0{,}99\, u_\infty &= u_\infty f'(\eta)\,,\\ 0{,}99 &= f'(\eta)\,. \end{aligned}$$

Aus Tabelle A.1 lässt sich der Wert $\eta \approx 5$ ablesen. Die Grenzschichtdicke vergrößert sich mit zunehmendem Abstand $x$ von der Plattenspitze. Entsprechend bleibt auch die Reynolds-Zahl nicht konstant. Der Wert $x$ kann als charakteristische Länge zur Definition der zugehörigen Reynolds-Zahl $\mathrm{Re}_x$ angesehen werden, und es gilt

$$\mathrm{Re}_x = \frac{u_\infty x}{\nu}\,.$$

Ersetzen wir in Gl. (5.42) den Wert $\nu = u_\infty x/\mathrm{Re}_x$, so folgt mit $y = \delta(x)$ und $\eta \approx 5$ die Grenzschichtdicke

$$\delta(x) = \frac{5x}{\sqrt{\mathrm{Re}_x}}\,. \tag{5.43}$$

**Beispiel 5.1** *Kleine, langsame Flugzeuge haben Reynolds-Zahlen Re $\approx 2 \cdot 10^6$. Im Abstand $x = 1$ m von der Tragflügelvorderkante beträgt die Grenzschichtdicke*

$$\delta = \frac{5}{\sqrt{2} \cdot 10^3} = 3{,}5\,\mathrm{mm}\,.$$

*Innerhalb dieses schmalen Bereichs wächst die Horizontalgeschwindigkeit $u$ von 0 bis auf 99 % der Anströmgeschwindigkeit $u_\infty$. Durch starke Reibung kommt es zur Wirbelbildung. Obwohl die Dicke der Grenzschicht geringfügig erscheint, darf sie nicht vernachlässigt werden. Das zweidimensionale Modell von Joukowski löst dieses Problem auf elegante Weise, indem es den Grenzschichteffekt durch die unmittelbar am Rand anliegende Zirkulation einbezieht.*

**Beispiel 5.2** *Mit Gl. (5.43) wird verständlich, warum bei Tragflügeln mit höheren Reynolds-Zahlen ein geringeres Risiko für vorzeitigen Strömungsabriss besteht. Bei kleinerem $\delta$ erreicht die Strömung bereits in geringeren Randabständen eine hohe Geschwindigkeit, womit sie Gegenströmungen verhindert (Abb. 5.10 und 5.11).*

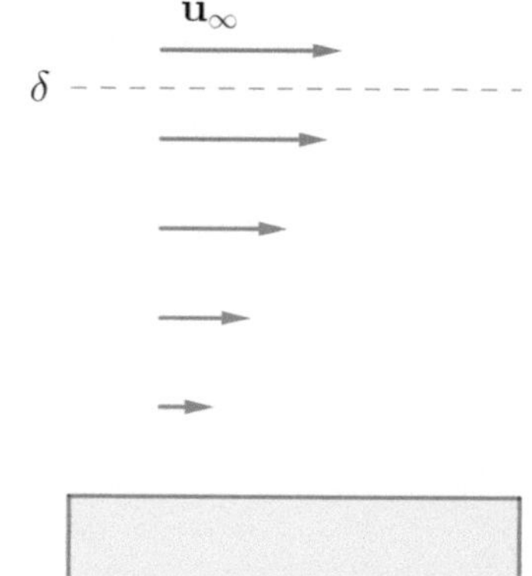


**Abb. 5.10** Geringe Reynolds-Zahl

**Abb. 5.11** Höhere Reynolds-Zahl

## 5.6 Das Prinzip der Auftriebserzeugung

Bisher haben wir die Existenz einer Zirkulation vorausgesetzt. Jetzt erläutern wir, unter welchen Voraussetzungen ein an der Grenzschicht erzeugtes Wirbelfeld die zum Auftrieb benötigte Zirkulation erzeugt. Wir setzen ein schlankes, spitz auslaufendes Tragflächenprofil voraus, das nach Abschn. 5.4 einen Strömungsabriss an der Heckspitze zulässt.

Zunächst untersuchen wir das Profil in Ruhe. Da im ganzen Gebiet $\mathbf{u} = 0$ gilt, ist das Feld zum Startzeitpunkt wirbelfrei, d. h., $\operatorname{rot}\mathbf{u} = 0$. Die Zirkulation (4.10) über geschlossene Kurven verschwindet ebenfalls.

Setzen wir das Profil schrittweise in Bewegung, so wird eine Umströmung mit zwei Stagnationspunkten ähnlich wie bei einer Ellipse erzeugt (siehe Abschn. 4.5). Die Lage des zweiten Stagnationspunkts ergibt sich aus der geringeren Fließgeschwindigkeit des unteren Luftstroms gegenüber dem oberen. Die Luft staut sich unterhalb der Heckspitze und weicht schließlich nach oben aus. Der untere Luftstrom umrundet die Heckspitze, weshalb $S_2$ auf der Oberseite des Profils liegt (Abb. 5.12).

Durch Abbremsung der Fluidteilchen in der Grenzschicht des Profils entsteht eine Wirbelstärke. Sie ist an Fluidelemente gebunden und wird mit ihnen in Heckrichtung transportiert. Mit zunehmender Anströmgeschwindigkeit nehmen die Reibungskräfte zu, und es entstehen Turbulenzen, die zur Auflösung des oberen

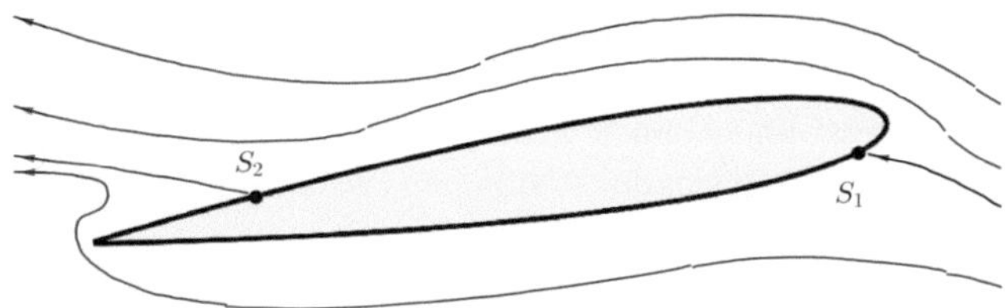


**Abb. 5.12** Bei geringeren Strömungsgeschwindigkeiten zu Beginn der Bewegung umrundet die untere Luftströmung die Heckspitze. Auf dem Profil entstehen zwei Stagnationspunkte

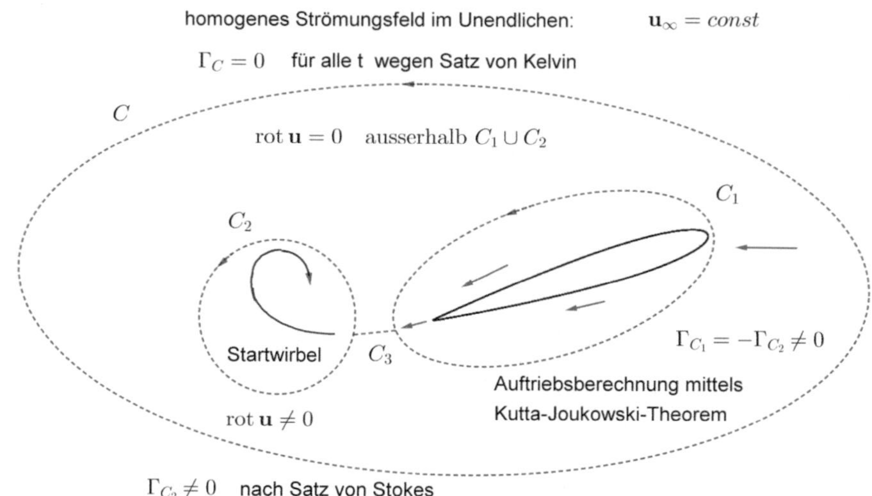


**Abb. 5.13** Auftriebsentstehung durch Reibung und Wirbelbildung. Die Zirkulation wird entlang der gestrichelten Kurven berechnet, während durchgezogene Pfeile die Strömungsgeschwindigkeiten veranschaulichen

Stagnationspunkts führen. Die Strömung unterhalb der Heckspitze ist nicht mehr imstande, diese zu umrunden. Die gewählte Profilform begünstigt den Strömungsabriss in unmittelbarer Nähe der Hinterkante, wo beide Randströmungen mit unterschiedlichen Geschwindigkeiten zusammenfließen. Die erzeugte Wirbelstärke wird in einer Unstetigkeitskurve des Geschwindigkeitsfelds stromabwärts transportiert (Abb. 5.13 und Lemmata 3.5, 3.6). In dreidimensionaler Betrachtung (Tragflügel statt Profil) entspricht die Unstetigkeitskurve einer Helmholtzschen Trennungsschicht (vortex sheet).

Die Schicht rollt sich auf und erzeugt eine rotierende Strömung, welche als *Startwirbel* bezeichnet wird. Mit dem Satz von Stokes (Theorem 1.2) erhält man eine nicht verschwindende Zirkulation am Wirbel:

$$\Gamma_{C_2} = \int_{C_2} \mathbf{u}\,\mathrm{d}\mathbf{r} = \int \mathbf{n} \cdot \mathrm{rot}\,\mathbf{u}\,\mathrm{d}S \neq 0\,.$$

Das Strömungsgebiet enthält weder Quellen noch Senken. Durch die Strömungsablösung an der Heckspitze wird die Verwirbelung auf die Umgebung des Flügelrands, das Innengebiet von $C_2$ und den schmalen, verbindenden Streifen $C_3$ beschränkt. Näherungsweise können wir den Luftraum außerhalb $C_1 \cup C_2$ als wirbelfrei betrachten. Bei Erreichen des stationären Zustands bleibt die Zirkulation um das Profil konstant.

Wir betrachten das ringförmige Gebiet $G$ zwischen $C$ und $C_1 \cup C_3 \cup C_2$, wobei die äußere Randkurve $C$ in ausreichender Entfernung vom Tragflügel liegt. Nach dem Satz von Kelvin (Theorem 5.1) bleibt die anfängliche Zirkulation $\Gamma_C = 0$ unverän-

**Abb. 5.14** Vorzeitiger Strömungsabriss an der Oberseite eines Tragflügelprofils. Der Hauptteil an erzeugter Wirbelstärke wird oberhalb des Tragflügels abgegeben, wodurch sich der Auftrieb stark vermindert und ein Absturz droht

dert. Wenden wir den Satz von Stokes an, so erhalten wir

$$0 = \int_G \mathbf{n} \cdot \operatorname{rot} \mathbf{u} \, \mathrm{d}S = \int_{C \cup C_1 \cup C_3 \cup C_2} \mathbf{u} \, \mathrm{d}\mathbf{r} \approx \Gamma_C + \Gamma_{C_1} + \Gamma_{C_2} = \Gamma_{C_1} + \Gamma_{C_2} .$$

Folglich ist $\Gamma_{C_1} = -\Gamma_{C_2}$. *Um den Tragflügel muss eine zum Startwirbel entgegengesetzte Zirkulation bestehen.*

Tatsächlich ist die wirbelerzeugende Grenzschicht sehr dünn. Wir modellieren das Strömungsgebiet um den Tragflügel mithilfe der (reibungsfreien) Euler-Gleichungen, die sich mit der Wirbelfreiheit weiter vereinfachen lassen. Mit $\Gamma_{C_2} \neq 0$ wird gemäß der Kutta-Joukowski-Formel (4.13) eine Auftriebskraft am Tragflügel erzeugt, die senkrecht zur Strömungsgeschwindigkeit wirkt. Im Rahmen der vorgestellten Überlegungen lässt sich sogar der zeitliche Anstieg dieser Kraft berechnen. In Abschn. 5.7 wird ein Modell von Wagner [10] vorgestellt.

Die ausreichende Erzeugung von Auftrieb hängt somit von den folgenden Voraussetzungen ab:

- Anströmgeschwindigkeit und Tragfläche sind hinreichend groß, um die benötigte Wirbelstärke zu erzeugen.
- Die wirbelerzeugende Randströmung verlässt den Tragflügel erst an der Heckspitze, d. h., es kommt nicht zum vorzeitigen Strömungsabriss (vgl. Abschn. 5.4).

**Aufgabe 5.3** Lässt sich der Kutta-Joukowski-Fluss auf Basis des Potentials (4.62) als wirbelfreies Modell bezeichnen?

## 5.7 Zeitverlauf der Auftriebsentstehung

Der Zweck spitz auslaufender Flügelprofile besteht darin, über die Konzentration der abfließenden Wirbelstärke in einem schmalen Streifen einen Startwirbel zum Auftrieb zu erzeugen. Da der größte Teil des umgebenden Strömungsfelds wirbelfrei bleibt, können potentialtheoretische Methoden angewendet werden. Der Ansatz wurde von Wagner [10] in einem zweidimensionalen Modell ausgearbeitet, welches das Auftriebswachstum ab Erreichung der vollen Anströmgeschwindigkeit abschätzt. In Abschn. 5.6 haben wir erläutert, dass der Wirbelfluss über eine Unstetigkeitskurve fortgeleitet wird. Hierfür soll ein passendes Potential gefunden werden.

**Voraussetzungen**

Zur Vereinfachung nimmt man den Tragflügel als dünne Platte an, wobei ein Strömungsabriss am Heck stattfindet. Dabei werden folgende Annahmen getroffen:

W1 Der Start erfolgt durch eine impulsive Kraft.
Sie ruft unvermittelt eine Anströmgeschwindigkeit $\mathbf{u}_\infty$ hervor, welche im weiteren Verlauf konstant bleibt.

W2 Der Anstellwinkel $\alpha$ ist sehr klein.
Da die erzeugte Wirbelschicht tangential von der Hinterkante abfließt (vgl. Theorem 4.7), behält sie diese Richtung bei.
Die Wirbel fließen näherungsweise mit der Geschwindigkeit $u_\infty$ in Richtung der positiven x-Achse.

W3 Wir wählen die Einheiten für Länge und Geschwindigkeit derart, dass die Platte die Länge 2 und die Anströmgeschwindigkeit $u_\infty$ den Wert 1 erhält.

Voraussetzung W1 lässt sich über eine kurze Phase mit hoher Beschleunigung realisieren. Praktisch ist das möglich, wenn ein Tragflügel auf eine Böe trifft oder zunächst waagerecht angeströmt und plötzlich um den Winkel $\alpha$ geklappt wird (Abb. 5.16).

**Transformation auf den Einheitskreis**

Die Berechnungen werden durch Transformation des Strömungsgebiets um die Platte auf das entsprechende Gebiet um einen Kreis durchgeführt. Wie in der Originalarbeit [10] wird eine Platte der Länge 2 konform in den Einheitskreis überführt. Zur Bestimmung der Transformation werden die Randpunkte

$$\zeta = e^{i\phi}, \qquad (5.44)$$

$$z = \cos\phi \qquad (5.45)$$

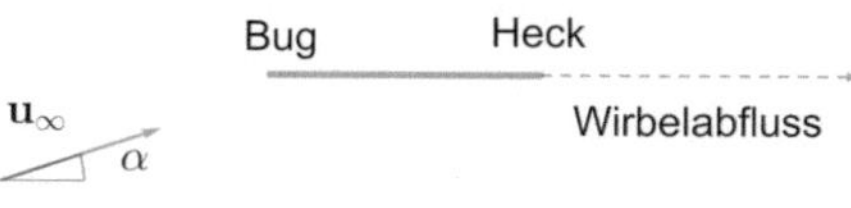


**Abb. 5.15** Anströmung einer Platte mit nahezu waagerechtem Strömungsabriss am Heck. Der Wirbelabfluss erfolgt über eine Unstetigkeitskurve

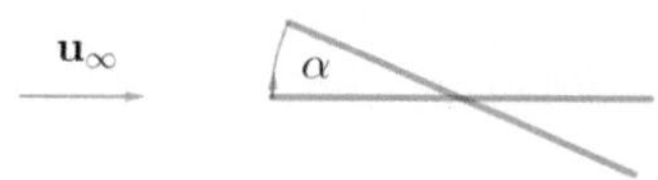


**Abb. 5.16** Die schnelle Drehung einer waagerecht angeströmten Platte entspricht der Annahme W1, dass bei waagerechter Anströmung keine Wirkung auf die Platte ausgeübt wird

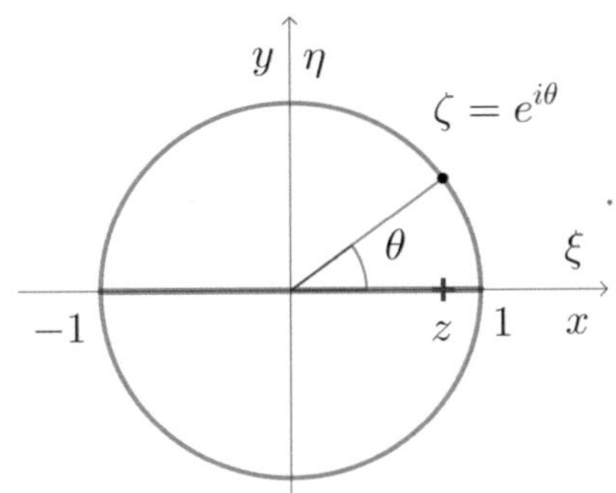


**Abb. 5.17** Überlagerung von $\zeta$- und $z$-Ebene. Zuordnung zur Konstruktion einer konformen Abbildung

aufeinander abgebildet (Abb. 5.17). Analog zu Aufgabe 4.20 lässt sich zeigen, dass die Transformation $z = J(\zeta)$ mit

$$J(\zeta) = \frac{1}{2}\Big(\zeta + \frac{1}{\zeta}\Big) \tag{5.46}$$

die Außengebiete von Platte und Kreis konform aufeinander abbildet.[3]

**Aufgabe 5.4** Beweisen Sie

$$\frac{\zeta + 1}{\zeta - 1} = \sqrt{\frac{z + 1}{z - 1}}. \tag{5.47}$$

**Aufgabe 5.5** Beweisen Sie die Transformationsregeln für die Plattenfläche

$$\zeta^{-1} - \zeta = 2\sqrt{z^2 - 1} \quad \text{(Oberseite)}, \tag{5.48}$$

$$\zeta^{-1} - \zeta = -2\sqrt{z^2 - 1} \quad \text{(Unterseite)}. \tag{5.49}$$

Untersuchen wir nun, wie sich die an der Heckspitze ablösende Wirbelstärke bei Transformation der Platte auf den Einheitskreis verändert. Nach W2 wird die von der Platte erzeugte Wirbelschicht vollständig innerhalb der Abszisse eingeschlossen. Da die Strömungsgeschwindigkeiten an der Ober- und Unterseite der Platte verschieden sind, bleiben sie es auch beim Zusammenfluss an der Heckspitze, und das Geschwindigkeitsfeld des Plattenpotentials $\hat{w} = \hat{\phi} + \mathrm{i}\hat{\psi}$ bildet im Abflussbereich der Wirbel eine Unstetigkeitskurve. Transformiert man $\hat{w}$ konform ins Kreispotential $w = \phi + \mathrm{i}\psi$, so wird diese Kurve wiederum in eine Unstetigkeitskurve überführt. Wir weisen nach, dass ihre Wirbelstärke unverändert bleibt.

[3] Gl. (5.46) unterscheidet sich von (4.45) durch den Vorfaktor $1/2$. Dieser entsteht, weil wir die Platte in einen Kreis von *gleichem* Durchmesser überführen. Infolge des Faktors ändert sich die Zirkulation, die zur Aufrechterhaltung der Joukowski-Bedingung benötigt wird.

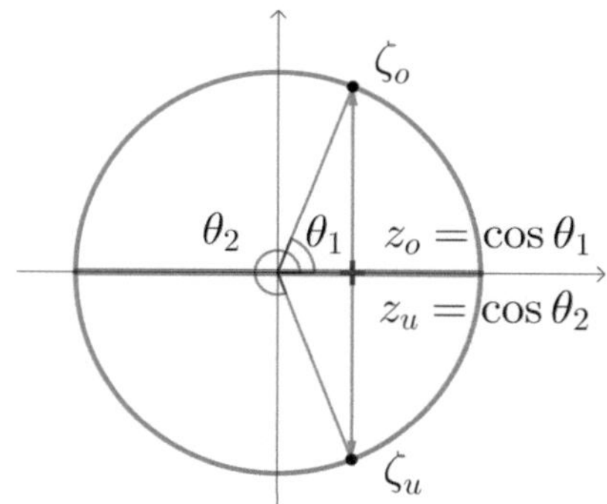


**Abb. 5.18** Überlagerung von $\zeta$- und $z$-Ebene. Ober- und Unterseite der Platte werden auf entsprechende Halbkreise abgebildet

**Theorem 5.3** *Die konforme Abbildung $z = J(\zeta)$ transformiert das Gebiet $\Omega$ in $J(\Omega)$, wobei die geschlossene Kurve*

$$C = \{\zeta(t) \mid a \leq t \leq b\} \subset \Omega$$

*in*

$$J(C) = \{\zeta(t) \mid a \leq t \leq b\} \subset J(\Omega)$$

*und das Potential $w(\zeta)$ in $\hat{w}(z) = w(J^{-1}(z))$ überführt werden. Dabei bleibt die Zirkulation erhalten, d. h., mit den Geschwindigkeiten $\mathcal{U}(\zeta)$ und $\hat{\mathcal{U}}(z)$ gilt*

$$\int_C \mathcal{U}(\zeta)\,\mathrm{d}\zeta = \int_{J(C)} \hat{\mathcal{U}}(z)\,\mathrm{d}z\,.$$

*Beweis* Für

$$\mathcal{U}(\zeta) = \hat{\mathcal{U}}(J(\zeta))\,\frac{\mathrm{d}J}{\mathrm{d}\zeta}, \qquad \frac{\mathrm{d}z}{\mathrm{d}t} = \frac{\mathrm{d}J}{\mathrm{d}\zeta}\frac{\mathrm{d}\zeta}{\mathrm{d}t}$$

gilt

$$\begin{aligned} \int_{J(C)} \hat{\mathcal{U}}(z)\,\mathrm{d}z &= \int_a^b \hat{\mathcal{U}}(z(t))\,\frac{\mathrm{d}z}{\mathrm{d}t}\,\mathrm{d}t = \int_a^b \hat{\mathcal{U}}(J(\zeta(t)))\,\frac{\mathrm{d}J}{\mathrm{d}\zeta}\frac{\mathrm{d}\zeta}{\mathrm{d}t}\,\mathrm{d}t \\ &= \int_a^b \mathcal{U}(\zeta(t))\,\frac{\mathrm{d}\zeta}{\mathrm{d}t}\,\mathrm{d}t = \int_C \mathcal{U}(\zeta)\,\mathrm{d}\zeta\,. \end{aligned}$$

□

**Aufgabe 5.6** Weisen Sie nach, dass die Wirbeldichte unter einer konformen Abbildung konstant bleibt, d. h., auf jedem infinitesimalen Segment einer Unstetigkeitskurve gilt

$$\omega(\zeta)\,\mathrm{d}\zeta = \hat{\omega}(z)\,\mathrm{d}z\,. \tag{5.50}$$

**Der stationäre Zustand**
Im Unterschied zu Abschn. 4.6 wird die Platte von links angeströmt, womit das Potential modifiziert werden muss. Außerdem enthält die Koordinatentransformation hier den Vorfaktor 1/2. In Analogie zu den Gl. (4.62), (4.63) und (4.64) dient das stationäre Kreispotential

$$\begin{aligned} w_0(\zeta) &= u_\infty\Big[\zeta \mathrm{e}^{-\mathrm{i}\alpha} + \frac{\mathrm{e}^{\mathrm{i}\alpha}}{\zeta}\Big] - \frac{\mathrm{i}\Gamma_0}{2\pi}\ln\zeta, \quad |\zeta| \geq 1, & (5.51)\\ \Gamma_0 &= -2\pi u_\infty \sin\alpha & (5.52) \end{aligned}$$

als Ausgangspunkt. Unter der Annahme W2 vereinfacht es sich zu

$$\begin{aligned} w_0(\zeta) &= u_\infty\Big[\zeta + \frac{1}{\zeta}\Big] - \frac{\mathrm{i}\Gamma_0}{2\pi}\ln\zeta, \quad |\zeta| \geq 1, & (5.53)\\ \Gamma_0 &= -2\pi u_\infty \alpha\,. & (5.54) \end{aligned}$$

Die zugehörige Strömungsgeschwindigkeit lautet

$$\mathcal{U}_0(\zeta) = \frac{\mathrm{d}w_0}{\mathrm{d}\zeta} = u_\infty\Big[1 - \frac{1}{\zeta^2}\Big] - \frac{\mathrm{i}\Gamma_0}{2\pi\zeta}\,.$$

Damit erhalten wir die *Ablösegeschwindigkeit* am Heck $\zeta = 1$:

$$\mathcal{U}_0(1) = -\frac{\mathrm{i}\Gamma_0}{2\pi}\,. \tag{5.55}$$

In Analogie zu Gl. (4.57) erhält man für die Strömungsgeschwindigkeit in z-Koordinaten

$$\hat{\mathcal{U}}(z) = \frac{2\mathcal{U}(\zeta)\,\zeta^2}{(\zeta-1)(\zeta+1)}\,.$$

Durch die einfache Geometrie ist der Auftrieb leichter als beim Joukowski-Profil zu berechnen. Andererseits sind bei einer unendlich dünnen Platte auch unrealistische Effekte zu erwarten.

Im Gegensatz zum Joukowski-Profil besitzt die Platte am Bug ($\zeta = -1$) eine Spitze, wo wir die Geschwindigkeit $\hat{\mathcal{U}}(-1) = \infty$ erhalten.

Während sich die Singularität am Heck durch die Joukowski-Bedingung (Abschn. 4.6) vermeiden lässt, kann sie hier nicht mehr behoben werden. Weiterhin wirkt die Auftriebskraft senkrecht zur Anströmung und damit nicht in derselben Richtung wie ihre Teilkräfte, die sich aus der Druckwirkung auf der Plattenoberfläche ergeben (Abb. 5.19). Das Paradoxon wird durch die starke Sogkraft am Bug (leading edge suction) verursacht, die bei den Berechnungen der Platte unberücksichtigt bleibt. Es lässt sich vermeiden, wenn wir das Plattenmodell am Bug als Grenzfall einer halbkreisförmigen Abrundung betrachten (siehe [4]).

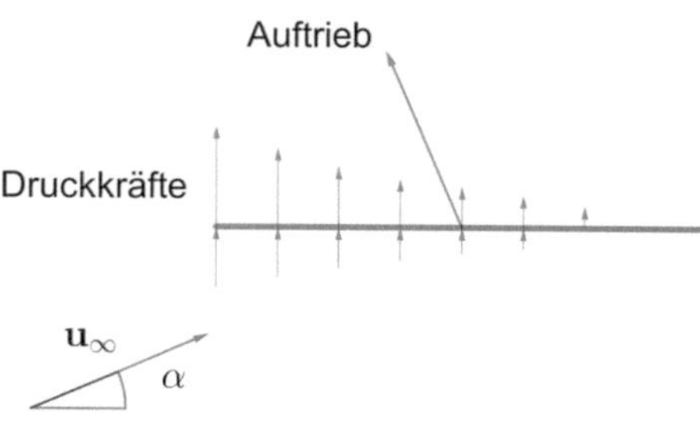


**Abb. 5.19** Der Auftrieb wirkt senkrecht zur Anströmung und damit nicht senkrecht zur Platte, obwohl er sich als Summe von senkrecht zur Oberfläche wirkenden Druckkräften ergibt

Nach Gl. (4.13) gilt für die stationäre Auftriebskraft

$$L_0 = -\varrho \Gamma_0 u_\infty \,. \tag{5.56}$$

**Zerlegung des instationären Wirbelfelds**

Während des Starts beginnt sich am Heck eine freie Wirbelschicht abzulösen, die sich in Richtung der positiven x-Achse bewegt.

Sei $\omega(\zeta, t)$ die *freie Wirbeldichte* des Kreispotentials am Ort $\zeta$ zur Zeit $t$. Aufgrund von Gl. (5.50) bleibt $\omega$ bei der Transformation zum Plattenpotential unverändert, d. h., es ist

$$\hat{\omega}(z, t)\, \mathrm{d}z = \omega(\zeta, t)\, \mathrm{d}\zeta \,. \tag{5.57}$$

Mit $x_{\max}(t)$ bezeichnet man die Länge des freien Wirbels am Plattenpotential zur Zeit $t$. Damit wird die Gesamtmenge der freien Wirbelstärke zur Zeit $t$ durch

$$\Gamma_f(t) = \int_1^{x_{\max}} \hat{\omega}(z, t)\, \mathrm{d}z \tag{5.58}$$

beschrieben, wobei die Integration auf der x-Achse ausgeführt wird.

Nach Abschn. 5.6 erzwingt die verschwindende Zirkulation auf einer weiträumig umfassenden Kurve, dass auf dem Tragflügel die entgegengesetzte Zirkulation zum Wirbelabfluss vorhanden ist. Bezeichnen wir die *Stärke des gebundenen Wirbels* mit $\Gamma_b(t)$, so gilt

$$\Gamma_b(t) + \Gamma_f(t) = 0 \,.$$

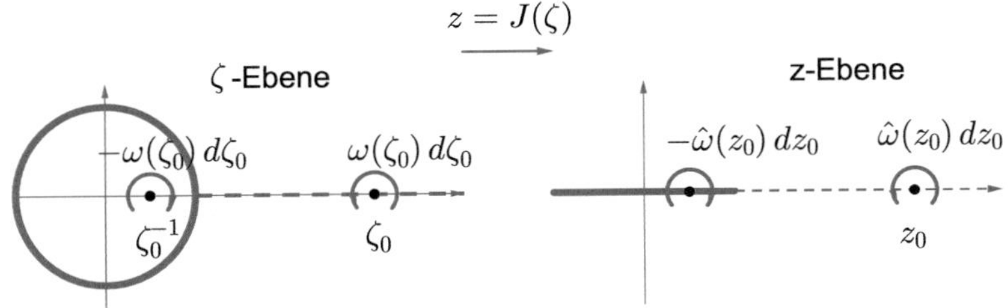


Potentialelement

$$dw_{\zeta_0}(\zeta) = \frac{i\,\omega(\zeta_0)\,d\zeta_0}{2\pi}\,[\ln(\zeta - \zeta_0) - \ln(\zeta - \zeta_0^{-1})] \qquad d\hat{w}_{z_0}(z) = dw_{\zeta_0}(J^{-1}(z))$$

$$= d\phi_{\zeta_0}(\zeta) + i\,d\psi_{\zeta_0}(\zeta) \qquad = d\hat{\phi}_{z_0}(z) + i\,d\hat{\psi}_{z_0}(z)$$

**Abb. 5.20** Dem freien Wirbelelement bei $\zeta_0$ wird ein gebundenes Element von entgegengesetzer Stärke bei $\zeta_0^{-1}$ zugeordnet. Bei der Transformation in die z-Ebene bleibt das Wirbelfeld nach Gl. (5.50) unverändert

Wagners Ansatz zerlegt die Gesamtheit der Wirbel in Paare, wobei dem freien Wirbelelement $\omega(\zeta_0)\,\mathrm{d}\zeta_0$ bei $\zeta_0$ ein gebundenes Wirbelelement mit entgegengesetzter Wirbelstärke $-\omega(\zeta_0)\,\mathrm{d}\zeta_0$ bei $\zeta_0^{-1}$ zugeordnet wird (Abb. 5.20). Erfolgt die Produktion und der Transport freier Wirbelstärke annähernd mit der Anströmgeschwindigkeit $u_\infty$, so lässt sich nun der Zuwachs gebundener Wirbelstärke berechnen. Hieraus ergibt sich der zeitliche Verlauf des Auftriebs.

> Als *Wirbelpaar* mit dem freien Element bei $\zeta_0$ (in $\zeta$-Koordinaten) bzw. bei $z_0$ (in $z$- Koordinaten) bezeichnet man das Paar aus dem freien Wirbelelement bei $\zeta_0$ und dem gebundenen Wirbelelement entgegengesetzter Stärke bei $\zeta_0^{-1}$.

Der Auftriebsanteil, welchen das Wirbelpaar mit dem freien Element bei $\zeta_0$ erbringt, wird durch das Potential

$$w_{\zeta_0} = u_\infty\Big[\zeta + \frac{1}{\zeta}\Big] + \mathrm{d}w_{\zeta_0}(\zeta) \tag{5.59}$$

bestimmt. Hier bezeichnen wir

$$\mathrm{d}w_{\zeta_0}(\zeta) = \frac{\mathrm{i}\,\omega(\zeta_0)\,\mathrm{d}\zeta_0}{2\pi}[\ln(\zeta - \zeta_0) - \ln(\zeta - \zeta_0^{-1})] \tag{5.60}$$

als *Potentialelement* zu $\zeta_0$. Zerlegen wir das Potential (5.59) in Geschwindigkeitspotential und Stromfunktion, so ist

$$w_{\zeta_0} = \phi + \mathrm{d}\phi_{\zeta_0} + \mathrm{i}(\psi + \mathrm{d}\psi_{\zeta_0}), \tag{5.61}$$

wobei die Anteile wie folgt entfallen:

$$u_\infty\left[\zeta + \frac{1}{\zeta}\right] = \phi + \mathrm{i}\psi, \qquad \mathrm{d}w_{\zeta_0} = \mathrm{d}\phi_{\zeta_0} + \mathrm{i}\,\mathrm{d}\psi_{\zeta_0}\,.$$

In Abschn. 5.6 wurde gezeigt, dass $u_\infty[\zeta + 1/\zeta]$ ein Kreispotential bildet. Für $\mathrm{d}w_{\zeta_0}$ trifft dasselbe zu, weil $\zeta_0^{-1}$ durch Spiegelung von $\zeta_0$ am Kreis entsteht (siehe Lemma 5.1).

**Aufgabe 5.7** Warum sind $\zeta_0$, $\zeta_0^{-1}$ und $z_0$ reell?

Mit der Joukowski-Transformation (5.46) wird das Kreispotential $w_{\zeta_0}$ aus der $\zeta$-Ebene ins Plattenpotential $\hat{w}_{z_0}$ der $z$-Ebene überführt:

$$\hat{w}_{z_0}(z) = w_{\zeta_0}(J^{-1}(z)), \qquad z_0 = J(\zeta_0)\,. \tag{5.62}$$

Mit der Zerlegung

$$\hat{w}_{z_0} = (\hat{\phi} + \mathrm{d}\hat{\phi}_{z_0}) + \mathrm{i}(\hat{\psi} + \mathrm{d}\hat{\psi}_{z_0}) \tag{5.63}$$

erhalten wir das zugehörige Geschwindigkeitspotential sowie die Stromfunktion. Für ein Potentialelement ist

$$\begin{aligned} \mathrm{d}\hat{w}_{z_0}(z) &= \mathrm{d}w_{\zeta_0}(J^{-1}(z)) \\ &= \mathrm{d}\hat{\phi}_{z_0} + \mathrm{i}\,\mathrm{d}\hat{\psi}_{z_0}\,. \end{aligned}$$

**Auswertung eines Potentialelements**

In Analogie zu den Sätzen von Blasius und Kutta-Joukowski lässt sich der Zeitverlauf des Auftrieb über die Geschwindigkeitsanteile der Potentialelemente berechnen.

**Aufgabe 5.8** In Abb. 5.21 entsprechen die komplexen Zahlen $\zeta$, $\zeta_0$ bzw. $\zeta_0^{-1}$ den Punkten $Z$, $X$ bzw. $X'$, sodass gilt

$$\zeta = r\mathrm{e}^{\mathrm{i}\theta}, \qquad \zeta - \zeta_0 = r_1\mathrm{e}^{\mathrm{i}\theta_1}, \qquad \zeta - \zeta_0^{-1} = r_2\mathrm{e}^{\mathrm{i}\theta_2}\,.$$

Beweisen Sie die Darstellungsformel

$$\mathrm{d}w_{\zeta_0}(\zeta) = \frac{\omega(\zeta_0)\,\mathrm{d}\zeta_0}{2\pi}\left[(\theta_2 - \theta_1) + \mathrm{i}\ln\frac{r_1}{r_2}\right]. \tag{5.64}$$

Damit erhalten wir die Elemente des Geschwindigkeitspotentials

$$\mathrm{d}\phi_{\zeta_0} = \frac{\omega(\zeta_0)\,\mathrm{d}\zeta_0}{2\pi}(\theta_2 - \theta_1) \tag{5.65}$$

und der Stromfunktion

$$d\psi_{\zeta_0} = \frac{\omega(\zeta_0)\, d\zeta_0}{2\pi} \ln \frac{r_1}{r_2}. \tag{5.66}$$

**Aufgabe 5.9** Beweisen Sie in Abb. 5.21

$$\left(\frac{r_1}{r_2}\right)^2 = x^2 \qquad \text{für } r = 1. \tag{5.67}$$

Wir überprüfen, ob das Potential für das Gebiet geeignet ist.

**Lemma 5.1** *Das Element der Stromfunktion* $d\psi_{\zeta_0}$ *bleibt auf dem Kreisrand* $K(0, 1)$ *konstant.*

*Beweis* Wegen Gl. (5.67) erhalten wir für das Element der Stromfunktion (5.66)

$$d\psi_{\zeta_0}(\zeta) = \frac{\omega(\zeta_0)\, d\zeta_0}{2\pi} \ln x$$

Somit ist es unabhängig vom Kreispunkt $\zeta$. □

**Berechnung der Auftriebskraft**

Zur Vereinfachung lassen wir das Akzentzeichen bei Bezeichnungen des Plattenpotentials künftig weg, wenn der Kontext ersichtlich ist. Beispielsweise schreiben wir $w(z)$ anstelle von $\hat{w}(z)$.

Da auf beiden Plattenseiten unterschiedliche Strömungsverhältnisse herrschen, sind dort verschiedene Elemente des Geschwindigkeitspotentials zu erwarten.

Wir bezeichnen das *Element des Geschwindigkeitspotentials* auf der Oberseite mit $d\phi^+_{z_0}$ und auf der Unterseite mit $d\phi^-_{z_0}$.

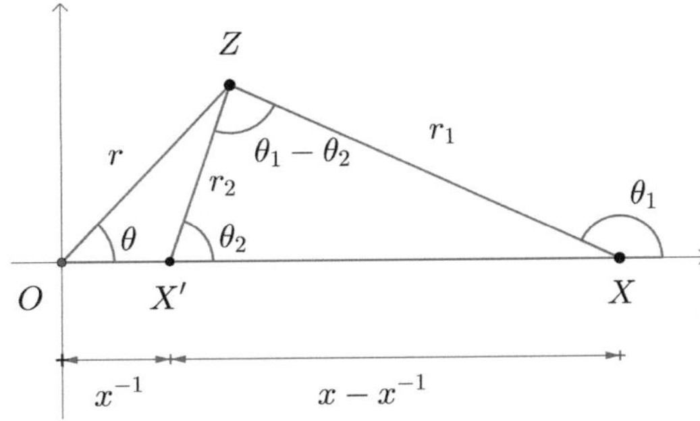


**Abb. 5.21** Beweisskizze zu den Aufgaben 5.8, 5.9 und 5.10

Mit ihrer Hilfe wird der Anteil bestimmt, mit welchem ein Potentialelement $\mathrm{d}w_{z_0}$ zum Auftrieb beiträgt. Erneut benötigen wir etwas Trigonometrie.

**Aufgabe 5.10** In Abb. 5.21 ist für $r = 1$ zu beweisen:

$$\tan(\theta_1 - \theta_2) = \frac{(x - x^{-1})\sin\theta}{2 - (x + x^{-1})\cos\theta}. \tag{5.68}$$

**Lemma 5.2** *Es sei* $\mathrm{d}w_{z_0} = \mathrm{d}\phi_{z_0} + \mathrm{i}\,\mathrm{d}\psi_{z_0}$ *ein Potentialelement. Auf der Platte genügen seine Geschwindigkeitsanteile folgenden Formeln:*

*An der Oberseite:*

$$\mathrm{d}\phi^+_{z_0}(z) = \frac{\omega(z_0)\,\mathrm{d}z_0}{2\pi}\,\mathrm{arctan2}\,[\sqrt{z_0^2 - 1}\,\sqrt{1 - z^2},\ (1 - z_0 z)]\,. \tag{5.69}$$

*An der Unterseite:*

$$\mathrm{d}\phi^-_{z_0}(z) = \frac{\omega(z_0)\,\mathrm{d}z_0}{2\pi}\,\mathrm{arctan2}\,[-\sqrt{z_0^2 - 1}\,\sqrt{1 - z^2},\ (1 - z_0 z)]\,. \tag{5.70}$$

*Beweis* Zur Definition von arctan2 verweisen wir auf Anhang A.4, Gl. (A.18) und (A.19). Da $\zeta_0$, $\zeta_0^{-1}$ reell sind, folgt aus Gl. (5.68):

$$\theta_2 - \theta_1 = \mathrm{arctan2}\,[(\zeta_0^{-1} - \zeta_0)\sin\theta,\ 2 - (\zeta_0 + \zeta_0^{-1})\cos\theta]\,,$$

und wir erhalten mit Gl. (5.65) auf dem Einheitskreis

$$\mathrm{d}\phi_{\zeta_0} = \frac{\omega(\zeta_0)\,\mathrm{d}\zeta_0}{2\pi}\,\mathrm{arctan2}\,[(\zeta_0^{-1} - \zeta_0)\sin\theta,\ 2 - (\zeta_0 + \zeta_0^{-1})\cos\theta]\,.$$

Die Plattenpotentiale werden durch Transformation in die z-Ebene berechnet. Unmittelbar auf der Platte ist wegen Gl. (5.45)

$$\cos\theta = z, \quad \text{also } \sin\theta = \sqrt{1 - z^2}\,.$$

Berücksichtigen wir weiterhin Gl. (5.46), (5.48), (5.49) sowie (5.50), so erhalten wir

$$\begin{aligned}
\mathrm{d}\phi^-_{z_0}(z) &= \frac{\omega(z_0)\,\mathrm{d}z_0}{2\pi}\,\mathrm{arctan2}\,[-2\sqrt{z_0^2 - 1}\,\sqrt{1 - z^2},\ 2(1 - z_0 z)]\,.\\
\mathrm{d}\phi^+_{z_0}(z) &= \frac{\omega(z_0)\,\mathrm{d}z_0}{2\pi}\,\mathrm{arctan2}\,[2\sqrt{z_0^2 - 1}\,\sqrt{1 - z^2},\ 2(1 - z_0 z)]\,.
\end{aligned}$$

Mit Gl. (A.19) lässt sich der Faktor 2 kürzen, und es folgen Gl. (5.69) und (5.70). □

**Aufgabe 5.11** Begründen Sie

$$\mathrm{d}\phi^-_{z_0}(z) = -\mathrm{d}\phi^+_{z_0}(z), \qquad -1 \le z \le 1\,. \tag{5.71}$$

Mit

$$\Delta p_{z0}(z) = p^+_{z0} - p^-_{z0}, \qquad -1 \leq z \leq 1 \tag{5.72}$$

bezeichnen wir die Druckdifferenz zwischen beiden Plattenseiten, welche vom Potential (5.62) im Punkt $z$ verursacht wird.

Zur Berechnung benutzen wir die instationäre Bernoulli-Gleichung (4.8), die wir für die Ober- und Unterseite mit dem Geschwindigkeitspotential (5.63) notieren:

$$\frac{\partial(\hat{\phi} + \mathrm{d}\phi^+_{z0})}{\partial t} + \frac{1}{2}\|\nabla(\hat{\phi} + \mathrm{d}\phi^+_{z0})\|^2 + \frac{p^+_{z0}}{\varrho} = c(t)\,. \tag{5.73}$$

$$\frac{\partial(\hat{\phi} + \mathrm{d}\phi^-_{z0})}{\partial t} + \frac{1}{2}\|\nabla(\hat{\phi} + \mathrm{d}\phi^-_{z0})\|^2 + \frac{p^-_{z0}}{\varrho} = c(t)\,. \tag{5.74}$$

Die Konstante $c(t)$ hängt nur von der Zeit ab. Wegen

$$\begin{aligned}
&\|\nabla(\hat{\phi} + \mathrm{d}\phi^+_{z0})\|^2 - \|\nabla(\hat{\phi} + \mathrm{d}\phi^-_{z0})\|^2 \\
&= 2\,\nabla\hat{\phi}\,\nabla(\mathrm{d}\phi^+_{z0} - \mathrm{d}\phi^-_{z0}) + (\nabla \mathrm{d}\phi^+_{z0})^2 - (\nabla \mathrm{d}\phi^+_{z0})^2 \\
&\approx 2\,\nabla\hat{\phi}\,\nabla(\mathrm{d}\phi^+_{z0} - \mathrm{d}\phi^-_{z0})
\end{aligned}$$

erhalten wir nach Subtraktion von Gl. (5.73) und (5.74)

$$\frac{\partial}{\partial t}(\mathrm{d}\phi^+_{z0} - \mathrm{d}\phi^-_{z0}) + \nabla\hat{\phi}\,\nabla(\mathrm{d}\phi^+_{z0} - \mathrm{d}\phi^-_{z0}) + \frac{\Delta p_{z0}}{\varrho} = 0$$

sowie mit Gl. (5.71)

$$\Delta p_{z0}(z) = -2\varrho\left(\frac{\partial}{\partial t}\mathrm{d}\phi^+_{z0} + \nabla\hat{\phi}\,\nabla\,\mathrm{d}\phi^+_{z0}\right). \tag{5.75}$$

Nach Voraussetzung W2 fließt die Strömung auf der Platte und nach Ablösung an der Heckspitze in x-Richtung, wobei für den Geschwindigkeitsanteil $\hat{\phi}$ auf der Platte sowie die Geschwindigkeit der freien Wirbel $\mathbf{u}_f$ gilt:

$$\nabla\hat{\phi} = \mathbf{u}_f = \begin{pmatrix} u_\infty \\ 0 \end{pmatrix}. \tag{5.76}$$

Hieraus folgt

$$\nabla\hat{\phi}\,\nabla \mathrm{d}\phi^+_{z0} \approx u_\infty\,\frac{\partial}{\partial x}\mathrm{d}\phi^+_{z0}\,,$$

und Gl. (5.75) erhält die Form

$$\Delta p_{z0}(z) = -2\varrho \left( \frac{\partial}{\partial t} \mathrm{d}\phi_{z0}^{+} + u_\infty \frac{\partial}{\partial x} \mathrm{d}\phi_{z0}^{+} \right). \tag{5.77}$$

Für die Zeitableitung betrachten wir das Geschwindigkeitspotential $\mathrm{d}\phi_{z0}$ während der Bewegung eines freien Wirbels. Es genügt der Konvektionsgleichung[4]

$$\begin{aligned}
\frac{\partial}{\partial t} \mathrm{d}\phi_{z0}^{+} &= \mathrm{div}_{z0} \, (\mathbf{u}_f \, \mathrm{d}\phi_{z0}^{+}) \\
&= \mathrm{d}\phi_{z0}^{+} \, \mathrm{div}_{z0} \, \mathbf{u}_f + \mathbf{u}_f \, \mathrm{grad}_{z0} \, \mathrm{d}\phi_{z0}^{+} \qquad \text{mit Gl. (1.14)} \\
&= u_\infty \frac{\partial}{\partial x_0} \mathrm{d}\phi_{z0}^{+} \qquad \text{wegen Gl. (5.75)},
\end{aligned} \tag{5.78}$$

und nach Ersetzung in Gl. (5.77) folgt

$$\Delta p_{z0}(z) = -2\varrho u_\infty \left( \frac{\partial}{\partial x_0} \mathrm{d}\phi_{z0}^{+} + \frac{\partial}{\partial x} \mathrm{d}\phi_{z0}^{+} \right). \tag{5.79}$$

Da sich sowohl die Platte als auch der abtreibende Wirbel auf der x-Achse befinden, sind ihre Koordinaten $z_0$, $z$ reell und werden durch x-Komponenten ersetzt. Insbesondere beschreibt

$z = x \in [-1, 1]$ die Position auf der Platte,
$z_0 = x_0 > 0$ die Position des freien Wirbels.

Mit $l(x_0)$ bezeichnet man den *Anteil am Auftrieb der Tragfläche*, welcher *durch das Wirbelpaar mit dem freien Element bei* $x_0$ erzeugt wird.

Der *Auftrieb der Tragfläche zur Zeit* $t \geq 0$ ergibt sich durch Addition aller vorliegenden Anteile $l(x_0)$ und wird mit $L(t)$ bezeichnet.

---

[4] Siehe Konvektions-Diffusions-Gleichung. Außerdem lässt sich Gl. (5.78) wie folgt nachvollziehen: Für $c(x_0) = \mathrm{d}\phi_{z0}^{+}$ gilt bei Bewegung des freien Wirbels

$$u_\infty = \frac{\partial x_0}{\partial t} = \frac{\partial c}{\partial t} \frac{\partial x_0}{\partial c} = \frac{\partial c}{\partial t} \Big/ \frac{\partial c}{\partial x_0}, \quad \text{also} \quad \frac{\partial c}{\partial t} = u_\infty \frac{\partial c}{\partial x_0}.$$

**Aufgabe 5.12** Beweisen Sie

$$l(x_0) = -\frac{\varrho u_\infty\, \omega(x_0)\, x_0\, \mathrm{d}x_0}{\sqrt{x_0^2 - 1}} \qquad \text{für } x_0 > 1. \tag{5.80}$$

Starten wir zur Zeit 0, so wurde bei $t > 0$ ein Wirbelbereich der Länge $x_{\max}(t)$ vom Heck abgelöst. Durch Addition der Anteile (5.80) sämtlicher $x_0 \in (1, x_{\max}(t)]$ und Umbenennung $x = x_0$ erhalten wir den Auftrieb zur Zeit $t > 0$:

$$L(t) = \int_1^{x_{\max}(t)} l(x)\, \mathrm{d}x = -\varrho u_\infty \int_1^{x_{\max}(t)} \omega(x) \frac{x\, \mathrm{d}x}{\sqrt{x^2 - 1}}\,.$$

Jetzt führen wir eine Variablentransformation durch.

Für die Gesamtlänge des Wirbelabflusses zur Zeit $t > 0$

$$1 \le x \le x_{\max}(t)$$

wird jedem Ort $x$ die Zeit $t'$ zugeordnet, zu welchem sich der Wirbel $\omega(x)$ am Heck abgelöst hat. Die entsprechend freigesetzte Wirbeldichte bezeichnen wir mit

$$\mu(t') = \omega(x)\,.$$

Nach Abb. 5.22 ist

$$\begin{aligned} x &= 1 + (t - t')u_\infty\,, \\ x &= 1 + (t - t') \qquad \text{wegen W3}, \\ \mathrm{d}x &= -\mathrm{d}t'\,. \end{aligned} \tag{5.81}$$

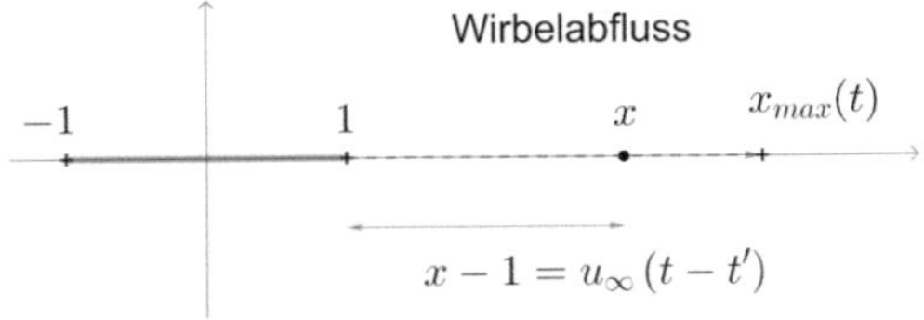


**Abb. 5.22** Ein Wirbel, der zur Zeit $t'$ am Heck abgelöst wurde, hat zum Zeitpunkt $t$ den Ort $x$ erreicht

Unter Berücksichtigung von W3 erhalten wir für den Auftrieb zur Zeit $t$

$$L(t) = -\varrho \int_0^t \mu(t') \frac{1 - t - t'}{\sqrt{(t - t')(t - t' + 2)}} \, \mathrm{d}t' \,. \tag{5.82}$$

Als *Wagner-Funktion* bezeichnet man das Verhältnis von instationärer zu stationärer Auftriebskraft

$$\Phi(t) = \frac{L(t)}{L_0} \,.$$

Die Normierung der freien Wirbeldichte

$$\tilde{\mu}(t') = \frac{\mu(t')}{L_0}$$

heißt *normalisierte Wirbeldichte.*

Mit Gl. (5.82) folgt

$$\Phi(t) = -\varrho \int_0^t \tilde{\mu}(t') \frac{1 - t - t'}{\sqrt{(t - t')(t - t' + 2)}} \, \mathrm{d}t' \,. \tag{5.83}$$

**Bestimmungsgleichungen der Wagner-Funktion**
Zur Auswertung von Gl. (5.83) muss zunächst die normalisierte Wirbeldichte $\mu(t')$ ermittelt werden. Wir bestimmen sie für den stationären Zustand, wobei wir die Ablösegeschwindigkeit an der Heckspitze (5.55) einbeziehen. Unter Beachtung von W3 wird $u_\infty = 1$ gesetzt.

Das Potential (5.59), (5.60) eines Wirbelpaars mit freiem Element bei $\zeta_0$ bewirkt das Geschwindigkeitsfeld

$$\mathcal{U}_{\zeta_0}(\zeta) = \frac{\mathrm{d}w_{\zeta_0}}{\mathrm{d}\zeta} = 1 - \zeta^{-2} + \frac{\mathrm{i}\,\omega(\zeta_0)\,\mathrm{d}\zeta_0}{2\pi} \Big[ \frac{1}{\zeta - \zeta_0} - \frac{1}{\zeta - \zeta_0^{-1}} \Big] ,$$

und damit die Heckgeschwindigkeit,

$$\mathcal{U}_{\zeta_0}(1) = \frac{\mathrm{i}\,\omega(\zeta_0)\,\mathrm{d}\zeta_0}{2\pi} \Big[ \frac{1}{1 - \zeta_0} - \frac{1}{1 - \zeta_0^{-1}} \Big] = -\frac{\mathrm{i}\,\omega(\zeta_0)\,\mathrm{d}\zeta_0}{2\pi} \frac{\zeta_0 + 1}{\zeta_0 - 1} \,.$$

Bei Transformation in die z-Ebene folgt mit Gl. (5.47):

$$\hat{\mathcal{U}}_{z_0}(1) = -\frac{\mathrm{i}\,\omega(z_0)\,\mathrm{d}z_0}{2\pi} \sqrt{\frac{z_0 + 1}{z_0 - 1}} \,.$$

Durch Summation über alle Wirbelpaare erhalten wir die Strömungsgeschwindigkeit am Heck zum Zeitpunkt $t$

$$\begin{aligned}\hat{\mathcal{U}}(1) &= -\frac{\mathrm{i}}{2\pi}\int_1^{x_{\max}(t)} \omega(z_0)\sqrt{\frac{z_0+1}{z_0-1}}\,\mathrm{d}z_0 \\ &= -\frac{\mathrm{i}}{2\pi}\int_0^t \mu(t')\sqrt{\frac{t-t'+2}{t-t'}}\,\mathrm{d}t' \quad \text{nach Variablentransformation (5.80).}\end{aligned}$$

Für $t \to \infty$ wird die stationäre Ablösegeschwindigkeit (5.55) erreicht:

$$-\frac{\mathrm{i}\Gamma_0}{2\pi} = -\frac{\mathrm{i}}{2\pi}\lim_{t\to\infty}\int_0^t \mu(t')\sqrt{\frac{t-t'+2}{t-t'}}\,\mathrm{d}t'\,.$$

Wegen Gl. (5.56) und W3 ist $\Gamma_0 = -L_0/\varrho$, und die Gleichung vereinfacht sich zu

$$1 = \lim_{t\to\infty}\int_0^t \tilde{\mu}(t')\sqrt{\frac{t-t'+2}{t-t'}}\,\mathrm{d}t'\,. \tag{5.84}$$

Aus den Integralgleichungen (5.83), (5.84) kann die Wagner-Funktion numerisch berechnet werden (siehe [2]). Man erhält Abb. 5.23.

In W3 wurde $u_\infty = 1$ gesetzt, d. h., mit der Anströmgeschwindigkeit wird in einer Zeiteinheit eine halbe Plattenlänge (half-chord) zurückgelegt. Deshalb misst man die Zeit bei der Wagner-Funktion in zurückgelegten halben Plattenlängen.

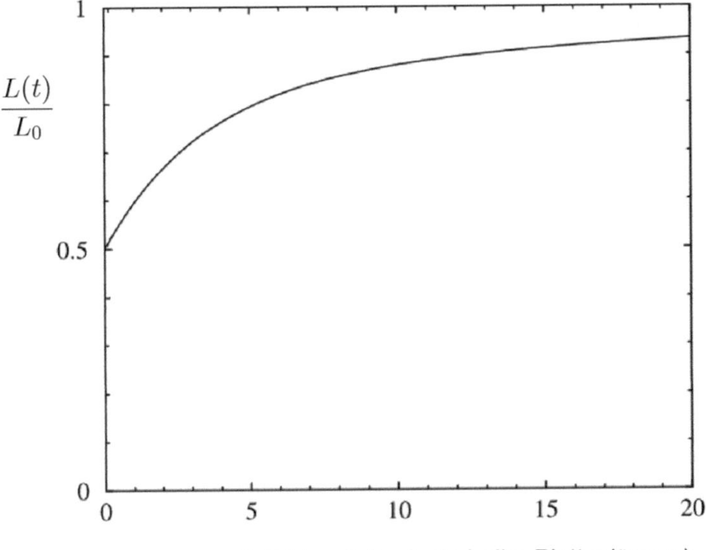


**Abb. 5.23** Wagner-Funktion (siehe [6]). Bildrechte: WIT

Wir erkennen, dass der Auftrieb unmittelbar nach Umklappen des Flügel bereits die Hälfte seines stationären Werts besitzt. Der weitere Aufbau verzögert sich, und erst bei 20 halben Plattenlängen hat er etwa 95 % erreicht.

Da die Auswertung der Integralgleichungen anspruchsvoll ist, wurde zugleich eine Reihe von Näherungslösungen vorgeschlagen (siehe [2]). Die Approximation durch explizite Formeln erlaubt ihre Verwendung in instationären Modellen, beispielsweise zur Analyse des Flügelschlags von Insekten (siehe [8], [9]).

## 5.8 Die Gesetze von Helmholtz und Biot-Savart

In diesem Abschnitt wird gezeigt, wie Wirbel das umgebende Geschwindigkeitsfeld beeinflussen. Wir bezeichnen die *Wirbelstärke* mit $\boldsymbol{\omega} = \operatorname{rot} \mathbf{u}$ und ihren *Betrag* mit $\omega = \|\boldsymbol{\omega}\|$.

Eine *Wirbellinie* (vortex line) ist eine Integralkurve der Wirbelstärke, d. h. eine Kurve im Strömungsgebiet, deren Wirbelstärke in jedem Punkt einen Tangentenvektor bildet.

Eine *Wirbelröhre* (vortex tube) wird durch alle Wirbellinien gebildet, welche den Rand einer beliebigen gedachten Fläche in der Strömung schneiden.

Ein *Wirbelfaden* (vortex filament) ist eine Wirbelröhre mit infinitesimal kleinem Querschnitt, sodass die Fluideigenschaften als konstant über den Querschnitt angenommen werden können (Abb. 5.24).

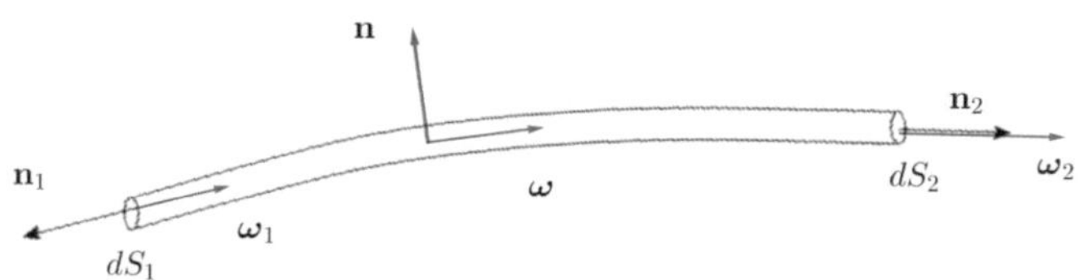


**Abb. 5.24** Wirbelfaden

Für die Wirbelröhre setzen wir voraus, dass sie röhrenförmig im anschaulichen Sinne ist und beispielsweise keine Verzweigungen enthält. Ebenso intuitiv ist der Begriff des infinitesimalen Wirbelfadens. Für einen mathematischen Beweis des folgenden Satzes ist unsere Definition nicht ausreichend (siehe [1]). Deshalb beschränken wir uns auf eine Plausibilitätserklärung.

**Theorem 5.4 (Helmholtz)** *Gegeben sei eine Strömung mit konstanter Dichte, die durch Gl. (3.39) und (3.40) bestimmt ist. Dann gelten die folgenden Aussagen:*

*1.) Der Betrag der Wirbelstärke bleibt an jedem Punkt eines Wirbelfadens konstant.*

*2.) Wirbelfäden enden nicht im Fluid. Falls sie nicht zum Rand verlaufen, bilden sie entweder geschlossene oder unendliche Kurven.*

*Beweisidee.* Wegen Gl. (1.17) ist

$$\operatorname{div} \boldsymbol{\omega} = \operatorname{div} \operatorname{rot} \mathbf{u} = 0 \,. \tag{5.85}$$

Zu 1.: Wir betrachten den Teilbereich eines Wirbelfadens zwischen $\mathrm{d}S_1$ und $\mathrm{d}S_2$ (Abb. 5.24). Aufgrund des Satzes von Gauß und Gl. (5.85) gilt

$$\int_S \boldsymbol{\omega} \cdot \mathbf{n} \, \mathrm{d}S = \int_V \operatorname{div} \boldsymbol{\omega} \, \mathrm{d}V = 0 \,,$$

wobei $S$ die Oberfläche und $V$ das eingeschlossene Volumen bezeichnen. Die Oberfläche besteht aus dem Mantel $S_m$ und den infinitesimalen Deckeln $\mathrm{d}S_1 = \mathrm{d}S_2$. Da die Wirbelstärke in Röhrenrichtung verläuft, gilt $\boldsymbol{\omega} \cdot \mathbf{n} = 0$ für die Mantelnormale $\mathbf{n}$ (Abb. 5.24). Damit ist das Oberflächenintegral

$$0 = \int_S \boldsymbol{\omega} \cdot \mathbf{n} \, \mathrm{d}S = \int_{\mathrm{d}S_1} \boldsymbol{\omega} \cdot \mathbf{n} \, \mathrm{d}S + \int_{\mathrm{d}S_2} \boldsymbol{\omega} \cdot \mathbf{n} \, \mathrm{d}S$$

Nach der Definition des Wirbelfadens und bei Berücksichtigung der Richtungen in Abb. 5.24 gilt

$$\int_{\mathrm{d}S_1} \boldsymbol{\omega} \cdot \mathbf{n} \, \mathrm{d}S = -\omega_1 \, \mathrm{d}S_1 \,, \quad \int_{\mathrm{d}S_2} \boldsymbol{\omega} \cdot \mathbf{n} \, \mathrm{d}S = \omega_2 \, \mathrm{d}S_2$$

und folglich die erste Behauptung $\omega_1 = \omega_2$.
Zu 2.: Wir setzen voraus, dass sich unser Wirbelfaden nicht verzweigt, sodass die Wirbelstärke nirgends verschwindet (siehe [1]). Falls der Wirbelfaden bei $\mathrm{d}S_2$ im Fluid endet, ist $\boldsymbol{\omega}_2 = 0$, und wir erhalten einen Widerspruch zur ersten Behauptung.

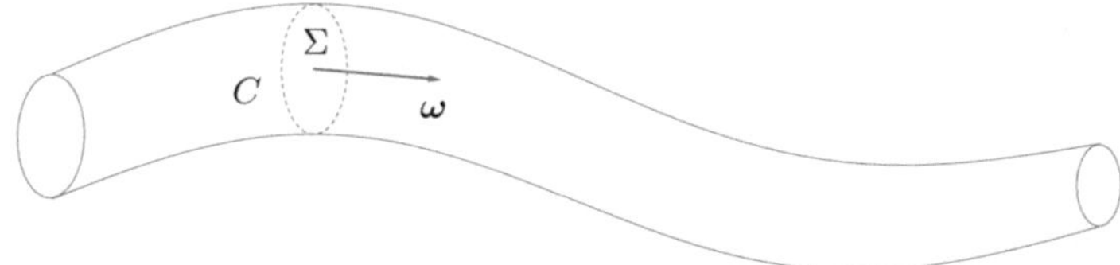


**Abb. 5.25** Wirbelröhre mit umrundender Kurve und Querschnitt

**Aufgabe 5.13** Eine Wirbelröhre mit hinreichend kleinem Querschnitt kann näherungsweise als Wirbelfaden angesehen werden. Zeigen Sie, dass die Stärke $\omega$ des Wirbelfadens mittels

$$\omega = \lim_{|\Sigma| \to 0} \frac{\Gamma_C}{|\Sigma|}$$

aus der Zirkulation $\Gamma_C$ einer entsprechenden Wirbelröhre berechnet wird, wobei $C$ eine umrundende Kurve, $\Sigma$ den eingeschlossenen Querschnitt und $|\Sigma|$ das Flächenmaß für den Röhrenquerschnitt bezeichnet (Abb. 5.25).

**Theorem 5.5 (Biot-Savart)** *Gegeben sei eine Strömung mit konstanter Dichte, die durch Gl. (3.39) und (3.40) bestimmt ist. Wir betrachten das infinitesimale Segment* $\mathbf{dl}$ *eines Wirbelfadens der Stärke* $\omega$ *sowie einen Raumpunkt* $P$*. Dann induziert* $\mathbf{dl}$ *bei* $P$ *die Strömungsgeschwindigkeit*

$$\mathrm{d}\mathbf{w} = \frac{\omega}{4\pi} \frac{\mathbf{dl} \times \mathbf{r}}{\|\mathbf{r}\|^3}, \tag{5.86}$$

*wobei* $\mathbf{r}$ *den Abstandsvektor von* $\mathbf{dl}$ *zu* $P$ *bezeichnet (Abb. 5.26).*

Neben der Strömungsmechanik wendet man das Gesetz in der Elektrodynamik an, wo es das Magnetfeld bewegter Ladungen beschreibt. Hier steht die Stromdichte $\mathbf{j}$ anstelle der Wirbeldichte $\boldsymbol{\omega}$, und die induzierte magnetische Feldstärke $\mathbf{B}$ entspricht der induzierten Strömungsgeschwindigkeit. In Anhang A.7 wird eine Integralform der Formel hergeleitet.

In Abb. 5.26 betrachten wir zwei Punkte $P_1$ und $P_2$, welche bezüglich des Wirbelfadens gespiegelt sind. Aus Gl. (5.86) folgt, dass ihre von $\mathbf{dl}$ induzierten Strömungsgeschwindigkeiten $\mathrm{d}\mathbf{w}(P_1)$ und $\mathrm{d}\mathbf{w}(P_2)$ entgegengesetzt gerichtet sind. Die unterschiedlichen Stromrichtungen werden in Kap. 6 eine wesentliche Rolle für den Auftrieb bei Tragflügeln spielen.

**Beispiel 5.3** *Entlang der positiven* $x$*-Achse verläuft ein strahlförmiger Wirbelfaden der Stärke* $\omega$ *(Abb. 5.26). Wir berechnen die induzierte Geschwindigkeit* $\mathbf{w}$ *in einem Punkt der* $y$*-Achse.*

*Der Wirbelfaden verläuft auf* $0 \leq x < \infty$ *in positiver* $x$*-Richtung. Nach Abb. 5.27 lässt sich dem bei* $Q$ *beginnenden Segment* $\mathbf{dl} = \mathbf{e}_x \, \mathrm{d}x$ *der Vektor*

$$\mathbf{r} = \overrightarrow{QP} = -x(\phi)\, \mathbf{e}_x + y_1\, \mathbf{e}_y$$

*zuordnen. Damit ist*

$$\mathbf{dl} \times \mathbf{r} = y_1 \, \mathrm{d}x \, \mathbf{e}_z \, .$$

*Mit* $r = \|\mathbf{r}(\phi)\|$ *folgt*

$$x(\phi) = y_1 \tan\phi, \quad \mathrm{d}x = \frac{y_1}{\cos^2\phi} \, \mathrm{d}\phi \quad \textit{sowie} \quad \cos\phi = \frac{y_1}{r} \, .$$

*Dann ist*

$$\frac{\mathrm{d}x}{r^3} = \frac{\cos\phi}{y_1^2} \, \mathrm{d}\phi \, ,$$

*und wir erhalten bei Integration entlang der positiven x-Achse*

$$\begin{aligned} \mathbf{w} &= \frac{\omega}{4\pi} \int_{\mathbb{R}^+} \frac{\mathbf{dl} \times \mathbf{r}}{\|\mathbf{r}\|^3} = \frac{\omega y_1 \, \mathbf{e}_z}{4\pi} \int_{\mathbb{R}^+} \frac{\mathrm{d}x}{r^3} = \frac{\omega \, \mathbf{e}_z}{4\pi \, y_1} \int_0^{\pi/2} \cos\phi \, \mathrm{d}\phi \\ &= \frac{\omega \, \mathbf{e}_z}{4\pi \, y_1} \, , \end{aligned} \tag{5.87}$$

*wobei* $y_1$ *den Abstand von* $P$ *zum strahlenförmigen Wirbelfaden bezeichnet.*

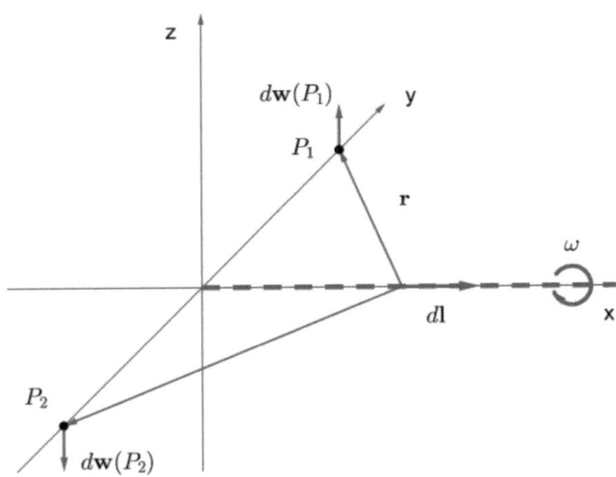


**Abb. 5.26** Der Wirbelfaden (gestrichelt) induziert ein Geschwindigkeitsfeld

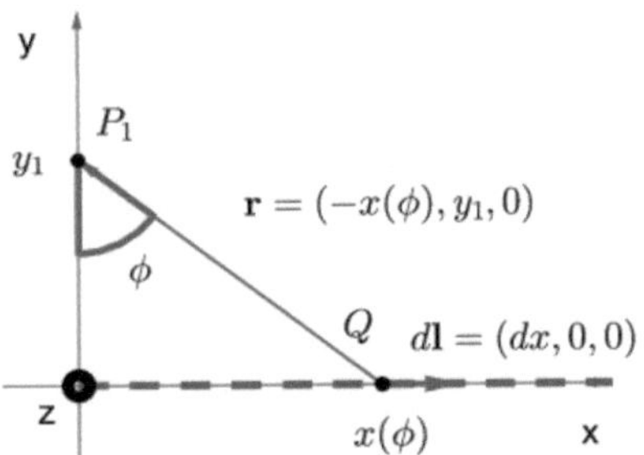


**Abb. 5.27** Wirbelfaden (gestrichelt) in Aufsicht

**Aufgabe 5.14** In Flüssen entstehen Strudel durch Unebenheiten am Grund wie z. B. stecken gebliebene Baumreste. Gerät man hinein, so raten Experten, ihn möglichst flach an der Oberfläche zu durchqueren. Begründen Sie die Empfehlung.

## Literatur


1. Chorin A.J., Marsden J.E. : *A Mathematical Introduction to Fluid Mechanics.* Springer, Berlin (1992).
2. Dawson S.T.M., Brunton S.L.: *Improved approximations to the Wagner function using sparse identification of nonlinear dynamics.* AIAAJ, Vol. 60, N. 3 (March 2022).
3. Goldstein S.: *Modern Developments in Fluid Dynamics.* Dover Publications, New York (1938), S. 119–120.
4. Katz J., Plotkin A.: *Low-Speed Aerodynamics.* Cambridge University Press, Cambridge (2001), S. 153.
5. M.F. Platzer, K.D. Jones: *Concepts of aero- and hydromechanics.* WIT, Flow Phenomena in Nature, Vol. 1 (2006), pp. 5–19
6. Platzer M.F., Jones K.D.: *Steady and unsteady aerodynamics.* WIT, Flow Phenomena in Nature, Vol. 2 (2006), pp. 531–541
7. Rosenhead L.: *Laminar Boundary Layers.* Clarendon Press, Oxford (1963), S.201–203.
8. Shyy W., Aono H., Kang C.K., Liu H.: *An Introduction to Flapping Wing Aerodynamics.* Cambridge University Press, Cambridge (2013).
9. Sihite E., Ghanem P., Salagame A., Ramezani A.: *Unsteady aerodynamic modeling of Aerobat using lifting line theory and Wagner's function.* IEEE/RSJ International Conference on Intelligent Robots and Systems (IROS), 25 July 2022.
10. Wagner H.: *Über die Entstehung des dynamischen Auftriebs von Tragflügeln.* Zeitschrift für Angewandte Mathematik und Mechanik 5, N. 1 (Febr. 1925).

# Traglinientheorie 6

Jetzt berechnen wir den Auftrieb am dreidimensionalen Tragflügel für den stationären Zustand, also bereits im Flug. Wir nutzen die zweidimensionalen Ergebnisse von Kutta-Joukowski, in welchen die Wirbel über den Kunstgriff der Zirkulation eingearbeitet sind. Letztere ist im sogenannten Querschnitts-Auftriebs-Beiwert enthalten, der für jedes vorgegebene Tragflügelprofil im Windkanal gemessen wird. Somit können wir das Problem auf Basis der Euler-Gleichungen behandeln. Die Theorie wurde zu Beginn des 20. Jahrhunderts in Ansätzen von Lanchester formuliert und unabhängig von Prandtl ausgearbeitet.

## 6.1 Theoretische Grundlagen

Die Abb. 6.1 und 6.2 zeigen einen Tragflügel, der auf vorgegebene Weise in ein Koordinatensystem eingebettet wird.

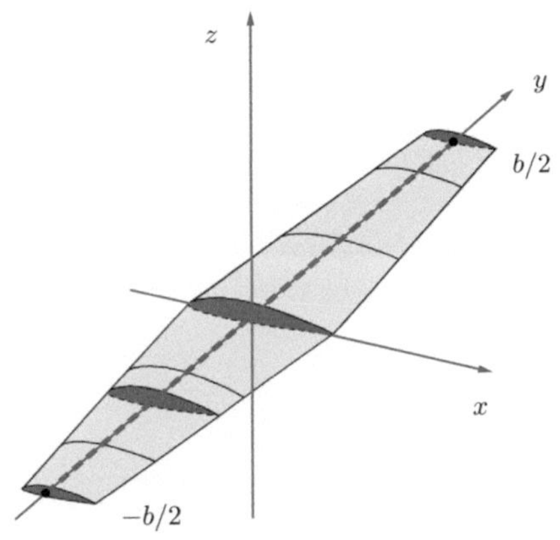


**Abb. 6.1** Schrägansicht mit Traglinie (gestrichelt)



R. Spielmann, *Theoretische Strömungsmechanik*,
https://doi.org/10.1007/978-3-662-70549-0_6

**Abb. 6.2** Aufsicht (planform)

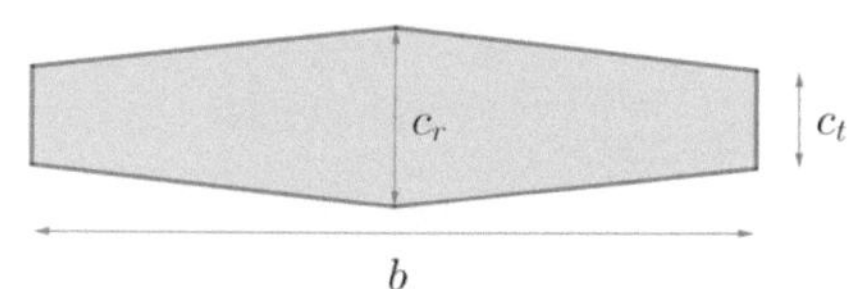


**Flügelgeometrie**

- $b$ – *Spannweite* des Tragflügels (wing span): die Länge des Tragflügels in y-Richtung (Abb. 6.1 und 6.2).
  Die Strecke $-\frac{b}{2} \leq y \leq \frac{b}{2}$ wird als *Traglinie* bezeichnet (Abb. 6.1).
- $c(y)$ – *Länge der Skelettlinie* bei $y$ (wing chord, siehe Abb. 6.2).
  Insbesondere sind $c_r = c(0)$ die *Flügelwurzel* (wing root)
  sowie $c_t = c(\pm b/2)$ das *Tragflächenende* (wing tip).
- $S$ – *Tragflügelfläche* (wing area, siehe Abb. 6.2).
- $\mathcal{R} = \frac{b^2}{S}$ – *Streckung* (aspect ratio)
- Einen Querschnitt entlang der y-Achse bezeichnet man als *Profil* bei $y$ (siehe schattierte Flächen in Abb. 6.1).

## 6.1.1 Geschwindigkeiten, Kräfte und Winkel

Die Strömung über einem endlichen Flügel ist dreidimensional, wobei auch in Spannweitenrichtung beträchtliche Luftbewegungen auftreten. Sie entstehen durch den Druckunterschied zwischen Ober- und Unterseite des Flügels. Die Strömung bewegt sich von hohen zu niedrigen Druckverhältnissen, d. h. von unten in Richtung zum Rand und dann nach oben (Abb. 6.3).

Die nach *unten* gerichtete Windgeschwindigkeit $\mathbf{w}$ an der Ober- und Unterseite des Tragflügels wird als *induzierte Windgeschwindigkeit* (downwash) bezeichnet (Abb. 6.3).

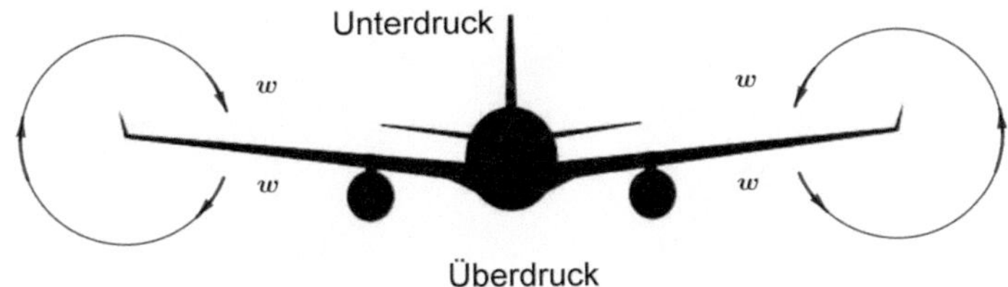


**Abb. 6.3** Der Druckausgleich über die Flügelkanten bewirkt auf beiden Seiten des Flügels eine abwärts gerichtete Windgeschwindigkeit **w**

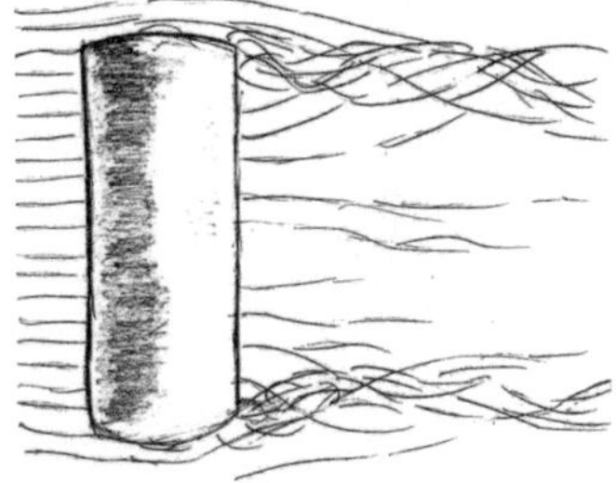

**Abb. 6.4** Zylinder im Strömungsexperiment

Hinter dem Flugzeug entsteht ein Wirbelfeld, welches im Äußeren einen Aufwärts- und im Inneren einen Abwärtsfluss der Luft erzeugt (Abb. 6.6 und 6.7). An den Flügelspitzen werden besonders starke Wirbel ausgebildet (Abb. 6.4 und 6.5 sowie Aufgabe 6.6).

Unter Vernachlässigung des Anfangswirbels (start-up vortex) wird das stromabwärts treibende Wirbelfeld als *Hufeisenwirbel* bezeichnet.

**Abb. 6.5** Wirbelbildung an Triebwerken und Flügelspitzen einer Boeing 747. Weil diese Wirbel nachfolgende Flugzeuge destabilisieren können, muss auf Flughäfen ein Sicherheitsabstand eingehalten werden. Seine Missachtung sowie Fehlreaktionen des Piloten führte am 12.11.2001 in New York zum Absturz eines Airbus A300. Bildquelle: NASA, Wikimedia Commons

**Abb. 6.6** Aufsicht des erzeugten Wirbelfelds

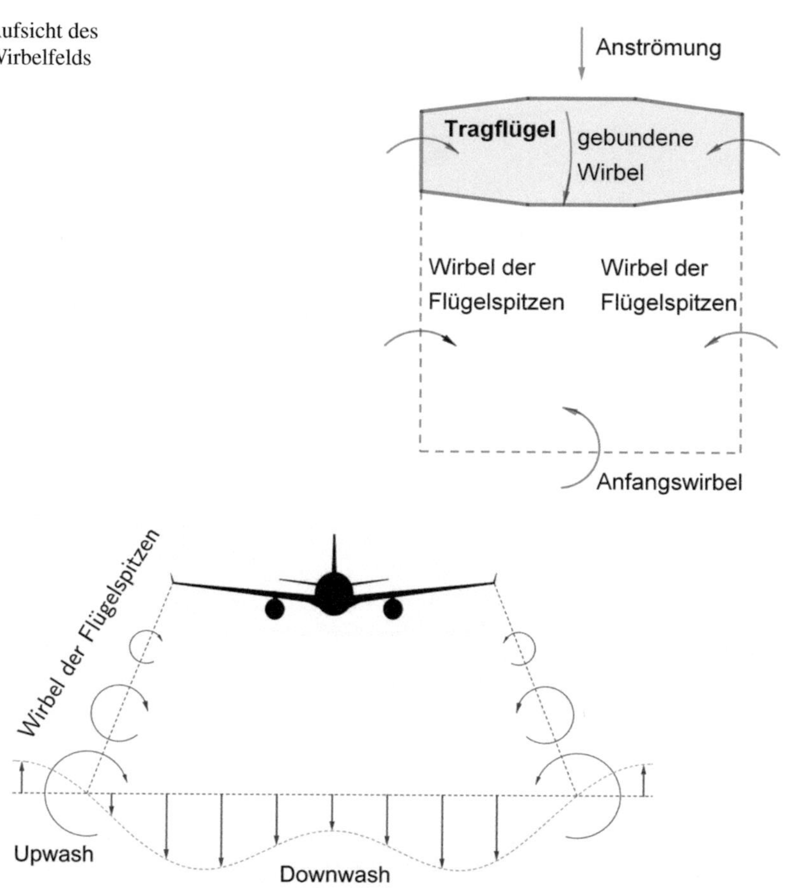


**Abb. 6.7** Rückwärtige Ansicht

Durch die Einbettung in das Koordinatensystem von Abb. 6.1 sind die Richtungen vektorieller Größen wie Auftriebs- und Widerstandskraft fixiert, und wir können sie über ihre Beträge berechnen. (Wie in Abschn. 1.1 erklärt, werden die Beträge von Vektoren in Normaldruck gesetzt, beispielsweise $u = \|\mathbf{u}\|$.)

Eine auf den Tragflügel wirkende Kraft $\mathbf{F}$ setzt sich aus den Anteilen $\mathbf{F}'(y)$ zusammen, welche auf die entsprechenden Querschnitte entfallen. Fassen wir $\mathbf{F}'(y)$ als *Kraftdichtefunktion* auf der Traglinie $-b/2 \leq y \leq b/2$ zusammen, so erhalten wir durch Integration die Gesamtkraft (Abb. 6.8)

$$\mathbf{F} = \int_{-b/2}^{b/2} \mathbf{F}'(y)\,\mathrm{d}y\,.$$

Zeigt die Kraftdichte wie bei Auftrieb bzw. Widerstand stets in dieselbe Richtung, dann können wir uns bei der Integration auf die Beträge beschränken und erhalten

$$F = \int_{-b/2}^{b/2} F'(y)\,\mathrm{d}y\,. \tag{6.1}$$

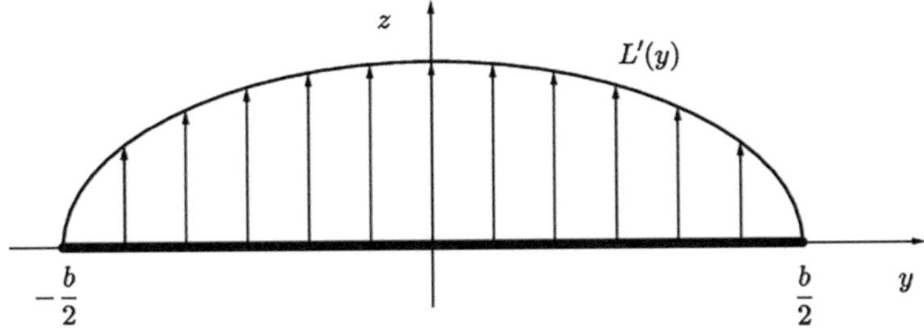


**Abb. 6.8** Dichtefunktion der Auftriebskraft auf der Traglinie

Die *Luftdichte* im ungestörten Strömungsgebiet wird mit $\varrho_\infty$ bezeichnet. Weiterhin sind

- $u_\infty$ – *ungestörte Anströmgeschwindigkeit* (freestream velocity),
- $q_\infty$ – *Staudruck* (dynamic pressure):

$$q_\infty = \frac{1}{2}\varrho_\infty u_\infty^2 \,. \tag{6.2}$$

Als Ausgangspunkt der dreidimensionalen Theorie dienen die entsprechenden Profilberechnungen. Abb. 6.9 zeigt den Querschnitt bei $y$ im Zusammenhang mit Kraftdichten, Windgeschwindigkeiten und Winkeln.

**Geschwindigkeiten in der Profilebene** (Abb. 6.9)

- $w(y)$ – *induzierte Windgeschwindigkeit* (downwash):
  Abwärts gerichtete Luftgeschwindigkeit über und unter dem Tragflügel, die durch Druckausgleich verursacht wird.
- $u_{\text{res}}(y)$ – *lokale relative Windgeschwindigkeit*:
  Sie ist die Resultierende von ungestörter Anströmgeschwindigkeit $u_\infty$ und induzierter Windgeschwindigkeit.

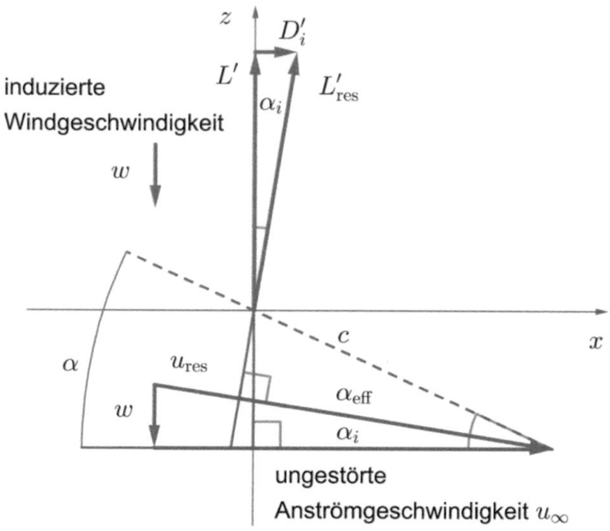


**Abb. 6.9** Tragflügelquerschnitt mit Windgeschwindigkeiten und Kraftdichten

**Winkel in der Profilebene** (Abb. 6.9)

- $\alpha(y)$ – *Anstellwinkel* (angle of attack): Winkel zwischen Skelettlinie $c(y)$ und Anströmgeschwindigkeit $u_\infty$.
- $\alpha_{L=0}(y)$ – *maximaler Anstellwinkel*. Hierbei kommt es zum vorzeitigen Strömungsabriss und der Auftrieb verringert sich drastisch. Der Wert wird experimentell bestimmt und ist für standardisierte Profile tabelliert, siehe Abbott [1] und Beispiel 6.3.
- $\alpha_i(y)$ – induzierter Anstellwinkel (induced angle of attack): Aufgrund der Richtung von $w$ ist $\tan \alpha_i(y) = -w(y)/u_\infty$. Da $\alpha_i$ klein ist, folgt $\alpha_i(y) \approx \tan \alpha_i(y)$, also

$$\alpha_i(y) = -\frac{w(y)}{u_\infty} . \tag{6.3}$$

- $\alpha_{\text{eff}}$ – *effektiver Anstellwinkel* (effective angle of attack): Es ist

$$\alpha_{\text{eff}} = \alpha - \alpha_i . \tag{6.4}$$

**Kraftdichten in der Profilebene** (Abb. 6.9)

- $L'(y)$ – *Auftriebskraftdichte*.
- $D_i'(y)$ – *induzierte Widerstandskraftdichte*: Es gilt

$$D_i'(y) = L'(y) \sin \alpha_i . \tag{6.5}$$

**Kräfte am (dreidimensionalen) Tragflügel** Nach Gl. (6.1) wirken

$$L = \int_{-b/2}^{b/2} L'(y)\,dy \quad \textit{Auftriebskraft} \text{ (Lift)}. \tag{6.6}$$

$$D_i = \int_{-b/2}^{b/2} D_i'(y)\,dy \quad \textit{induzierter Widerstand} \text{ (induced drag)} \tag{6.7}$$

Hinzu kommt der *Profilwiderstand* (parasitic drag) $D_0$, welcher bei Umströmung auch ohne Auftrieb anzutreffen ist und insbesondere den Anteil der Reibungskräfte enthält:

$$D_0 = \frac{1}{2}\varrho S C_d u_\infty^2 . \tag{6.8}$$

Diese Näherungsformel stammt von Rayleigh und ist für Luftgeschwindigkeiten zwischen 25 und 330 m/s bzw. Reynolds-Zahlen Re > 1000 anwendbar. Die Konstante $C_d$ wird als *Profilwiderstandsbeiwert* bezeichnet. Neben der Form des Widerstands hängt sie von der Strömungsart (laminar/turbulent), Viskosität und weiteren Parametern ab.
Für Flugzeuge mit geringen Geschwindigkeiten erhält man den *Gesamtwiderstand D* als Summe

$$D = D_0 + D_i . \tag{6.9}$$

Die Kraftkomponente $D_i$ entsteht durch Wirbelbildung, enthält im Gegensatz zu $D_0$ jedoch keine Reibungskräfte.

Wie Abb. 6.9 verdeutlicht, bewirkt die induzierte Windgeschwindigkeit $w$ eine Richtungsänderung der Luftströmung in der zweidimensionalen Umgebung des Tragflügelprofils. Anstelle der ungestörten Anströmgeschwindigkeit $u_\infty$ wird das Strömungsverhalten in Tragflügelnähe durch die Resultierende $u_{\text{res}}$ bestimmt, die um $\alpha_i$ abgesenkt ist. Da die Auftriebskraftdichte gemäß dem Satz von Kutta-Joukowski (Theorem 4.3) senkrecht zur Windgeschwindigkeit steht, erfährt sie dieselbe Neigung. Folglich ist die resultierende Kraft der Anströmung

$$L'_{\text{res}}(y) = \varrho u_{\text{res}}(y)\,\Gamma(y) . \tag{6.10}$$

Durch die Neigung des Auftriebs um $\alpha_i$ entsteht zugleich eine (induzierte) Widerstandskraft $D_i$, die in Abschn. 4.2 bei horizontaler Anströmung fehlte.

**Aufgabe 6.1** Beweisen Sie, dass die Auftriebsformel

$$L'(y) = \varrho u_\infty \Gamma(y) \tag{6.11}$$

gültig bleibt. Damit kann der Auftrieb weiterhin aus der ungestörten Anströmgeschwindigkeit berechnet werden.

**Aufgabe 6.2** Leiten Sie folgende Formel für den induktiven Widerstand her:

$$D_i'(y) = \varrho w(y)\,\Gamma(y)\,. \tag{6.12}$$

Für die Kräfte auf den Tragflügel folgt mit Gl. (6.6) und (6.7)

$$L = \varrho_\infty u_\infty \int_{-b/2}^{b/2} \Gamma(y)\,\mathrm{d}y \quad \text{(Auftriebskraft)}, \tag{6.13}$$

$$D_i = \int_{-b/2}^{b/2} L'(y) \sin\alpha_i\,\mathrm{d}y \quad \text{(induzierter Widerstand)}. \tag{6.14}$$

Bei ähnlicher Tragflügelgeometrie lässt sich die Auftriebs- bzw. Widerstandskraft proportional zu den Flügelmaßen umrechnen. Zur Vereinfachung definiert man die nachfolgenden *spezifischen Koeffizienten* bzw. *Beiwerte*. Es handelt sich um dimensionslose Größen, die sich in Abhängigkeit vom Anstellwinkel über Messungen bei verkleinerten Modellen im Windkanal bestimmen lassen.

Jedem Querschnitt lässt sich der folgende Wert zuordnen.

*Profilauftriebsbeiwert:*

$$C_l(y) = \frac{L'(y)}{q_\infty\, c(y)} = \frac{2\,L'(y)}{\varrho_\infty u_\infty^2\, c(y)} = \frac{2\Gamma(y)}{u_\infty c(y)}\,. \tag{6.15}$$

Im letzten Schritt wurde Gl. (6.11) benutzt. Durch Integration entlang der Traglinie bestimmen wir die Koeffizienten bzw. Beiwerte des dreidimensionalen Modells.

**Abb. 6.10** NACA 64-210

- *Auftriebsbeiwert:*

$$C_L = \frac{L}{q_\infty S} = \frac{2L}{\varrho_\infty u_\infty^2 S}\,. \tag{6.16}$$

- *Beiwert des induzierten Widerstands:*

$$C_{D_i} = \frac{D_i}{q_\infty S} = \frac{2D_i}{\varrho_\infty u_\infty^2 S}\,. \tag{6.17}$$

- *Beiwert des Gesamtwiderstands:*

$$C_D = \frac{D}{q_\infty S} = \frac{2D}{\varrho_\infty u_\infty^2 S}\,. \tag{6.18}$$

**Aufgabe 6.3** Leiten Sie die Formel für den Beiwert des Gesamtwiderstands her.

$$C_D = C_d + C_{D_i}\,. \tag{6.19}$$

**Beispiel 6.1** *Wir bestimmen den maximalen Anstellwinkel* $\alpha_{L=0}$ *für das Querschnittsprofil NACA 64-210 (Abb.* 6.10*). Ein Diagramm für* $C_l = C_l(\alpha)$ *findet man bei Abbott* [1], *S. 564. Aus Anhang* A.10, *Abb.* A.3 *erhalten wir* $\alpha_{L=0} = -1.8^\circ$.

### 6.1.2 Auftriebs- und Widerstandsberechnung

In Abschn. 4.4 haben wir am Joukowski- Profil die Abhängigkeit des Auftriebs vom Anstellwinkel $\alpha$ berechnet. Sie lässt sich im Windkanal für jedes Profil messen und wird als Kurve $C_l = C_l(\alpha)$ dargestellt (Abb. 6.11). Nach dem Joukowski-Modell (4.61) erwartet man $C_l \sim \sin\alpha$. Dagegen zeigt Abb. 6.11 bereits bei Anstellwinkeln $\alpha > 15^\circ$ ein deutliches Absinken des Auftriebs, das durch Wirbelbildung auf der Bugoberseite und Strömungsabriss zustande kommt. Die Beteiligung von Wirbeln erschwert eine Modellierung mit den verwendeten komplexen Potentialen, sodass die Ungenauigkeit von Gl. (4.61) bei wachsenden Anstellwinkeln verständlich wird.

Für zulässige Anstellwinkel gilt

$$C_l(y) = a_0(\alpha_{\mathrm{eff}} - \alpha_{L=0}) = a_0(\alpha - \alpha_i - \alpha_{L=0}) \tag{6.20}$$

mit einer experimentell bestimmten Konstante $a_0 \approx 2\pi$. Zunächst verwenden wir die Näherung

$$C_l(y) = 2\pi(\alpha - \alpha_i - \alpha_{L=0})\,. \tag{6.21}$$

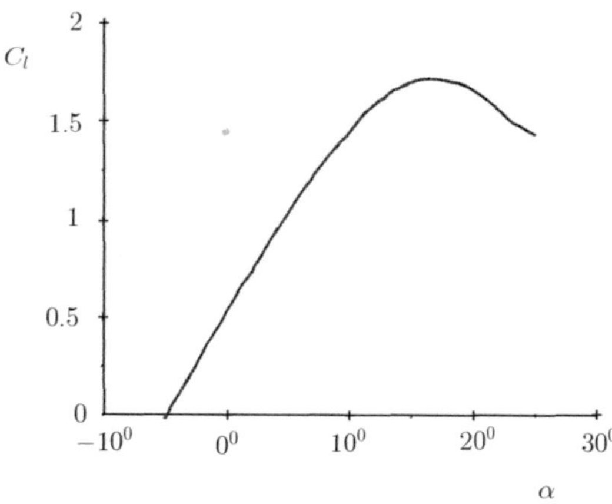


**Abb. 6.11** Typischer Verlauf der Abhängigkeit des Koeffizienten $C_l$ vom Anstellwinkel $\alpha$ bei Messung im Windkanal

Für kleine $\alpha$ ist $\sin\alpha \approx \alpha$, weshalb Joukowskis Formel (4.61) hier gut mit dem Experiment übereinstimmt. Tabellierte Werte für $C_l$ findet man auf der Seite http://airfoiltools.com/airfoil/.

**Aufgabe 6.4** Leiten Sie folgende Formeln her:

$$C_L(y) = \frac{2}{u_\infty S}\int_{-b/2}^{b/2} \Gamma(y)\,\mathrm{d}y\,. \tag{6.22}$$

$$D_i \approx \int_{-b/2}^{b/2} L'(y)\alpha_i\,\mathrm{d}y \approx \varrho_\infty u_\infty \int_{-b/2}^{b/2} \Gamma(y)\alpha_i\,\mathrm{d}y\,. \tag{6.23}$$

$$C_{D_i} = \frac{D_i}{q_\infty S} = \frac{2}{u_\infty S}\int_{-b/2}^{b/2} \Gamma(y)\alpha_i\,\mathrm{d}y\,. \tag{6.24}$$

### 6.1.3 Wirbelstärke und induzierte Windgeschwindigkeit

Indem die Wirbelstärke innerhalb des Hufeisenwirbels eine abwärts gerichtete Windgeschwindigkeit induziert, verändert sie die Strömungsrichtung. Dieser Zusammenhang wird sich als wesentlich zur Berechnung der Zirkulation erweisen.

Aufgrund des Druckausgleichs an den Flügelspitzen ist $L'(\pm b/2) = 0$. Wegen Gl. (6.11) folgt $\Gamma(\pm b/2) = 0$, und die Zirkulation $\Gamma(y)$ sinkt in Richtung der Ränder. Bei $y_0$ nimmt sie um $\frac{\mathrm{d}\Gamma}{\mathrm{d}y}(y_0)$ ab.

Nach dem Satz von Helmholtz (Theorem 5.4) kann dieser Differenzbetrag nicht spurlos verschwinden. Im Modell von Prandtl wird er durch einen Wirbelfaden stromabwärts abgeleitet, welcher bei $y_0$ an der Traglinie ansetzt. Zusammen mit dem gebundenen Wirbel in der Traglinie bilden die Wirbelfäden den Hufeisenwirbel.

Allein aus dem Anteil des Wirbelfadens durch $y$ wird mit dem Gesetz von Biot-Savart (5.87) im Punkt $y_0$ eine abwärts gerichtete Luftgeschwindigkeit induziert.

$$\mathrm{d}w(y_0) = -\frac{\frac{\mathrm{d}\Gamma}{\mathrm{d}y}\mathrm{d}y}{4\pi(y_0 - y)} .$$

Demnach induziert das gesamte Wirbelfeld in $y_0$ die Abwärtsgeschwindigkeit (downwash)

$$w(y_0) = -\frac{1}{4\pi}\int_{-b/2}^{b/2} \frac{\frac{\mathrm{d}\Gamma}{\mathrm{d}y}\mathrm{d}y}{y_0 - y} . \tag{6.25}$$

Gemäß der Kutta-Joukowski-Formel (4.13) wirkt die Kraftdichte senkrecht zur erzeugenden Windgeschwindigkeit. Insbesondere steht die Auftriebskraftdichte $L'_{\mathrm{res}}(y)$ senkrecht zu $u_{\mathrm{res}}(y)$ und die induzierte Widerstandskraftdichte $D'_i(y)$ senkrecht zur induzierten Windgeschwindigkeit $w(y)$ (Abb. 6.9).

Weil $w(y)$ nach unten [1] gerichtet ist, muss $D'_i(y)$ entgegen der Bewegung gerichtet sein. Es ist eine Bremskraft. Im Gegensatz zur zweidimensionalen Theorie, wo die Wirbelstärke keine Windgeschwindigkeit $w(y)$ induziert, entsteht im dreidimensionalen Modell trotz Abwesenheit der Reibung ein Strömungswiderstand.

Schließlich ist zu beachten, dass die relative Windgeschwindigkeit $u_{\mathrm{res}}$ im Allgemeinen nicht horizontal und folglich die Auftriebskraft $L$ nicht senkrecht nach oben gerichtet sein muss. Nur der vertikale Anteil von $L$ trägt dazu bei, das Flugzeug in der Luft zu halten.

### 6.1.4 Berechnung bei elliptischer Zirkulation

Wir untersuchen zunächst den Auftrieb eines Profils, dessen Zirkulation über der Traglinie eine elliptische Verteilung (Abb. 6.12) aufweist:

$$\Gamma(y) = \Gamma_0\sqrt{1 - \left(\frac{2y}{b}\right)^2} . \tag{6.26}$$

Unser Ziel ist die Bestimmung der Flügelgeometrie sowie die Berechnung von Auftrieb und Widerstand. Dazu nutzen wir die Variablensubstitution

$$y = \frac{b}{2}\cos\theta, \quad \mathrm{d}y = -\frac{b}{2}\sin\theta\,\mathrm{d}\theta , \tag{6.27}$$

womit $y_1 = -\frac{b}{2}$ in $\theta_1 = \pi$ und $y_2 = \frac{b}{2}$ in $\theta_2 = 0$ überführt wird. Aus Gl. (6.26) folgt

$$\Gamma(\theta) = \Gamma_0 \sin\theta, \qquad 0 \le \theta \le \pi . \tag{6.28}$$

[1] Wir werden diese Richtung im Spezialfall einer elliptischen Zirkulation nachweisen.

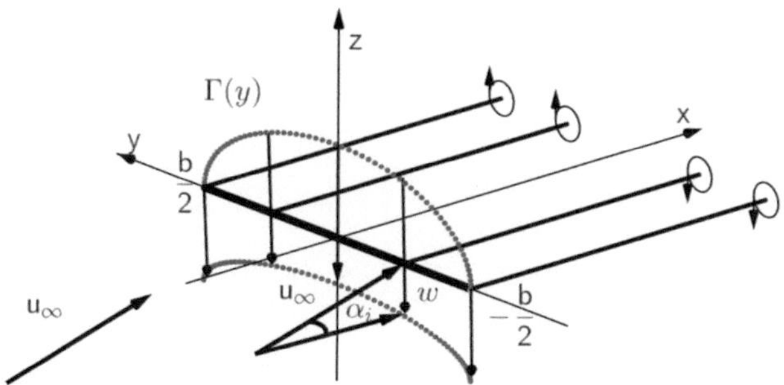


**Abb. 6.12** Hufeisenwirbel mit Traglinie $-\frac{b}{2} \leq y \leq \frac{b}{2}$ und ansetzenden Wirbelfäden

**Aufgabe 6.5** Beweisen Sie, dass bei elliptischer Zirkulationsverteilung (6.26) die folgenden Formeln gelten:

$$L = \varrho_\infty u_\infty \Gamma_0 \frac{b}{4}\pi \quad \text{(Auftrieb)}, \tag{6.29}$$

$$C_L = \frac{b\Gamma_0 \pi}{2u_\infty S} \quad \text{(Auftriebsbeiwert)}. \tag{6.30}$$

Aus Gl. (6.26) berechnen wir

$$\frac{\mathrm{d}\Gamma}{\mathrm{d}y} = -\frac{4\Gamma_0}{b^2}\frac{y}{\sqrt{1-\frac{4y^2}{b^2}}}\,.$$

Mit Gl. (6.25) folgt

$$w(y_0) = \frac{\Gamma_0}{\pi b^2}\int_{-b/2}^{b/2} \frac{y}{\sqrt{1-\frac{4y^2}{b^2}}}\frac{\mathrm{d}y}{y_0 - y}\,.$$

$$w(\theta_0) = -\frac{\Gamma_0}{2\pi b}\int_{\pi}^{0} \frac{\cos\theta}{\cos\theta_0 - \cos\theta}\,\mathrm{d}\theta = -\frac{\Gamma_0}{2\pi b}\int_{0}^{\pi} \frac{\cos\theta}{\cos\theta - \cos\theta_0}\,\mathrm{d}\theta\,.$$

Es handelt sich das Glauert-Integral für den Spezialfall $n = 1$, und wir erhalten mit Anhang A.5, Formel (A.21):

$$\int_0^\pi \frac{\cos\theta}{\cos\theta - \cos\theta_0}\,\mathrm{d}\theta = \frac{\pi \sin\theta_0}{\sin\theta_0} = \pi\,.$$

Somit beträgt die induzierte Windgeschwindigkeit

$$w(\theta_0) = -\frac{\Gamma_0}{2b} \quad \text{für } 0 \leq \theta_0 \leq \pi\,, \tag{6.31}$$

d. h., sie bleibt (bei der vorliegenden elliptischen Zirkulationsverteilung) entlang der Traglinie konstant. Das Vorzeichen macht sichtbar, dass $w$ tatsächlich nach unten gerichtet ist.

Wir bestimmen den induzierten Anstellwinkel und den Widerstand. Aus Gl. (6.3) folgt

$$\alpha_i(y) = -\frac{w(y)}{u_\infty} = \frac{\Gamma_0}{2bu_\infty} \,. \tag{6.32}$$

Der Wert bleibt entlang der Traglinie konstant. Für den Beiwert des induzierten Widerstands gilt mit Gl. (6.24) und (6.26):

$$\begin{aligned} C_{D_i} &= \frac{2}{u_\infty S}\int_{-b/2}^{b/2} \Gamma(y)\alpha_i \,\mathrm{d}y = \frac{2\alpha_i\Gamma_0}{u_\infty S}\int_{-b/2}^{b/2}\sqrt{1-\left(\frac{2y}{b}\right)^2}\,\mathrm{d}y \\ &= \frac{\alpha_i\Gamma_0 b}{u_\infty S}\int_0^\pi \sin^2\theta \,\mathrm{d}\theta \quad \text{mit (6.27)} \\ &= \frac{\alpha_i b\Gamma_0\pi}{2u_\infty S} \,. \end{aligned}$$

Aus Letzterem folgt mit Gl. (6.30) und (6.32) und der Streckung $Æ = b^2/S$:

$$C_{D_i} = \frac{C_L^2}{\pi Æ} \,. \tag{6.33}$$

In Gl. (6.53) werden wir die Proportionalität $C_{D_i} \sim C_L^2/Æ$ für beliebige Tragflügel nachweisen. Hieraus lassen sich zwei Schlussfolgerungen ableiten:

- Die Beziehung $C_{D_i} \sim C_L^2$ verdeutlicht den energetischen Aufwand bei der Auftriebssteigerung.
- Aufgrund von $C_{D_i} \sim 1/Æ$ empfiehlt sich ein kostengünstiges Tragflügeldesign bei großem $Æ$, d. h. lange und schmale Flügel.

**Beispiel 6.2** *Mit einem Gewicht bis zu 12 kg und einer Flügelspannweite von über 3,5 m gehören Albatrosse zu den größten flugfähigen Vögeln. Wir werden in Abschn. 7.1 zeigen, dass das Gewicht einen hohen Energieaufwand erfordert, der ihre Flugtechnik nahezu auf den Gleitflug beschränkt. Langgestreckte, schmale Flügel tragen zur Minimierung des induzierten Widerstands bei (Abb. 6.13).*

**Abb. 6.13** Weißkappenalbatros (Thalassarche cauta). Bei einer Masse von 4,1 kg liegen die Spannweiten zwischen 220 und 256 cm. Die Vögel können pro Tag bis zu 1000 km zurücklegen

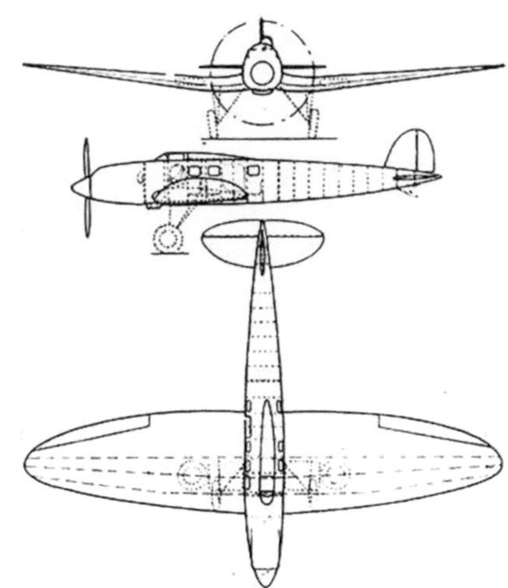

**Abb. 6.14** Heinkel He 70 Blitz war ein deutsches Post- und Passagierflugzeug, welches ab 1932 gebaut wurde. Es konnte außer dem Piloten noch 5 Passagiere befördern und war zeitweise die schnellste Verkehrsmaschine der Welt. Zu seinen außergewöhnlichen aerodynamischen Eigenschaften trugen die erstmals verwendeten elliptischen Tragflügel bei

Mit den obigen Formeln der elliptischen Zirkulationsverteilung lässt sich die Tragflügelgeometrie bestimmen. Wegen Gl. (6.32) ist der induzierte Anstellwinkel $\alpha_i$ unabhängig von $y$. Aus Gl. (6.21) folgt

$$C_l(y) = 2\pi(\alpha - \alpha_i - \alpha_{L=0}) \quad \text{konstant für alle } y. \tag{6.34}$$

Aus Gl. (6.15) ergibt sich mit Gl. (6.26)

$$C_l = \frac{2\Gamma_0}{u_\infty c(y)} \sqrt{1 - \left(\frac{2y}{b}\right)^2} \tag{6.35}$$

und wir erhalten die Ellipsengleichung der Skelettlinie $c(y)$

$$\left(\frac{C_l u_\infty}{2\Gamma_0} c(y)\right)^2 + \left(\frac{2}{b} y\right)^2 = 1 .$$

Da die Strömungsverhältnisse bei vorgegebener Anströmung und Flügelgeometrie eindeutig festgelegt sind, weisen Tragflügel mit elliptischer Aufsicht eine elliptische Zirkulationsverteilung auf (Abb. 6.14).

## 6.2 Elliptische Tragflügel

Gegeben sei ein Tragflügel mit elliptischer Aufsicht und der Skelettlinie

$$c(y) = c_r \sqrt{1 - \left(\frac{2y}{b}\right)^2} . \tag{6.36}$$

Da wir nach der Bemerkung am Ende des vorigen Abschnitts eine elliptischen Zirkulation (6.26) voraussetzen können, lassen sich auch die dortigen Ergebnisse benutzen.

Zunächst muss der Wert $\Gamma_0$ aus der Tragflügelgeometrie berechnet werden. Setzen wir in Gl. (6.35) den Term (6.34) für $C_l$ sowie Gl. (6.32) für $\alpha_i$ und Gl. (6.36) für $c(y)$ ein, so erhalten wir nach Vereinfachung

$$\begin{aligned} \pi\left(\alpha - \frac{\Gamma_0}{2bu_\infty} - \alpha_{L=0}\right) &= \frac{\Gamma_0}{u_\infty c_r} \\ \Gamma_0 &= \frac{2\pi u_\infty(\alpha - \alpha_{L=0})}{\frac{2}{c_r} + \frac{\pi}{b}} . \end{aligned} \tag{6.37}$$

Nun können die spezifischen Koeffizienten $C_L$ und $C_{D_i}$ mit Gl. (6.30) und (6.33) bestimmt werden. Das folgende Rechenbeispiel ist [4] entnommen.

**Beispiel 6.3** *Wir untersuchen einen Tragflügel vom Querschnittsprofil NACA 64-210 und elliptischer Aufsicht mit folgenden Parametern:*

- *Spannweite* $b = 10\,\mathrm{m}$ , *Flügelwurzel* $c_r = 2,5$ m
- *Flügelmasse* $m_f = 1000$ kg
- *Anströmgeschwindigkeit* $u_\infty = 50$ m/s, *Anströmwinkel* $\alpha = 8^\circ$.

*Zu berechnen sind:*

- *Auftrieb L, induzierter Widerstand* $D_i$,
- *max. Nutzlast* $m_n$,
- *max. Beschleunigung a (bei fehlender Nutzlast) auf Höhe des Meeresspiegels (Luftdichte* $\varrho_\infty = 1{,}225\,\mathrm{kg/m^3}$*).*

*Der maximale Anstellwinkel* $\alpha_{L=0} = -1{,}8^\circ$ *wurde in Beispiel* 6.1 *abgelesen. Aus Gl. (6.37) folgt*

$$\Gamma_0 = \frac{2\pi \cdot 50\,\mathrm{m/s} \cdot (8^\circ - (-1{,}8^\circ)) \cdot \frac{\pi}{180^\circ}}{\frac{2}{2{,}5\,\mathrm{m}} + \frac{\pi}{10\,\mathrm{m}}} = 48{,}23\,\mathrm{m}^2/s.$$

*Die Ellipsenfläche erhält man aus den Halbachsen* $b/2$ *und* $c_r/2$ *mittels*

$$\begin{aligned} S &= \pi \frac{b}{2}\frac{c_r}{2} \\ &= 19{,}63\,\mathrm{m}^2. \end{aligned} \tag{6.38}$$

*Für die Streckung berechnen wir*

$$\text{Æ} = \frac{b^2}{S} = 5{,}09 .$$

*Der Auftriebsbeiwert ergibt sich mit Gl. (6.30)*

$$C_L = \frac{10\,\text{m} \cdot 48{,}23\,\text{m}^2/\text{s} \cdot \pi}{2 \cdot 50\,\text{m/s} \cdot 19{,}63\,\text{m}^2} = 0{,}77\,.$$

*Hieraus folgt mit Gl. (6.33) für den Beiwert des induzierten Widerstands*

$$C_{D_i} = \frac{0{,}77^2}{\pi \cdot 5{,}09} = 0{,}037\,.$$

*Aus Gl. (6.16) erhalten wir den Auftrieb auf Höhe des Meeresspiegels*

$$L = \frac{1}{2}\varrho_\infty u_\infty^2 S C_L = \frac{1}{2} \cdot 1{,}225\,\text{kg/m}^3 \cdot (50\,\text{m/s})^2 \cdot 19{,}63\,\text{m}^2 \cdot 0{,}77 = 23{,}1\,\text{kN}$$

*und mit Gl. (6.17) den induzierten Widerstand*

$$D_i = \frac{1}{2}\varrho_\infty u_\infty^2 S C_{D_i} = \frac{1}{2} \cdot 1{,}225\,\text{kg/m}^3 \cdot (50\,\text{m/s})^2 \cdot 19{,}63\,\text{m}^2 \cdot 0{,}037 = 1{,}1\,\text{kN}\,.$$

*Die Kraft $F_h$ zum Heben ist senkrecht nach oben gerichtet und wird nach Abb. 6.9 aus dem rechtwinkligen Kräftedreieck mit $L^2 = F_h^2 + D_i^2$ bestimmt:*

$$F_h = \sqrt{L^2 - D_i^2} \;=\; \sqrt{23{,}1^2 - 1{,}1^2}\,\text{kN} \;=\; 23{,}07\,\text{kN}\,.$$

*Damit erhalten wir für die maximale Nutzlast $m_n$*

$$\begin{aligned} F_h &= (m_n + m_f)g\,, \\ m_n &= \frac{F_h}{g} - m_f \;=\; \frac{23{,}07\,\text{kN}}{9{,}81\,\text{m/s}^2} - 1000\,\text{kg} \;=\; 1350\,\text{kg}\,. \end{aligned}$$

*Für die Beschleunigung $a$ bei fehlender Nutzlast folgt aus $m_f\, a = F_h - m_f\, g$:*

$$a = \frac{F_h}{m_f} - g = 23{,}07\,\text{m/s}^2 - 9{,}81\,\text{m/s}^2 = 13{,}26\,\text{m/s}^2,$$

*womit wir das 1,35-Fache ($= \frac{13{,}26}{9{,}81}$) der Erdbeschleunigung erhalten.*

Die Abb. 6.15 und 6.16 zeigen die Abhängigkeit der spezifischen Koeffizienten $C_L$ und $C_{D_i}$ für Anstellwinkel $-10^\circ \leq \alpha \leq 10^\circ$ (Berechnungen in Excel).

Untersuchen wir die spezifischen Koeffizienten in Abhängigkeit von der Streckung $Æ = b^2/S$, so lässt sich ein optimales Design bestimmen. Im ersten Schritt werden in den relevanten Größen alle Längen durch $b$ bzw. $S$ ersetzt. Für $\Gamma_0$ folgt aus den Gl. (6.37) und (6.38):

$$\Gamma_0 \;=\; \frac{2\pi u_\infty(\alpha - \alpha_{L=0})}{\frac{b\pi}{2S} + \frac{\pi}{b}}\,.$$

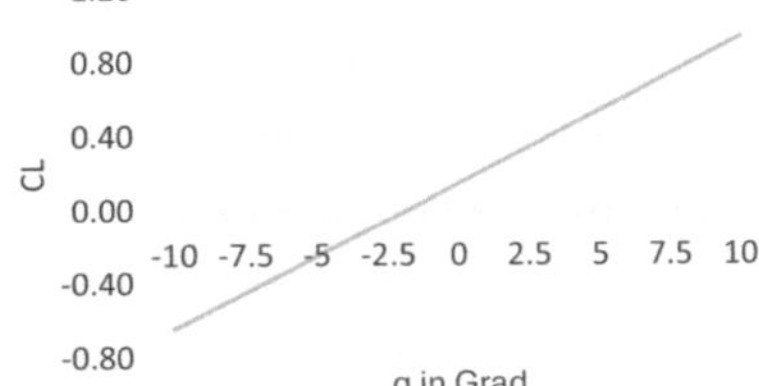


**Abb. 6.15** Auftriebsbeiwert $C_L$ bei elliptischem Tragflügel ($b = 10\,\mathrm{m}$, $c_r = 2{,}5\,\mathrm{m}$, $u_\infty = 50\,\mathrm{m/s}$)

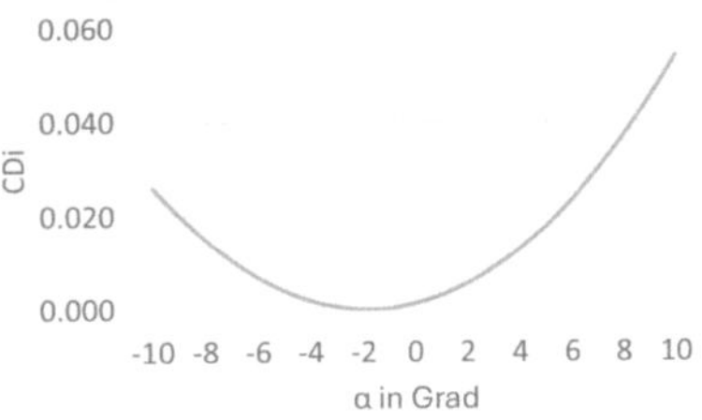


**Abb. 6.16** Widerstandsbeiwert $C_{D_i}$ bei elliptischem Tragflügel ($b = 10\,\mathrm{m}$, $c_r = 2{,}5\,\mathrm{m}$, $u_\infty = 50\,\mathrm{m/s}$)

Mit Gl. (6.30) ergibt sich für den Auftriebsbeiwert

$$\begin{aligned} C_L &= \frac{b\pi}{2u_\infty S}\frac{2\pi u_\infty(\alpha - \alpha_{L=0})}{\frac{b\pi}{2S} + \frac{\pi}{b}} = \frac{b\pi}{S}\frac{\alpha - \alpha_{L=0}}{\frac{b}{2S} + \frac{1}{b}} = \frac{2\pi(\alpha - \alpha_{L=0})}{1 + \frac{2S}{b^2}} \\ &= \frac{2\pi(\alpha - \alpha_{L=0})}{1 + \frac{2}{Æ}}. \end{aligned} \tag{6.39}$$

Für den Beiwert des induzierten Widerstands erhalten wir aus Gl. (6.33) mit (6.39)

$$\begin{aligned} C_{D_i} &= \frac{1}{\pi Æ}\left(\frac{2\pi(\alpha - \alpha_{L=0})}{1 + \frac{2}{Æ}}\right)^2 \\ &= \frac{4\pi(\alpha - \alpha_{L=0})^2}{Æ + 4 + \frac{4}{Æ}}. \end{aligned} \tag{6.40}$$

Bei wachsendem $Æ$, d. h. längeren und schmaleren Flügeln gleicher Fläche, nimmt der Auftriebsbeiwert $C_L$ zu und erreicht im Grenzfall $Æ \to \infty$ den entsprechenden Wert der zweidimensionalen Theorie. Hingegen besitzt $C_{D_i}$ in Abhängigkeit von $Æ$ ein Extremum. Wegen

$$\frac{\mathrm{d}C_{D_i}}{\mathrm{d}Æ} = \frac{-4\pi(\alpha - \alpha_{L=0})^2}{(Æ + 4 + \frac{4}{Æ})^2}\left(1 - \frac{4}{Æ^2}\right)$$

erhalten wir aus der notwendigen Bedingung $1 - \frac{4}{Æ^2} = 0$ ein Maximum bei $Æ = 2$, d. h. für $b = \frac{c_r}{2}\pi$. Ab $Æ > 2$ verringert sich der induzierte Widerstand kontinuierlich und verschwindet für $Æ \to \infty$ wie im zweidimensionalen Fall.

Im Folgenden wird verständlich, warum die Spitzen der Tragflügel ausgeprägte Kondensationsstreifen aufweisen (Abb. 6.5).

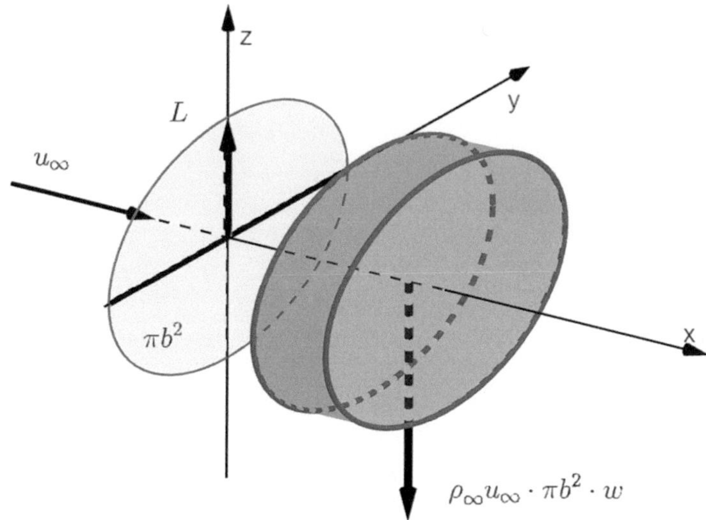


**Abb. 6.17** Die pro Zeiteinheit durch die Kreisfläche fließende Luft erhält über die induzierte Windgeschwindigkeit einen abwärts gerichteten Impuls

**Aufgabe 6.6** Weisen Sie am Beispiel elliptischer Tragflügel nach, dass die Stärke der stromabwärts treibenden Wirbel an den Tragflügelspitzen maximal ist.

Zum Abschluss sei auf ein Resultat hingewiesen, das Prandtl [5] aus den Formeln für eine elliptische Zirkulation herleiten konnte. Es erlaubt eine anschauliche Interpretation des Auftriebs über Impulswechselwirkungen.

Aus Gl. (6.29) und (6.31) folgt nach Eliminierung von $\Gamma_0$:

$$\frac{1}{2}\varrho_\infty u_\infty \pi b^2\, w = -L\,. \tag{6.41}$$

Auf der rechten Seite ist $\pi b^2$ die Kreisfläche mit der Spannweite als Durchmesser. Dann ist $M = \varrho_\infty u_\infty \pi b^2$ die Masse der Luft, welche pro Zeiteinheit durch diese Kreisfläche fließt (Abb. 6.17). Die Größe $Mw = \varrho_\infty u_\infty \pi b^2\, w$ entspricht dem Impuls, welchen die durchfließende Masse durch die induzierte Geschwindigkeit erhält. Von diesem Impuls wird die Hälfte für den Tragflügel als Auftrieb wirksam.

## 6.3 Die Fundamentalgleichung von Prandtl

Ist ein beliebiger Tragflügel vorgegeben, so sucht man zunächst die Zirkulation. Anschließend können sämtliche Parameter aus den bekannten Formeln bestimmt werden.

### 6.3.1 Herleitung der Fundamentalgleichung

Die Zirkulation $\Gamma(y)$ hängt bei gegebenem Tragflügel vom Anstellwinkel $\alpha$ und der Anströmgeschwindigkeit $u_\infty$ ab, welche vorgegeben werden. Weiterhin benötigt man den maximalen Anstellwinkel $\alpha_{L=0}$ sowie die Konstante $a_0 = \mathrm{d}C_l/\mathrm{d}\alpha$ aus Gl. (6.20), die beide experimentell ermittelt werden.

**Theorem 6.1** *Die Zirkulation* $\Gamma(y)$ *genügt der Integro-Differentialgleichung*

$$\alpha(y_0) = \frac{2\Gamma(y_0)}{a_0 u_\infty c(y_0)} + \alpha_{L=0}(y_0) + \frac{1}{4\pi u_\infty}\int_{-b/2}^{b/2} \frac{\frac{\mathrm{d}\Gamma}{\mathrm{d}y}\mathrm{d}y}{y_0 - y}, \quad -\frac{b}{2} \le y_0 \le \frac{b}{2}. \tag{6.42}$$

*Beweis* Zunächst setzen wir die Formeln (6.15) und (6.20) für den Profil-Auftriebsbeiwert $C_l$ gleich:

$$\frac{\Gamma(y)}{u_\infty c(y)} = \frac{a_0}{2}(\alpha - \alpha_i - \alpha_{L=0}).$$

Für den induzierten Anstellwinkel folgt aus Gl. (6.25) mit (6.3)

$$\alpha_i(y_0) = \frac{1}{4\pi u_\infty}\int_{-b/2}^{b/2} \frac{\frac{\mathrm{d}\Gamma}{\mathrm{d}y}\mathrm{d}y}{y_0 - y}, \tag{6.43}$$

und wir erhalten nach Einsetzen in die obige Gleichung

$$\frac{\Gamma(y)}{u_\infty c(y)} = \frac{a_0}{2}\left(\alpha - \frac{1}{4\pi u_\infty}\int_{-b/2}^{b/2} \frac{\frac{\mathrm{d}\Gamma}{\mathrm{d}y}\mathrm{d}y}{y_0 - y} - \alpha_{L=0}\right),$$

welche Gl. (6.42) liefert. □

### 6.3.2 Optimalform eines elliptischen Tragflügels

Wir wollen nachweisen, dass die Verluste durch den induzierten Widerstand bei elliptischem Flügeldesign minimiert werden. Wie im elliptischen Spezialfall beschreiben wir die Traglinie für einen allgemeinen Tragflügel mittels Gl. (6.27):

$$y = \frac{b}{2}\cos\theta, \ \mathrm{d}y = -\frac{b}{2}\sin\theta\,\mathrm{d}\theta \quad \text{mit} \quad y_1 = -\frac{b}{2} \text{ zu } \theta_1 = \pi, \quad y_2 = \frac{b}{2} \text{ zu } \theta_2 = 0.$$

Zur Auswertung benötigen wir die bekannte Formel.

**Aufgabe 6.7** Beweisen Sie

$$\int_0^\pi \sin(nx)\,\sin(mx)\,\mathrm{d}x = \begin{cases} \pi/2 & \text{falls } m = n, \\ 0 & \text{falls } m \neq n. \end{cases} \tag{6.44}$$

Bei der Lösung der Fundamentalgleichung benutzen wir den Ansatz einer endlichen Fourier-Reihe, wobei nur die Anteile von Sinusfunktionen verwendet werden:

$$\Gamma(\theta) = 2bu_\infty \sum_{n=1}^{N} A_n \sin(n\theta)\,. \tag{6.45}$$

Die Beschränkung auf Sinusanteile ist notwendig, um das Verschwinden der Zirkulation und des Auftriebs an den Flügelspitzen abzusichern:

$$\Gamma(\theta) = 0 \qquad \text{für } \theta = 0 \text{ bzw. } \theta = \pi\,.$$

Zugleich erweist sich der elliptische Tragflügel, Gl. (6.28), als Spezialfall $N = 1$, und in Gl. (6.45) können alle weiteren Terme $n \geq 2$ als Störungen interpretiert werden. Für elliptische Tragflügel hatten wir mit Gl. (6.31) die nach *unten* gerichtete induzierte Geschwindigkeit $w$ nachgewiesen. Kleine Störungen werden die Richtung von $w$ beibehalten. Wir berechnen den Integralterm der Fundamentalgleichung (6.42):

$$\begin{aligned}
\frac{\mathrm{d}\Gamma}{\mathrm{d}y} &= \frac{\mathrm{d}\Gamma}{\mathrm{d}\theta}\frac{\mathrm{d}\theta}{\mathrm{d}y} = 2bu_\infty \sum_{n=1}^{N} nA_n \cos(n\theta)\,\frac{\mathrm{d}\theta}{\mathrm{d}y}\,.\\
\int_{-b/2}^{b/2} \frac{\frac{\mathrm{d}\Gamma}{\mathrm{d}y}\mathrm{d}y}{y_0 - y} &= 2bu_\infty \int_\pi^0 \frac{\sum_{n=1}^{N} nA_n \cos(n\theta)\,\mathrm{d}\theta}{\frac{b}{2}(\cos\theta_0 - \cos\theta)}\\
&= 4u_\infty \sum_{n=1}^{N} nA_n \int_0^\pi \frac{\cos(n\theta)}{\cos\theta - \cos\theta_0}\,\mathrm{d}\theta\,.
\end{aligned}$$

Mit Anhang A.5, Gl. (A.21) erhalten wir für das Glauert-Integral

$$\int_0^\pi \frac{\cos(n\theta)}{\cos\theta - \cos\theta}\,\mathrm{d}\theta = \frac{\pi\sin(n\theta)}{\sin\theta}$$

und somit

$$\int_{-b/2}^{b/2} \frac{\frac{\mathrm{d}\Gamma}{\mathrm{d}y}\mathrm{d}y}{y_0 - y} = 4u_\infty \sum_{n=1}^{N} nA_n \frac{\pi\sin(n\theta)}{\sin\theta} = \frac{4\pi u_\infty}{\sin\theta} \sum_{n=1}^{N} nA_n \sin(n\theta)\,. \tag{6.46}$$

Setzen wir Letzteres zusammen mit Gl. (6.45) in Gl. (6.42) ein, so folgt

$$\alpha(\theta_0) = \frac{4bu_\infty \sum_{n=1}^{N} A_n \sin(n\theta_0)}{a_0 u_\infty\, c(\theta_0)} + \alpha_{L=0}(\theta_0) + \frac{1}{4\pi u_\infty}\frac{4\pi u_\infty}{\sin\theta_0} \sum_{n=1}^{N} nA_n \sin(n\theta_0)\,.$$

Wir streichen den Index bei $\theta_0$ und erhalten nach Umstellung:

$$\alpha(\theta) = \frac{4b}{a_0\, c(\theta)} \sum_{n=1}^{N} A_n \sin(n\theta) + \alpha_{L=0}(\theta) + \frac{1}{\sin\theta} \sum_{n=1}^{N} n A_n \sin(n\theta)\,.$$

Mit der Abkürzung

$$\mu = \frac{a_0\, c(\theta)}{4b} \tag{6.47}$$

folgt

$$\begin{aligned} \alpha(\theta) - \alpha_{L=0}(\theta) &= \frac{1}{\mu} \sum_{n=1}^{N} A_n \sin(n\theta) + \frac{1}{\sin\theta} \sum_{n=1}^{N} n A_n \sin(n\theta)\,. \\ \mu \sin\theta\,[\alpha(\theta) - \alpha_{L=0}(\theta)] &= \sum_{n=1}^{N} A_n \sin(n\theta)\,[\sin\theta + \mu n]\,. \end{aligned} \tag{6.48}$$

Indem wir Werte $\theta_1, \ldots, \theta_N$ vorgeben, erhalten wir aus Gl. (6.48) ein lineares Gleichungssystem für die gesuchten Koeffizienten $A_1, \ldots, A_N$.

Zur Berechnung des Auftriebsbeiwerts $C_L$ benutzen wir Gl. (6.22). Nach Einsetzen von Gl. (6.45) und (6.27) ergibt sich

$$C_L(\theta) = \frac{2b^2}{S} \sum_{n=1}^{N} A_n \int_0^{\pi} \sin(n\theta)\, \sin\theta\, \mathrm{d}\theta\,.$$

Wegen Gl. (6.44) liefert nur der Term für $n = 1$ einen Beitrag, und wir erhalten

$$C_L = \frac{b^2 \pi A_1}{S} = A_1 \pi \mathit{Æ}\,. \tag{6.49}$$

Nun lassen sich der induzierte Anstellwinkel und der Beiwert des induzierten Widerstands bestimmen. Setzen wir Gl. (6.46) in Gl. (6.43) ein, so folgt

$$\alpha_i(y_0) = \frac{1}{\sin\theta} \sum_{n=1}^{N} n A_n \sin(n\theta)\,. \tag{6.50}$$

Nach Einsetzen von Gl. (6.50), (6.45) und (6.27) in Gl. (6.24) erhalten wir für den Beiwert des induzierten Widerstands

$$\begin{aligned} C_{D_i} &= \frac{2}{S}\int_{\pi}^{0}\Big[b\sum_{n=1}^{N} A_n \sin(n\theta)\Big]\Big[\sum_{n=1}^{N} nA_n \sin(n\theta)\,(-b)\Big]\,\mathrm{d}\theta \\ &= \frac{2b^2}{S}\int_{0}^{\pi}\Big[\sum_{n=1}^{N} A_n \sin(n\theta)\Big]\Big[\sum_{m=1}^{N} mA_m \sin(m\theta)\Big]\,\mathrm{d}\theta \\ &= 2\mathit{Æ}\int_{0}^{\pi}\Big[\sum_{n=1}^{N}\sum_{m=1}^{N} A_n A_m \sin(n\theta)\sin(m\theta)\Big]\,\mathrm{d}\theta\,. \end{aligned}$$

Wegen Gl. (6.44) liefern nur die Terme für $m = n$ einen Beitrag, und wir erhalten

$$C_{D_i} = \mathit{Æ}\pi \sum_{n=1}^{N} nA_n^2\,.$$

Wir untersuchen $C_{D_i}$ in Abhängigkeit von $C_L$ und führen folgende Größen ein:

$$\delta = \sum_{n=2}^{N} n\Big(\frac{A_n}{A_1}\Big)^2, \tag{6.51}$$

$$e = \frac{1}{1+\delta} \quad \text{Oswald-Wirkungsgrad (span efficiency factor).} \tag{6.52}$$

(Kursivschrift für $e$ im Gegensatz zur Eulerschen Zahl e.) Damit erhalten wir:

$$\begin{aligned} C_{D_i} &= \pi\mathit{Æ}\Big[A_1^2 + \sum_{n=2}^{N} nA_n^2\Big] = \pi\mathit{Æ}A_1^2\Big[1 + \sum_{n=2}^{N} n\Big(\frac{A_n}{A_1}\Big)^2\Big] \\ &= \pi\mathit{Æ}A_1^2\,(1+\delta) = \frac{C_L^2}{\pi\mathit{Æ}}(1+\delta) \quad \text{mit Gl. (6.51), (6.49)} \\ &= \frac{C_L^2}{\pi e\mathit{Æ}}\,. \end{aligned} \tag{6.53}$$

Ein energetisch günstiges Design wird durch Verringerung des spezifischen induzierten Widerstands $C_{D_i}$ erreicht, also für möglichst großes $e$ bzw. kleines $\delta$. Das Optimum wird bei $e = 1$ bzw. $\delta = 0$ angenommen. Wegen Gl. (6.51) ist $A_n = 0$ für $n \geq 2$ und die Zirkulation (6.45) wird elliptisch. Folglich minimiert die elliptische Flügelform die Verluste durch den induzierten Widerstand.

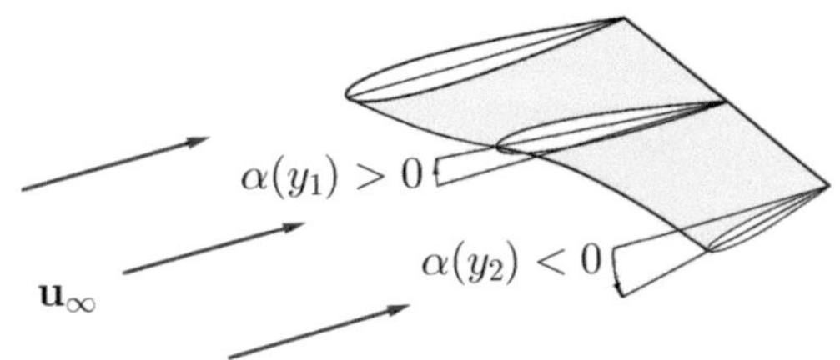


**Abb. 6.18** Verdrillter Tragflügel

### 6.3.3 Tragflügel mit symmetrischer Massenverteilung

Wir zeigen an einem Beispiel, wie sich die Zirkulation für einen symmetrischen Tragflügel mit vorgegebener Skelettlinie $c(y)$ und Spannweite $b$ berechnen lässt.

Hängt der Anstellwinkel von der Position $y$ auf der Traglinie ab, dann bezeichnet man den Tragflügel als *verdrillt* (Abb. 6.18).

Bei einem *unverdrillten Tragflügel* mit vorgegebener Anströmung bleiben die Größen $\alpha$ und $\alpha_{L=0}$ entlang der Traglinie konstant.

**Aufgabe 6.8** Weisen Sie nach, dass bei einer bezüglich $y = 0$ symmetrischen Zirkulation (6.45) nur Funktionen $\sin(n\theta)$ mit ungeradem $n$ auftreten.

**Beispiel 6.4** *Ein unverdrillter Tragflügel mit Skelettlinie $c =$ konstant und einer symmetrischen Massenverteilung soll über den Ansatz (6.45) mit $N = 5$ modelliert werden.*

*Gesucht ist ein lineares Gleichungssystem für die Koeffizienten $A_i$ $(i = 1, \ldots, 5)$ von Gl. (6.45).*

*Unter den Voraussetzungen ist die Zirkulation (6.45) bezüglich $y = 0$ symmetrisch. Wegen Aufgabe 6.8 ist $A_2 = A_4 = 0$. Für die restlichen Koeffizienten $A_1$, $A_3$, $A_5$ benötigen wir drei Werte für $\theta$, die wie folgt gewählt werden können:*

$$\theta_1 = \frac{\pi}{2}, \qquad \theta_2 = \frac{\pi}{3}, \qquad \theta_3 = \frac{\pi}{6}.$$

*Aus Gl. (6.48) erhalten wir das System*

$$M\mathbf{A} = \mathbf{B}, \tag{6.54}$$

*wobei* $\mathbf{A} = [A_1, A_3, A_5]$ *die relevanten Unbekannten für Gl.* (6.45) *enthält und die Matrix*

$$M = \begin{bmatrix} \sin\theta_1(\sin\theta_1 + \mu) & \sin(3\theta_1)(\sin\theta_1 + 3\mu) & \sin(5\theta_1)(\sin\theta_1 + 5\mu) \\ \sin\theta_2(\sin\theta_2 + \mu) & \sin(3\theta_2)(\sin\theta_1 + 3\mu) & \sin(5\theta_2)(\sin\theta_2 + 5\mu) \\ \sin\theta_3(\sin\theta_3 + \mu) & \sin(3\theta_3)(\sin\theta_1 + 3\mu) & \sin(5\theta_3)(\sin\theta_3 + 5\mu) \end{bmatrix}$$

*sowie der Vektor*

$$\mathbf{B} = \begin{bmatrix} \mu \sin\theta_1\,(\alpha - \alpha_{L=0}) \\ \mu \sin\theta_2\,(\alpha - \alpha_{L=0}) \\ \mu \sin\theta_3\,(\alpha - \alpha_{L=0}) \end{bmatrix}$$

*gegeben sind. (Der Parameter* $\mu$ *wird bei vorgegebenen* $b$, $c$ *und* $a_0 = 2\pi$ *aus Gl.* (6.47) *berechnet, während der maximale Anstellwinkel nach Beispiel* 6.1 *bestimmt werden kann. Der Anstellwinkel* $\alpha$ *durchläuft den interessierenden Bereich.)*

## Literatur


1. Abbott I.H., von Doenhoff A.E.: *Theory of Wing Sections. Including a Summary of Airfoil Data.* Dover, New York (1959)
2. Anderson J.: *Fundamentals of Aerodynamics.* McGraw-Hill Education, New York (2017)
3. Childress S.: *An Introduction to Theoretical Fluid Mechanics.* Courant Lecture Notes in Mathematics Vol. 19, AMS, Providence RI (2009)
4. Gutmark E.J.: *Applied Aerodynamics – Finite Wing Theory* (Skript) http://www.ase.uc.edu/class/AEEM456/Section_2_Notes.pdf Zugegriffen: 3. Sept 2024
5. Prandtl L., Betz A.: *Vier Abhandlungen zur Hydrodynamik und Aerodynamik.* Göttinger Klassiker der Strömungsmechanik, Band 3, Universitätsverlag Göttingen, Göttingen (2010)
6. Prandtl L.,Tietjens O.G.: *Fundamentals of Hydro- and Aeromechanics.* Dover Publications, New York (1957)

# Spezielle flugtechnische Probleme 7

## 7.1 Energieaufwand bei Gleit- und Schwebeflug

Vögel und Insekten haben im Laufe der Evolution unterschiedliche Flugtechniken entwickelt. Zum Gleitflug mit kaum bewegten Flügeln sind sogar Albatrosse fähig. Dagegen kann der Schwebeflug, bei dem sich das Tier mit intensivem Flügelschlag selbst bei Windstille am Ort hält, nur von Insekten und Kolibris ausgeführt werden. Den verwandten Rüttelflug beherrschen nur wenige Vogelarten, darunter Eisvögel, Möwen, Falken und Bussarde, wobei der Einsatz meist bei unterstützendem Gegenwind erfolgt. Weitere Techniken werden von verschiedenen Arten für spezielle Manöver, z. B. bei der Landung oder beim steilen Start, angewandt (siehe [7]). Am Beispiel von Gleit- und Schwebeflug wollen wir zeigen, dass alle Techniken nur bei gewissen Massen möglich sind, wobei der Schwebeflug die zulässige Höchstmasse am stärksten beschränkt.

Untersuchen wir zunächst den *Schwebeflug*. Durch das Schlagen der Flügel wird Luft von oben angesaugt und nach unten gepumpt. In Abb. 7.1 wird die Bildung von Ringwirbeln demonstriert, welche bei ihrer Abströmung den Auftrieb sichern. Durch den Flügelschlag erhält die Luft einen Impuls, der ihre kinetische Energie vergrößert. Dieser Energiegewinn soll berechnet werden.

Das folgende Modell [5] reduziert die komplizierte Wirbelbildung und Ablösung an bewegten Flügeln auf die Durchströmung der Fläche $S$ in der xy-Ebene (Abb. 7.2), welche den Flügeln in waagerechter Stellung entspricht. Dabei nehmen wir an, dass die Impulsübertragung an die Luft unmittelbar nach ihrem Durchgang durch $S$ erfolgt.



R. Spielmann, *Theoretische Strömungsmechanik*,
https://doi.org/10.1007/978-3-662-70549-0_7

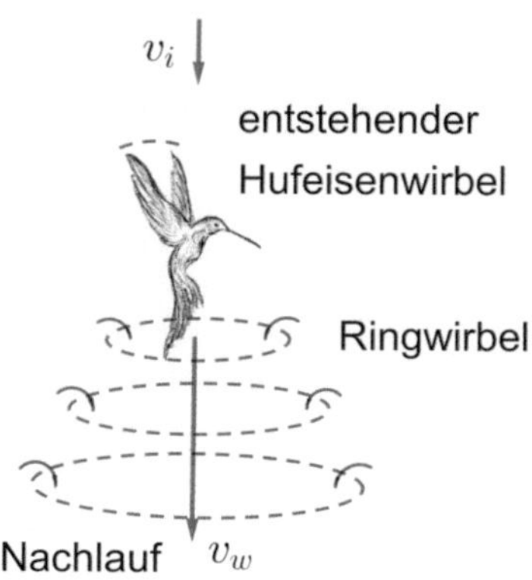


**Abb. 7.1** Beim Schweben führen die Flügel neben dem Schlag eine charakteristische Drehbewegung aus. Pro Flügelschlag wird ein Hufeisenwirbel erzeugt, der zunächst an die Flügel gebunden ist. Nach seiner Ablösung schließt er sich und treibt als Ringwirbel nach unten. Diese Ringwirbel sind für die Auftriebserzeugung verantwortlich. Die stromabwärts gerichtete Luftbewegung wird als Nachlauf (wake) bezeichnet und hat die Geschwindigkeit $v_w$

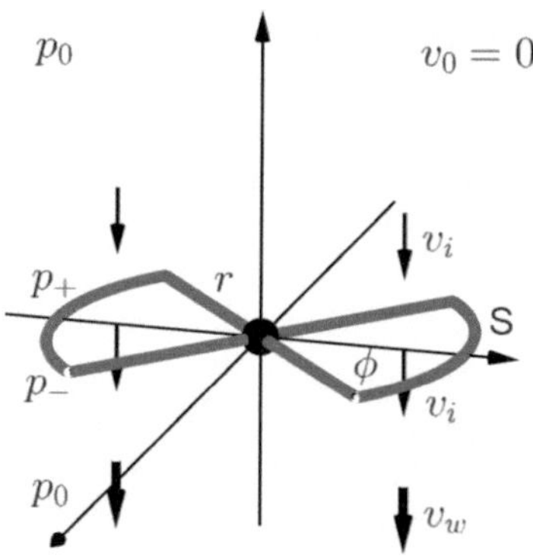


**Abb. 7.2** Vereinfachtes Strömungsmodell durch eine waagerechte Schlagebene. Für die Flügel nehmen wir eine Gestalt von Kreissektoren mit dem Radius $r$ und Öffnungswinkel $\phi$ an. In hinreichender Höhe über den Flügeln herrscht Windstille $v_0 = 0$ bei atmosphärischem Luftdruck $p_0$. Die Luft wird mit Geschwindigkeit $v_i$ durch die Fläche $S$ gepumpt. Unmittelbar über und unter $S$ herrscht der Druck $p_+$ bzw. $p_-$. Im Nachlauf fließt die Luft mit $v_w$, während sich der Luftdruck zu $p_0$ normalisiert hat

**Aufgabe 7.1** Es sei $\varrho$ die Luftdichte und $m_i$ die pro Zeiteinheit durch das Flächenstück $S$ passierende Luftmasse. Leiten Sie die untenstehenden Formeln her.

$$S = \phi r^2 , \tag{7.1}$$

$$\Delta I = \phi r^2 \varrho v_i v_w \quad \text{auf } m_i \text{ übertragener Impuls.} \tag{7.2}$$

$$P_i = \frac{1}{2} \varrho \phi r^2 v_i v_w^2 \quad \text{kinetische Energie von } m_i \text{ im Nachlauf.} \tag{7.3}$$

Bestimmen wir die Fließgeschwindigkeiten. Für den Schwebezustand muss die Impulsänderungsrate der Luft (7.2) gleich der Gewichtskraft des Tieres sein:

$$mg = \phi r^2 \varrho v_i v_w \, . \tag{7.4}$$

Beim Durchgang durch das Flächenstück $S$ verrichtet der Flügel an der Luft Arbeit, sodass der Satz von Bernoulli (Theorem 3.2) nicht anwendbar ist. Er lässt er sich jedoch vor bzw. nach dem Durchgang benutzen. Wir wenden den Satz von Bernoulli auf die Strömung oberhalb $S$ an. Aus Gl. (3.33) folgt unter Berücksichtigung von $v_0 = 0$

$$p_0 - p_+ = \frac{1}{2}\varrho v_i^2 . \tag{7.5}$$

Bei entsprechender Anwendung auf die Strömung unterhalb $S$ erhalten wir

$$p_- - p_0 = \frac{1}{2}\varrho (v_w^2 - v_i^2) . \tag{7.6}$$

Die Addition beider Gleichungen liefert

$$p_- - p_+ = \frac{1}{2}\varrho v_w^2 . \tag{7.7}$$

Nun lässt sich die Druckkraft auf die Oberfläche $S = \phi r^2$ mit

$$F = \left\| \int_S p\,\mathbf{n}\,\mathrm{d}S \right\| = (p_- - p_+)\phi r^2 = \frac{1}{2}\varrho v_w^2 \phi r^2$$

berechnen. Beim Schweben kompensiert sie das Gewicht des Vogels, d. h., es ist

$$mg = \frac{1}{2}\varrho v_w^2 \phi r^2 . \tag{7.8}$$

**Aufgabe 7.2** Leiten Sie folgende Formeln her:

$$v_w = 2v_i . \tag{7.9}$$

$$P_i = \sqrt{\frac{m^3 g^3}{2\varrho r^2 \phi}} . \tag{7.10}$$

Da die umgebende Luft ausschließlich vom Vogel in Bewegung gesetzt wurde, ist $P_i$ ein Maß für den tierischen *Energieaufwand pro Zeiteinheit zum Schweben.*

Zur Abschätzung der Energiebilanz untersuchen wir die physikalischen Größen eines Körpers nach Ähnlichkeitstransformation mit dem Streckungsfaktor $r$. Für Längen $l$, Flächen $S$ und Volumina $V$ gilt die Proportionalität

$$l \sim r, \qquad S \sim r^3, \qquad V \sim r^3 .$$

Wegen $m \sim V \sim r^3$ folgt aus Gl. (7.10)

$$P_i \sim \left(\frac{m^3}{r^2}\right)^{\frac{1}{2}} \sim r^{\frac{7}{2}} \quad \text{Energieaufwand beim Schwebeflug.} \tag{7.11}$$

**Abb. 7.3** Aeshna constricta. Mit zwei gegenläufig und in gleicher Frequenz schlagenden Flügelpaaren ist die Libelle jederzeit imstande, den für den Vortrieb wichtigen Abschlag zu erzeugen. Der langgestreckte Hinterleib dient zur Stabilisierung. Fotovorlage von Erik Gauger www.notesfromtheroad.com

Wir suchen die entsprechende Abschätzung beim *Gleitflug*. Zur Vereinfachung setzen wir eine elliptische Flügelform voraus. Aus Gl. (6.37) folgt für die Zirkulation

$$\Gamma_0 \sim \frac{1}{\frac{1}{r} + \frac{1}{r}} \sim r \, .$$

Mit Gl. (6.29) erhalten wir als Kraftaufwand zur Auftriebserzeugung:

$$L \sim \Gamma_0 \, r \sim r^2 \, .$$

Da $L$ proportional zur benötigten Leistung $P$ ist, folgt

$$P \sim r^2 \quad \text{Energieaufwand beim Schwebeflug.} \tag{7.12}$$

Der Vergleich von Gl. (7.11) mit Gl. (7.12) bei wachsender Länge $r \to \infty$ zeigt, dass der Energiebedarf zum Schweben schneller zunimmt als für den Gleitflug.

Deshalb werden Albatrosse, zu denen die größten flugfähigen Vögel gehören, in ihrer Technik nahezu auf Gleitflug beschränkt. Bereits bei Start und Landung sind sie mit Problemen konfrontiert, sodass zum Abheben eine Windgeschwindigkeit von mindestens 12 km/h mit einem langen Anlauf benötigt wird. Bei der Gleitlandung mit hohen Geschwindigkeiten können sie sich überschlagen.

Demgegenüber beherrschen Libellen nicht nur den Schwebeflug, sondern können sogar rückwärts fliegen. Geraten sie durch Turbulenzen plötzlich in den freien Fall, so vollführen sie Manöver in der Art eines Rückwärtssaltos, um wieder eine gerade Flugposition zu erlangen (siehe [2]).

## 7.2 Drehmomente

Der Ausbruch des 1. Weltkriegs weckte ein starkes Interesse an der Luftfahrt, wodurch ihre Weiterentwicklung rasant vorangetrieben wurde. Neuartige Einsatzmöglichkeiten enthüllten aerodynamische Effekte, die der jungen Forschung unerwartete Impulse gaben.

Als Gegengewicht zu alliierten Doppeldeckern entwickelten die deutschen Fokker Flugzeugwerke den Eindecker Fokker D.VIII, der sich durch einen geringeren

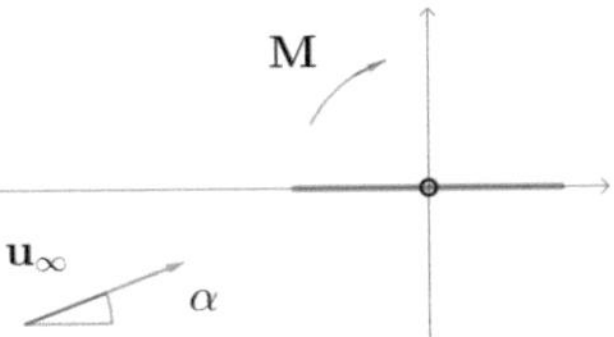


**Abb. 7.4** Der Flügelquerschnitt wird als unendlich dünne Platte modelliert. Bei Anströmung erhält sie neben dem Auftrieb ein Drehmoment

Strömungswiderstand auszeichnete. Entsprechend der zeitgenössischen Bauart war das Flügelgerüst sehr leicht und bestand aus zwei parallelen Holzbalken in Spannweitenrichtung, die durch Querbalken verbunden und mit Stoff überspannt waren.

Im Kampf sorgte das unzureichend getestete Jagdflugzeug für einen Schock, als der Flügel plötzlich durchbrach. Nach eine Serie tödlicher Unfälle ordneten die Militärbehörden eine Untersuchung an. Unter anderem stellte sich heraus, dass die Flügel zusätzlich zur Auftriebskraft auch Drehmomenten ausgesetzt sind.[1] Wir wollen sie am vereinfachten Modell der angeströmten Platte berechnen, wobei das stationäre Potential aus Abschn. 5.7 zugrunde gelegt wird.

Ausgangspunkt ist das Kreispotential (5.51), (5.52), das mit der Joukowski-Transformation (5.46) in das Außengebiet der Platte überführt wird, d. h.

$$w(\zeta) = u_\infty\left[\zeta e^{-i\alpha} + \frac{e^{i\alpha}}{\zeta}\right] - \frac{i\Gamma}{2\pi}\ln\zeta, \quad |\zeta| \geq 1\,. \tag{7.13}$$

$$J(\zeta) = \frac{1}{2}\left(\zeta + \frac{1}{\zeta}\right) \quad \text{(Koordinatentransformation).} \tag{7.14}$$

Zur Absicherung der Joukowski-Bedingung benötigt man die Zirkulation

$$\Gamma = -2\pi u_\infty \sin\alpha\,. \tag{7.15}$$

Wie üblich wird das Plattenpotential mit

$$\hat{w}(z) = w(J^{-1}(z))$$

bezeichnet. Das Drehmoment um den Nullpunkt, der zugleich Plattenmittelpunkt ist, ergibt sich aus dem Satz von Blasius (Theorem 4.4):

$$M = -\frac{\varrho}{2}\,\mathrm{Re}\left[\int_C z\left(\frac{d\hat{w}}{dz}\right)^2 dz\right]. \tag{7.16}$$

**Aufgabe 7.3** Beweisen Sie die Darstellung

$$z\left(\frac{d\hat{w}}{dz}\right)^2 dz = \left(\frac{dw}{d\zeta}\right)^2\left(\zeta + \frac{2}{\zeta} + \frac{2}{\zeta^3} + \frac{2}{\zeta^5} + \ldots\right) d\zeta \qquad \text{für } |\zeta| > 1\,. \tag{7.17}$$

[1] Aus theoretischer Sicht erstaunt das kaum, da Drehmomente bereits bei der umströmten Ellipse (Abschn. 4.5) auftraten.

**Theorem 7.1** *Eine waagerechte Platte wird unter dem Winkel $\alpha$ angeströmt (Abb. 7.4). Dann erhält sie bezüglich des Mittelpunkts ein Drehmoment im Uhrzeigersinn:*

$$M = -4\varrho\pi u_\infty^2 sin\alpha\,. \tag{7.18}$$

*Beweis* Aus Gl. (7.13) erhält man

$$\left(\frac{\mathrm{d}w}{\mathrm{d}\zeta}\right)^2 = \left(u_\infty\left[\mathrm{e}^{-\mathrm{i}\alpha} - \frac{\mathrm{e}^{\mathrm{i}\alpha}}{\zeta^2}\right] - \frac{\mathrm{i}\Gamma}{2\pi}\frac{1}{\zeta}\right)^2 .$$

Eingesetzt in Gl. (B.11) ergibt sich:

$$z\left(\frac{\mathrm{d}\hat{w}}{\mathrm{d}z}\right)^2 \mathrm{d}z = \underbrace{\left(u_\infty\left[\mathrm{e}^{-\mathrm{i}\alpha} - \frac{\mathrm{e}^{\mathrm{i}\alpha}}{\zeta^2}\right] - \frac{\mathrm{i}\Gamma}{2\pi}\frac{1}{\zeta}\right)^2}_{A} \underbrace{\left(\zeta + \frac{2}{\zeta} + \frac{2}{\zeta^3} + \ldots\right)}_{B} \mathrm{d}\zeta\,. \tag{7.19}$$

Die Auswertung von Gl. (7.16) und (7.19) erfolgt mit Gl. (A.20), sodass im Integranden nur Potenzen $1/\zeta$ beitragen. Diese entstehen entweder durch Multiplikation von Termen $\sim 1/\zeta^2$ aus $A$ mit Termen $\sim \zeta$ aus $B$, oder durch Multiplikation von Termen $\sim \zeta^0$ aus $A$ mit Termen $\sim 1/\zeta$ aus $B$. Bezeichnen wir mit $\mathcal{O}$ den Anteil aus $AB$, der nicht von der Ordnung $O(1/\zeta)$ ist, so erhalten wir

$$\begin{aligned} z\left(\frac{\mathrm{d}\hat{w}}{\mathrm{d}z}\right)^2 \mathrm{d}z &= \left(\left[-2u_\infty^2\mathrm{e}^{-\mathrm{i}\alpha}\frac{\mathrm{e}^{\mathrm{i}\alpha}}{\zeta^2} - \frac{\Gamma^2}{4\pi^2}\frac{1}{\zeta^2}\right]\zeta + u_\infty^2 e^{-2\mathrm{i}\alpha}\frac{2}{\zeta} + \mathcal{O}\right)\mathrm{d}\zeta \\ &= \left(\left[-2u_\infty^2 - \frac{\Gamma^2}{4\pi^2} + 2u_\infty^2(\cos(2\alpha) - \mathrm{i}\sin(2\alpha))\right]\frac{1}{\zeta} + \mathcal{O}\right)\mathrm{d}\zeta\,. \end{aligned}$$

Unter Berücksichtigung von Gl. (A.20) folgt

$$\begin{aligned} \int_C z\left(\frac{\mathrm{d}\hat{w}}{\mathrm{d}z}\right)^2 \mathrm{d}z &= \left[-2u_\infty^2 - \frac{\Gamma^2}{4\pi^2} + 2u_\infty^2\cos(2\alpha) - 2u_\infty^2\mathrm{i}\sin(2\alpha)\right]2\pi\mathrm{i}\,. \\ \mathrm{Re}\left[\int_C z\left(\frac{\mathrm{d}\hat{w}}{\mathrm{d}z}\right)^2 \mathrm{d}z\right] &= \left[-2u_\infty^2\mathrm{i}\sin(2\alpha)\right]2\pi\mathrm{i} = 4u_\infty^2\sin(2\alpha)\,\pi\,. \end{aligned}$$

Wegen $\alpha \approx 0$ ist $\cos\alpha \approx 1$ und damit

$$\sin(2\alpha) = 2\sin\alpha\,\cos\alpha \approx 2\sin\alpha\,.$$

Hieraus folgt

$$M = -\frac{\varrho}{2}\,\mathrm{Re}\left[\int_C z\left(\frac{\mathrm{d}\hat{w}}{\mathrm{d}z}\right)^2 \mathrm{d}z\right] = -4\varrho\pi u_\infty^2\sin\alpha\,.$$

Das negative Vorzeichen weist auf die Drehrichtung im Uhrzeigersinn hin. □

**Abb. 7.5** Der Eindecker Fokker D.VIII wurde ab Juli 1918 zum Einsatz gebracht. Nach Beseitigung anfänglicher Konstruktionsfehler erwies er sich als effektiv, konnte den Kriegsverlauf jedoch nicht mehr beeinflussen

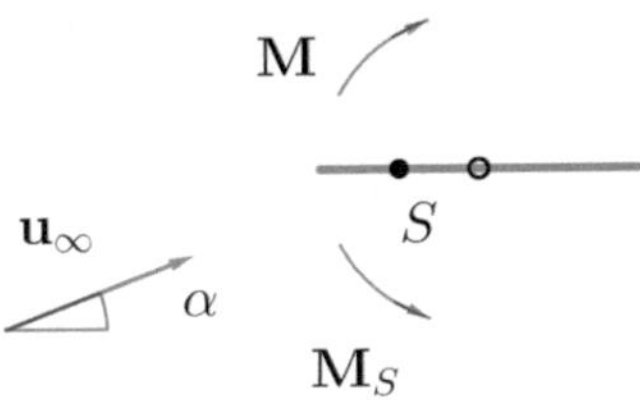


**Abb. 7.6** Befindet sich der Schwerpunkt $S$ links vom Zentrum, so entsteht ein kompensierendes Drehmoment $M_S$. In modernen Flugzeugen werden zum endgültigen Austarieren des Gewichts kleine Mengen von abgereichertem Uran eingebaut, welches eine hohe Dichte besitzt

Beim Beenden des Sturzflugs führt der benötigte Geschwindigkeitszuwachs in Verbindung mit hohen Anstellwinkeln zu erhöhten Drehmomenten, welche die leichte und durch eingedrungenes Kondensationswasser aufgeweichte Holzkonstruktion des Eindeckers auseinanderriss. Doch zunächst vermuteten die Ingenieure andere Ursachen, die sie schrittweise ausschlossen. So konnte der Grund nicht ausschließlich in Schwerkraft und Auftrieb liegen, da die Tragflügel mit dem Sechsfachen des Flugzeuggewichts belastbar waren. Durch Messungen bei Anströmung wurde eine Anhebung der Vorderkante nachgewiesen, die auf die Wirkung eines Drehmoments hinwies.

Zur Gewährleistung der Stabilität muss das Drehmoment durch eine Massenverteilung ausgeglichen werden, die den Schwerpunkt nach links verschiebt (Abb. 7.6). Durch mehrere Verbesserungen gelang es, die Fokker D.VIII ohne wesentliche Gewichtserhöhung zu stabilisieren. Danach erwies sie sich gegnerischen Flugzeugen klar überlegen (siehe [3]). Die Ära der Eindecker hatte begonnen.

## 7.3 Flugeigenschaften

Jetzt untersuchen wir einige Probleme des Energieverbrauchs, sowie der Leistungs- und der Manövrierfähigkeit von Flugzeugen. Als sinnvoll erweist sich folgende Kenngröße:

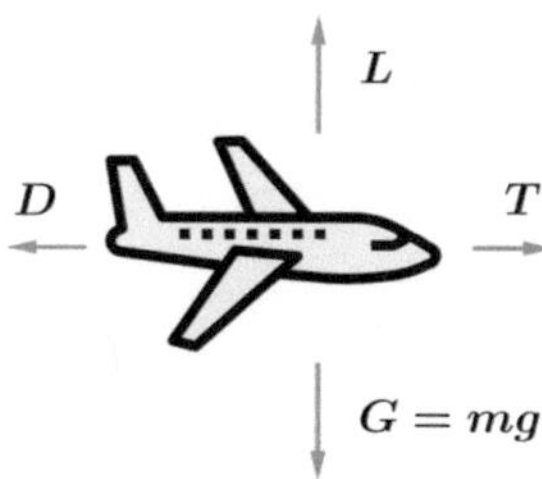


**Abb. 7.7** Kräfte beim geradlinigen Flug

Als *Flächenbelastung* (wing loading) bezeichnet man das Verhältnis

$$W_s = \frac{mg}{S}, \tag{7.20}$$

wobei $S$ die Fläche des Tragflügels ist.

Anstelle des bisherigen, am Tragflügel fixierten Koordinatensystems wählen wir den Koordinatenursprung in einem festen Raumpunkt. Damit wird $u_\infty$ zur Fluggeschwindigkeit.

### 7.3.1 Geradliniger Flug mit konstanter Geschwindigkeit

Beim geradlinigen Flug wirken die folgenden Kräfte (Abb. 7.7):

$T$ *Schubkraft* (thrust),
$D$ *Widerstand* (drag),
$L$ *Auftrieb* (lift),
$G = mg$ *Gewichtskraft* (weight).

Zur Aufrechterhaltung der Flughöhe sind Auftrieb und Gewichtskraft gleich, d. h.

$$L = mg \qquad \text{(geradliniger Flug auf konstanter Höhe.)} \tag{7.21}$$

Fliegt die Maschine zusätzlich mit konstanter Geschwindigkeit, so ist weiterhin

$$T = D. \tag{7.22}$$

**Minimale benötigte Leistung und maximale Flugdauer**
Bei kurzfristiger Wetterverschlechterung am Ankunftsort, technischen Problemen bei der Landung und in anderen Situationen kann es ratsam sein, ein Flugzeug länger in der Luft zu halten. Wir suchen die energiesparendste Fluggeschwindigkeit für den geradlinig gleichförmigen Flug, wobei wir den Massenverlust durch Treibstoffverbrennung vernachlässigen.

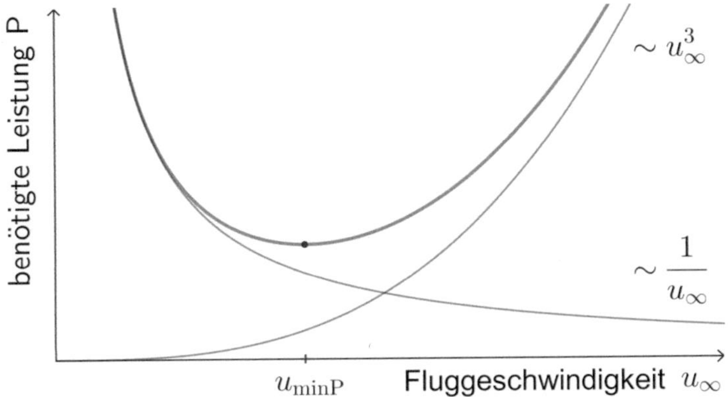


**Abb. 7.8** Leistung zur Aufrechterhaltung der Flughöhe in Abhängigkeit von der Geschwindigkeit

Der Treibstoffverbrauch ist am geringsten, wenn das Flugzeug die minimale Leistung zur Aufrechterhaltung seiner Flughöhe benötigt. Mit den Bezeichnungen

| | |
|---|---|
| $\Delta s$ | zurückgelegte Flugstrecke, |
| $\Delta t$ | benötigte Flugzeit, |
| $u_\infty = \Delta s / \Delta t$ | Fluggeschwindigkeit, |
| $W$ | zur Fortbewegung verrichtete Arbeit, |
| $P$ | aufgewendete Leistung |

gilt bei einer geradlinig gleichförmigen Bewegung

$$P = \frac{W}{\Delta t} = \frac{T\,\Delta s}{\Delta t} = T u_\infty$$

bzw. mit Gl. (7.22)

$$P = D u_\infty \,. \tag{7.23}$$

**Aufgabe 7.4** Beweisen Sie für den Widerstand beim geradlinig gleichförmigen Flug

$$D = \frac{1}{2}\varrho_\infty u_\infty^2\, S C_d + \frac{2\, m^2 g^2}{\varrho_\infty u_\infty^2\, S} \frac{1}{\pi e \mathit{Æ}}, \tag{7.24}$$

wobei $e$ den Oswald-Wirkungsgrad bezeichnet.

Ersetzen wir $D$ mit (7.24) in Gl. (7.23), so ergibt sich für die benötigte Leistung

$$P = \frac{1}{2}\varrho_\infty u_\infty^3\, S C_d + \frac{2\, m^2 g^2}{\varrho_\infty u_\infty S} \frac{1}{\pi e \mathit{Æ}} \,. \tag{7.25}$$

**Theorem 7.2** *Für den geradlinig gleichförmigen Flug wird die Leistung P bei der Geschwindigkeit*

$$u_{minP} = \left[ \frac{1}{3} \left( \frac{2W_s}{\varrho_\infty} \right)^2 \frac{1}{C_d \pi e Æ} \right]^{1/4} \tag{7.26}$$

*minimiert. Damit kann eine maximale Flugdauer erreicht werden.*

*Beweis* Aus Gl. (7.25) folgt

$$\begin{aligned} \frac{\mathrm{d}P}{\mathrm{d}u_\infty} &= \frac{3}{2} \varrho_\infty S C_d u_\infty^2 - \frac{2m^2 g^2}{\varrho_\infty S} \frac{1}{\pi e Æ} u_\infty^{-2}, \\ \frac{\mathrm{d}^2 P}{\mathrm{d}u_\infty^2} &= 3 \varrho_\infty S C_d u_\infty + \frac{4m^2 g^2}{\varrho_\infty S} \frac{1}{\pi e Æ} u_\infty^{-3} > 0 . \end{aligned}$$

Suchen wir das Minimum von $P$ mit der Bedingung $\mathrm{d}P/\mathrm{d}u_\infty = 0$, so erhalten wir unter Berücksichtigung von Gl. (7.20) die gesuchte Formel (7.26) (Abb. 7.8). □

**Minimale Widerstandsverluste und maximale Reichweite**

Der Widerstand $D$ sollte klein gehalten werden, da er die Schubkraft $T$ vermindert und nichts zum Auftrieb beiträgt. Wir suchen die Fluggeschwindigkeit zu seiner Minimierung.

**Aufgabe 7.5** Für den geradlinig gleichförmigen Flug ist die nachstehende Formel zur Berechnung des Widerstands aus den Beiwerten nachzuweisen.

$$D = mg \left( \frac{C_d}{C_L} + \frac{C_L}{\pi e Æ} \right) . \tag{7.27}$$

**Theorem 7.3** *Für den geradlinig gleichförmigen Flug wird der Widerstand D bei der Geschwindigkeit*

$$u_{minD} = \left[ \left( \frac{2W_s}{\varrho_\infty} \right)^2 \frac{1}{C_d \pi e Æ} \right]^{1/4} \tag{7.28}$$

*und dem Auftriebsbeiwert*

$$C_{L,minD} = \sqrt{C_d \pi e Æ} \tag{7.29}$$

*minimiert.*

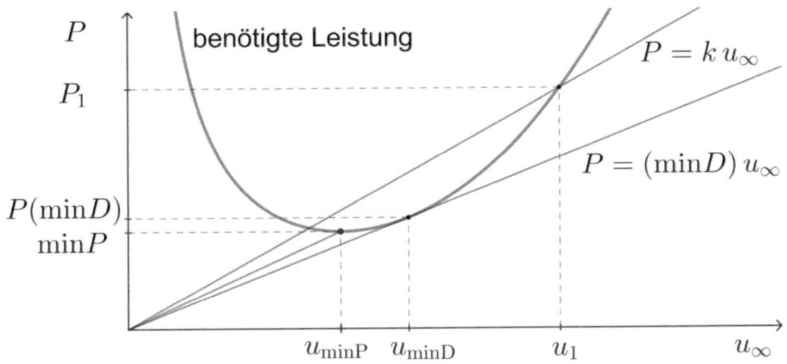


**Abb. 7.9** Die Fluggeschwindigkeit $u_{\mathrm{minD}}$ wird durch die Gerade mit dem kleinsten Anstieg bestimmt, welche den Koordinatenursprung mit einem Punkt der Leistungskurve verbindet

*Beweis* Aus Gl. (7.27) folgt

$$\frac{\mathrm{d}D}{\mathrm{d}C_L} = mg\left(-\frac{C_d}{C_L^2} + \frac{1}{\pi e Æ}\right), \qquad \frac{\mathrm{d}^2 D}{\mathrm{d}C_L^2} = mg\,\frac{2C_d}{C_L^3} > 0\,.$$

Suchen wir das Minimum von $D$ mit der Bedingung $\mathrm{d}D/\mathrm{d}C_L = 0$, so erhalten wir Gl. (7.29). Weiterhin ergibt sich durch Umformung von Gl. (6.16)

$$u_\infty = \left(\frac{L}{\frac{1}{2}\varrho_\infty S C_L}\right)^{1/2}.$$

Ersetzen wir $L$ mit Gl. (7.21) sowie $C_L$ mit Gl. (7.29), so folgt Gl. (7.28). □

Bei minimalen Widerstandsverlusten ist die Maschinenleistung optimal zur Fortbewegung nutzbar. Deshalb wird beim Flug mit $u_{\mathrm{minD}}$ die größte Reichweite (maximal range) erzielt. Ein Vergleich von Gl. (7.26) mit Gl. (7.28) ergibt:

$$u_{\mathrm{minP}} = \frac{1}{\sqrt[4]{3}}\, u_{\mathrm{minD}} \approx 0{,}76\, u_{\mathrm{minD}},$$

d. h., die Geschwindigkeit bei maximaler Flugdauer liegt bei 76 % seiner Geschwindigkeit für die maximale Reichweite.

Im Leistungs-Geschwindigkeits-Diagramm (Abb. 7.9) wird erläutert, wie sich $u_{\mathrm{minD}}$ graphisch auffinden lässt. Betrachten wir eine Gerade $P = k\, u_\infty$, welche die Leistungskurve (7.25) in einem gewissen Punkt $(u_1, P_1)$ schneidet. Wegen Gl. (7.23) ist $P_1 = D\, u_1$, d. h., die Fluggeschwindigkeit und benötigte Leistung sind über eine Gerade mit dem Anstieg $D$ verknüpft. Der kleinstmögliche Geradenanstieg ist somit der Minimalwert von $D$. Er wird angenommen, wenn die Gerade tangential zur Leistungskurve verläuft.

In unseren Rechnungen haben wir das Gewicht vereinfachend als konstant vorausgesetzt. Bei [4] wird der Massenverlust durch Treibstoffverbrennung berücksichtigt.

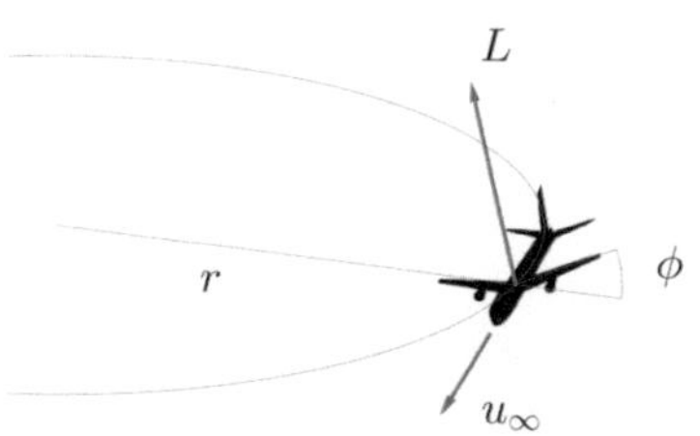


**Abb. 7.10** Querneigungswinkel, Auftrieb und Radius beim Wendemanöver

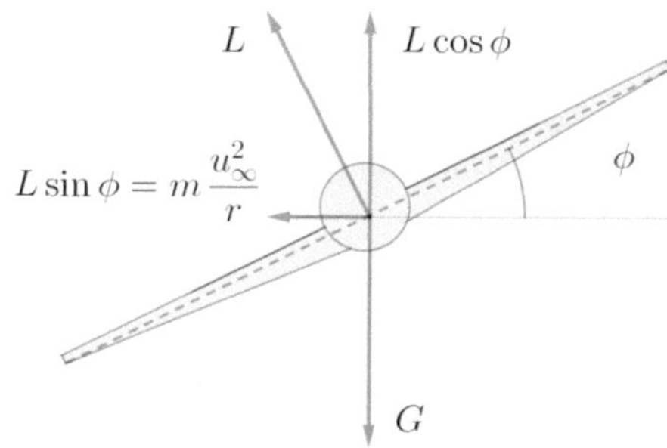


**Abb. 7.11** Frontalansicht mit Kräftebilanz

Damit lassen sich nicht nur Geschwindigkeiten, sondern auch die maximale Flugdauer bzw. größte Reichweite berechnen.

### 7.3.2 Berechnung des Wenderadius

Im Folgenden untersuchen wir die Manövrierfähigkeit, wobei ein Beispiel aus dem 2. Weltkrieg die Relevanz für militärische Zwecke unterstreicht (siehe [1]).

Um in der Horizontalebene einen Kreis zu fliegen, muss sich das Flugzeug gegenüber der Horizontalen neigen. Da die Auftriebskraft $L$ stets senkrecht zur Tragflächenebene erzeugt wird, kippt sie um denselben Winkel. Anschließend lässt sie sich in zwei Komponenten zerlegen, von denen die horizontale das Wendemanöver ermöglicht (Abb. 7.10 und 7.11).

> Unter dem *Querneigungswinkel* $\phi$ (bank angle) versteht man den Neigungswinkel der Traglinie gegenüber der Horizontalen.

> Der Radius $r$ des Wendekreises wird als *Wenderadius* bezeichnet.

**Abb. 7.12** Die beschlagnahmte Bf 109E-3 nach späterer Überführung in Wright Field, Ohio (USA). (Foto: USAAF)

Die Horizontalkomponente des Auftriebs liefert die Zentripetalkraft für die Kreisbewegung, also

$$L \sin \phi = m \frac{u_\infty^2}{r} . \tag{7.30}$$

Aus Gl. (6.16) folgt für den Auftrieb

$$L = \frac{1}{2} \varrho_\infty u_\infty^2 \, S C_l .$$

Hieraus erhalten wir mit Gl. (7.30) und der Flächenbelastung $W_s = mg/S$ die Formel für den Wenderadius:

$$r = \frac{2W_s}{\varrho_\infty g C_L \sin \phi} . \tag{7.31}$$

Neben einem größeren Auftriebsbeiwert $C_L$ trägt eine tiefere Flächenbelastung zur Wendigkeit bei. Mit zunehmender Flughöhe vergrößert sich der Radius, da die Luftdichte $\varrho$ abnimmt.

Das Neigungsmanöver reduziert den Auftrieb, der anstelle von $L$ nur noch von der Vertikalkomponente $L \cos \phi$ geliefert wird. Herrschte im geradlinigen Flug ein Kräftegleichgewicht $L = mg$, so entsteht mit dem Kippen der Tragflügel eine abwärtsgerichtete Kraft,

$$F = mg - L \cos \phi ,$$

und der Pilot muss die Maschine stabilisieren, um einen Höhenverlust zu verhindern. Gemäß Gl. (4.61) besteht die Möglichkeit zur Vergrößerung des Anstellwinkels, wobei ein kritischer Wert nicht überschritten werden darf (Abb. 6.11). Nach Gl. (6.53) ist außerdem zu berücksichtigen, dass mit wachsendem Auftrieb $C_L$ auch der induzierte Widerstand $C_{D_i}$ zunimmt. Der Motor benötigt eine entsprechende Leistung, um die Fluggeschwindigkeit zu halten.

**Beispiel 7.1** *Während der Luftschlacht um England zwischen 1940 und 1941 kamen von deutscher Seite die Jagdflugzeuge Messerschmitt Bf 109 E und Bf 110 zum Einsatz, denen die Briten veraltete Boulton-Paul Defiant, die robuste und sichere Hawker Hurricane sowie die vielversprechende Neuentwicklung Supermarine Spitfire entgegenwarfen. Während der vorangegangenen Kämpfe im Jahre 1939 war der französischen Armee eine intakte Bf 109E-3 in die Hände gefallen, die sie den Briten zur Auswertung übergaben. Zur Liste der interessierenden Punkte gehörte ein Vergleich ihrer Wendefähigkeit mit der Spitfire.*

**Abb. 7.13** Supermarine Spitfire K9795. Die elliptischen Tragflügel senken die Flächenbelastung $W_s$ im Vergleich zur Bf 109 um etwa ein Viertel. (Foto: RAF)

**Tab. 7.1** Vergleichsdaten von Messerschmitt Bf 109E-3 und Supermarine Spitfire nach [6]. Die Auswertung wurde in einer Höhe von 12.000 ft (3658 m) vorgenommen. Für $C_L$ wurden jeweils Werte am Maximum gewählt

| | $\phi$ (Grad) | $C_L$ | $u_\infty$ (km/h) | Radius $r$ (m) |
|---|---|---|---|---|
| Spitfire | 68 | 1,47 | 203 | 212 |
| Bf 109 | 62 | 1,60 | 190 | 270 |

*Tab.* 7.1 *enthält die aus den Messwerten errechneten Ergebnisse. Sie bestätigen, dass die Spitfire trotz ihres geringeren Auftriebsbeiwerts manövrierfähiger und schneller war. Zu diesen Vorteilen trugen die elliptischen Tragflügel bei (siehe* [1]*).*

## Literatur


1. Ackroyd J.A.D.: *The Aerodynamics of the Spitfire*. (2017) https://api.semanticscholar.org/CorpusID:199554973 Zugriff 3. Sept 2024
2. Fabian S.T., Zhou R., Lin H.-T.: *Dragondrop: a novel passive mechanism for aerial righting in the dragonfly.* Proc. R. Soc. (2021), B 288: 20202676.
3. Gordon J.E.: *Structures Or Why Things Don't Fall Down.* DeCapo Press. 2nd Edition (2003)
4. Marchman J.F.: *Aerodynamics and Aircraft Performance.* Virginia Tech (2022)
5. McNeill Alexander R.: *Principles of Animal Locomotion.* Princeton University Press, Princeton (2003)
6. Morgan M.B., Morris D.E.: *Messerschmitt Me 109. Handling and manoeuvrability tests.* ARC, R & M No. 2361 (1940)
7. Oertel H. jr., Ruck S.: *Bioströmungsmechanik.* Vieweg+Teubner, Wiesbaden (2012)

# 8 Einige Anwendungen aus der Hydrodynamik

In speziellen Fällen lassen sich die Navier-Stokes-Gleichungen durch Vernachlässigung unwesentlicher Bestandteile in eine lösbare Form bringen. Die vorgestellten Beispiele beleuchten eine Reihe bemerkenswerter Naturerscheinungen.

## 8.1 Schwerewellen

Die beeindruckenden Wellen auf offener See werden als *Schwerewellen* bezeichnet. Von allen Seiten umspülen sie das Ufer von Inseln, was bei ursprünglich geradlinig laufenden Wellenfronten keineswegs von selbst einleuchtend ist.

Beim Schwimmen unter kräftigem Seegang (und striktem Badeverbot) bemerkt man, dass die Teilchen in der Welle eine kreisförmige Bewegung ausführen. Die „Waschmaschine" versetzt Unerfahrene in Panik und ist regelmäßig für Badeunfälle verantwortlich. Geübte Schwimmer tauchen unmittelbar vor starken Wellen ab, da die Intensität der Drehbewegung in Richtung zum Grund abnimmt.

**Wirbelfreies Modell**

Unser Problem wird erschwert, weil nur der untere Gebietsrand fest vorgegeben ist. Der obere Rand, d. h. die Grenzschicht Wasser/Luft, ist nicht nur unbekannt, sondern sogar zeitlich veränderlich. Es entsteht ein zusätzlicher Freiheitsgrad. Man spricht von einem Problem mit *freier Oberfläche.* Wir suchen ein *instationäres Geschwindigkeitsfeld* **u**, das folgende Bedingungen von Airy erfüllt:



R. Spielmann, *Theoretische Strömungsmechanik*,
https://doi.org/10.1007/978-3-662-70549-0_8

A1 Die Dichte $\varrho$ ist konstant. Unser Fluid sei sowohl *inkompressibel* als auch *wirbelfrei*. Somit liegt ein Potentialfluss vor: $\mathbf{u} = \nabla\phi_1$.

A2 In ausreichender Entfernung vom Ufer bricht die Welle nicht. Beobachtungen bestätigen, dass ein Teilchen aus der freien Oberfläche für alle Zeiten dort verbleibt. Wir beschreiben den obere Rand des Strömungsgebiets durch Trajektorien (siehe Abb. 8.1 und 8.2):

$$z = \eta(x, t) \quad \text{mit } p = p_{\text{atm}} \text{ (atmosphärischer Luftdruck).} \tag{8.1}$$

In unserem Koordinatensystem zeigt $x$ in Ausbreitungsrichtung und $z$ nach oben. Die Gleichgewichtslage der freien Oberfläche befindet sich bei $z = 0$ und der Boden unter Wasser bei $z = -h$. Als Grundbaustein zur Modellierung dient das Konzept einer monochromatischen ebenen Welle. Hierbei bezeichnen $a$ die *Amplitude*, $T$ die *Periode*, $\lambda$ die *Wellenlänge* und $c$ die *Phasengeschwindigkeit*. Es ist

$$c = \frac{\lambda}{T}. \tag{8.2}$$

Damit ist

$$\mathbf{u} = \begin{pmatrix} u(x, z, t) \\ 0 \\ w(x, z, t) \end{pmatrix} = \begin{pmatrix} \frac{\partial\phi_1}{\partial x} \\ 0 \\ \frac{\partial\phi_1}{\partial z} \end{pmatrix}.$$

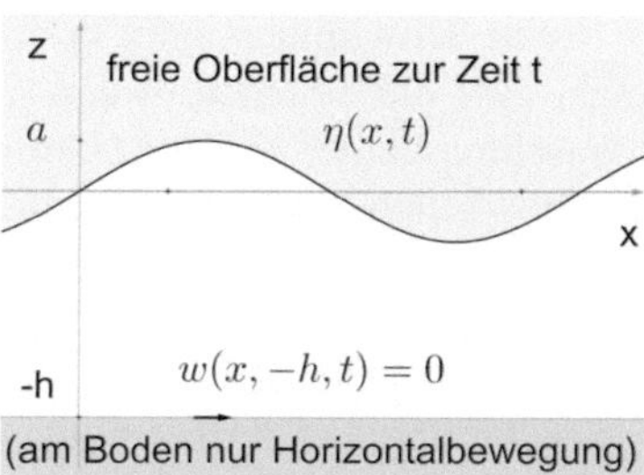


**Abb. 8.1** Randbedingungen

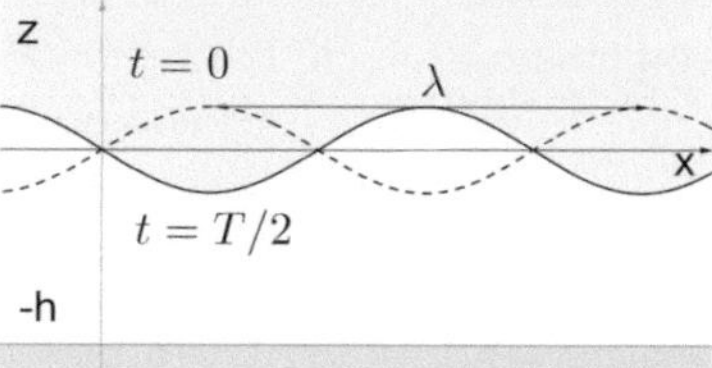


**Abb. 8.2** Veränderung der freien Oberfläche nach einer halben Periode

Aus der instationären Bernoulli-Gleichung (4.8) folgt für $\Phi = gz$ mit einer zeitabhängigen Konstanten $c(t)$:

$$\frac{\partial \phi_1}{\partial t} + \frac{p}{\varrho} + \frac{1}{2}(u^2 + w^2) + gz = c(t) \quad \text{im gesamten Strömungsgebiet.} \tag{8.3}$$

Die Konstante $c(t)$ lässt sich ins Potential verschieben, wenn wir mittels

$$\phi_1 = \phi - \frac{p_{\text{atm}}}{\varrho} t + \int_{t_0}^{t} c(\tau)\, \mathrm{d}\tau \tag{8.4}$$

zum Potential $\phi$ übergehen. Wegen $\nabla\phi_1 = \nabla\phi$, $\frac{\partial \phi_1}{\partial t} = \frac{\partial \phi}{\partial t} - \frac{p_{\text{atm}}}{\varrho} + c(t)$ folgt aus Gl. (8.3)

$$\frac{p}{\varrho} - \frac{p_{\text{atm}}}{\varrho} + \frac{\partial \phi}{\partial t} + \frac{1}{2}(u^2 + w^2) + gz = 0\,. \tag{8.5}$$

Als *dynamische Randbedingung* bezeichnet man den Spezialfall von Gl. (8.5) an der freien Oberfläche $z = \eta(x, t)$:

$$\frac{\partial \phi}{\partial t} + \frac{1}{2}(u^2 + w^2) + g\eta = 0\,. \tag{8.6}$$

Zur Herleitung wird $z = \eta$ und $p = p_{\text{atm}}$ gesetzt.

Durch Beobachtungen ist abgesichert, dass die Vertikalkomponente der Teilchengeschwindigkeit am Boden verschwindet. Folglich gilt:

$$w(x, -h, t) = \frac{\partial \phi}{\partial z}\Big|_{z=-h} = 0\,. \tag{8.7}$$

Als *kinematische Randbedingung* bezeichnet man

$$\frac{\partial \eta}{\partial t} + u\,\frac{\partial \eta}{\partial x} = w \quad \text{entlang einer Oberflächentrajektorie.} \tag{8.8}$$

**Aufgabe 8.1** Leiten Sie die kinematische Randbedingung her, indem Sie die Materialableitung der ersten Gleichung von (8.1) bilden.

Schließlich gilt wegen A1 und Gl. (8.4) die *Laplace-Gleichung*:

$$\Delta\phi = 0\,. \tag{8.9}$$

**Die Näherung der linearen Wellentheorie**
Da keine vollständige Lösung des Systems (8.6)–(8.9) bekannt ist, suchen wir eine Näherung. Über eine Skalierung gewinnt man die Erkenntnis, welche Terme dominieren und welche vernachlässigbar sind:

- Die Längenskala für die x-Richtung ist $\lambda$.
  Für Ozeanwellen ist $\lambda$ typisch in der Größenordnung von 100 m.
- Die Zeitskala ist $T$.
  Die typische Periode für Ozeanwellen liegt bei etwa 8 s.
- Die Skala der vertikalen Auslenkung an der Wasseroberfläche ist $a$. Damit gilt für die Amplitude $\eta = O(a)$.

Hieraus lassen sich die restlichen Funktionen mit ihren Skalen herleiten. Beispielsweise wird die Geschwindigkeitsskala durch die Vertikalbewegung auf der Oberfläche bestimmt und es ist $|v| = O(a/T)$. Für die dimensionslosen Größen $a/\lambda$ und $gT^2/\lambda$ wird Folgendes angenommen:

L1 Für $a \ll \lambda$ ist $a/\lambda \ll 1$. Terme der Ordnung $O(a/\lambda)$ werden vernachlässigt.
L2 Es sei $gT^2/\lambda = O(1)$, d. h., die Schwerkraft ist wesentlich.

Nun vereinfachen wir die kinematische Bedingung (8.8). Zunächst ist

$$\frac{\partial \eta}{\partial t} = O\Big(\frac{a}{T}\Big) \quad \text{und} \quad w = O\Big(\frac{a}{T}\Big).$$

Wegen

$$u\,\frac{\partial \eta}{\partial x} = O\Big(\frac{a}{T}\frac{a}{\lambda}\Big) = O\Big(\frac{a}{T}\Big)\,O\Big(\frac{a}{\lambda}\Big)$$

ist $u\,\frac{\partial \eta}{\partial x}$ gegenüber den Termen $\frac{\partial \eta}{\partial t}$ und $w$ vernachlässigbar. Aus Gl. (8.8) folgt

$$\frac{\partial \eta}{\partial t} = w\,. \tag{8.10}$$

Ebenso vereinfachen wir die dynamische Bedingung (8.6). Wegen $\frac{\partial \phi}{\partial x} = O\Big(\frac{a}{T}\Big)$ ist $\phi = O\Big(\frac{\lambda a}{T}\Big)$, also $\frac{\partial \phi}{\partial t} = O\Big(\frac{\lambda a}{T^2}\Big)$. Dagegen gilt

$$u^2 + w^2 = O\Big(\Big(\frac{a}{T}\Big)^2\Big) = O\Big(\frac{\lambda a}{T^2}\Big)\,O\Big(\frac{a}{\lambda}\Big)$$

und kann gegenüber $\partial\phi/\partial t$ vernachlässigt werden. Abschließend untersuchen wir den Term $g\eta$. Wegen $gT^2/\lambda = O(1)$ ist

$$g\eta = \frac{gT^2}{\lambda}\frac{\lambda\eta}{T^2} = O(1)\,O\Big(\frac{\lambda a}{T^2}\Big) = O\Big(\frac{\lambda a}{T^2}\Big),$$

d. h., $g\eta$ ist von derselben Ordnung wie $\partial\phi/\partial t$. Somit folgt aus Gl. (8.6):

$$\frac{\partial\phi}{\partial t} + g\eta = 0 \quad \text{an der freien Oberfläche } z = \eta(x, t)\,. \tag{8.11}$$

Auch das Problem (8.9), (8.7), (8.10), (8.11) ist zu kompliziert, da die Geschwindigkeiten und das Potential über der unbekannten freien Oberfläche gegeben sind. Zunächst vereinfachen wir Gl. (8.10). Aus dem Mittelwertsatz erhalten wir

$$w(x, \eta, t) = w(x, 0, t) + \left.\frac{\partial w}{\partial z}\right|_{z=\theta} \eta \qquad \text{für } \theta \in (0, \eta)\,. \tag{8.12}$$

Es ist $w(x, \eta, t) = O(a/T)$ und $w(x, 0, t) = O(a/T)$. Wegen

$$\frac{\partial w}{\partial z}\Big|_{z=\theta} = O\Big(\frac{a/T}{\lambda}\Big), \qquad \frac{\partial w}{\partial z}\Big|_{z=\theta} \eta \; = O\Big(\frac{a/T}{\lambda}a\Big) = O\Big(\frac{a}{T}\Big)\, O\Big(\frac{a}{\lambda}\Big)$$

lässt sich $\frac{\partial w}{\partial z}\big|_{z=\theta}\, \eta$ in Gl. (8.12) vernachlässigen. Gleichung (8.10) verkürzt sich zu

$$\frac{\partial\eta}{\partial t} = w(x, 0, t)\,. \tag{8.13}$$

Auf ähnliche Weise vereinfachen wir Gl. (8.11) zu

$$\frac{\partial\phi}{\partial t}\,\Big|_{z=0} + g\eta = 0\,. \tag{8.14}$$

**Lösung des linearisierten Systems**

Wir notieren das System (8.9), (8.7), (8.13), (8.14) nochmals, wobei wir $w(x, 0, t)$ in Gl. (8.13) durch $\frac{\partial\phi}{\partial z}\,|_{z=0}$ ersetzen:

$$\frac{\partial^2\phi}{\partial x^2} + \frac{\partial^2\phi}{\partial z^2} = 0 \qquad (-h \le z \le \eta)\,. \tag{8.15}$$

$$\frac{\partial\phi}{\partial z}\,\Big|_{z=-h} = 0\,. \tag{8.16}$$

$$\frac{\partial\eta}{\partial t} = \frac{\partial\phi}{\partial z}\,\Big|_{z=0}\,. \tag{8.17}$$

$$\frac{\partial\phi}{\partial t}\,\Big|_{z=0} = -g\eta\,. \tag{8.18}$$

Jetzt probieren wir den Ansatz

$$\phi(x, z, t) = A(z)\, \sin(\omega t - kx + \phi_0)\,, \tag{8.19}$$

welcher den Anteil mit $x$, $t$ als monochromatische, ebene Welle modelliert. Hierbei bezeichnen

$$\omega = \frac{2\pi}{T} \quad \text{die Kreisfrequenz,} \tag{8.20}$$

$$k = \frac{2\pi}{\lambda} \quad \text{die Wellenzahl.} \tag{8.21}$$

Mit Gl. (8.19) erhalten wir aus Gl. (8.15):

$$(-k^2 A(z) + A''(z)) \sin(\omega t - kx + \phi_0) = 0\,.$$

Dann ist $-k^2 A(z) + A''(z) = 0$ und folglich

$$A(z) = C_1 \cosh(kz + C_2)\,. \tag{8.22}$$

Wir bestimmen die Konstanten $C_1$, $C_2$ und $\phi_0$.

**Aufgabe 8.2** Berechnen Sie mit Gl. (8.16) den Wert

$$C_2 = kh\,. \tag{8.23}$$

Nach Einsetzen in Gl. (8.22) erhalten wir als Lösung von Gl. (8.15) und (8.16):

$$\phi(x, z, t) = C_1 \cosh(k(z + h)) \sin(\omega t - kx + \phi_0)\,. \tag{8.24}$$

Jetzt werden die Gl. (8.17) und (8.18) ausgewertet. Aus Gl. (8.18) folgt

$$\eta = -\frac{1}{g}\frac{\partial\phi}{\partial t}\,|_{z=0} = -\frac{\omega}{g} C_1 \cosh(kh)\, \cos(\omega t - kx + \phi_0)\,, \tag{8.25}$$

$$\frac{\partial\eta}{\partial t} = \frac{\omega^2}{g} C_1 \cosh(kh)\, \sin(\omega t - kx + \phi_0)\,. \tag{8.26}$$

Die Ableitung des Potentials (8.24) ergibt

$$\frac{\partial\phi}{\partial z}\,|_{z=0} = k\, C_1 \sinh(kh)\, \sin(\omega t - kx + \phi_0)\,. \tag{8.27}$$

Aus Gl. (8.17) folgt nach Einsetzen von Gl. (8.26) und (8.27)

$$\frac{\omega^2}{g} C_1 \cosh(kh)\, \sin(\omega t - kx + \phi_0) = k\, C_1 \sinh(kh)\, \sin(\omega t - kx + \phi_0)$$

und damit die *Dispersionsgleichung*

$$\omega^2 = gk\tanh(kh)\,. \tag{8.28}$$

Wählen wir die Konstanten

$$\phi_0 = -\frac{\pi}{2}, \qquad C_1 = \frac{ag}{\omega\cosh(kh)}, \tag{8.29}$$

so erhalten wir aus Gl. (8.25)

$$\eta = a\sin(kx - \omega t)\,.$$

Damit haben wir die Gleichung der monochromatischen, ebenen Welle zur Beschreibung der freien Oberfläche gefunden. Setzen wir die Gl. (8.22), (8.23) und (8.29) in (8.19) ein, so folgt für das Potential:

$$\begin{aligned}\phi(x,z,t) &= \frac{ag}{\omega\cosh(kh)}\cosh(k(z+h))\,\sin\left(\omega t - kx - \frac{\pi}{2}\right)\\ &= \frac{ag}{\omega}\frac{\cosh(k(z+h))}{\cosh(kh)}\cos(\omega t - kx)\,.\end{aligned} \tag{8.30}$$

**Aufgabe 8.3** Leiten Sie folgende Beziehung für die Phasengeschwindigkeit her:

$$c = \frac{1}{k}\sqrt{gk\tanh(hk)}\,. \tag{8.31}$$

Zur Veranschaulichung untersuchen wir die Näherungen für tiefes und flaches Wasser. Im tiefen Wasser ($h \to \infty$) folgt wegen $\lim_{h\to\infty}\tanh(hk) = 1$

$$c_{\text{tief}} = \sqrt{\frac{g}{k}} = \sqrt{\frac{g\lambda}{2\pi}}\,. \tag{8.32}$$

Im Flachwasser ($h \to 0$) erhalten wir wegen $\lim_{h\to 0}\tanh(hk) = hk$

$$c_{\text{flach}} = \frac{k\sqrt{gh}}{k} = \sqrt{gh}\,. \tag{8.33}$$

Die Ausbreitungsgeschwindigkeit nimmt mit geringerer Tiefe ab, was erklärt, warum Wellen in flachem Wasser gebeugt werden und als Konsequenz immer zum Ufer laufen (Abb. 8.3).

Weiterhin lässt sich die Teilchengeschwindigkeit aus dem Potential berechnen. Zunächst ist

$$\frac{\cosh(k(z+h))}{\cosh(kh)} = \frac{\mathrm{e}^{k(z+h)} + \mathrm{e}^{-k(z+h)}}{\mathrm{e}^{kh} + \mathrm{e}^{-kh}} = \mathrm{e}^{kz}\frac{1 + \mathrm{e}^{-2k(z+h)}}{1 + \mathrm{e}^{-2kh}}\,.$$

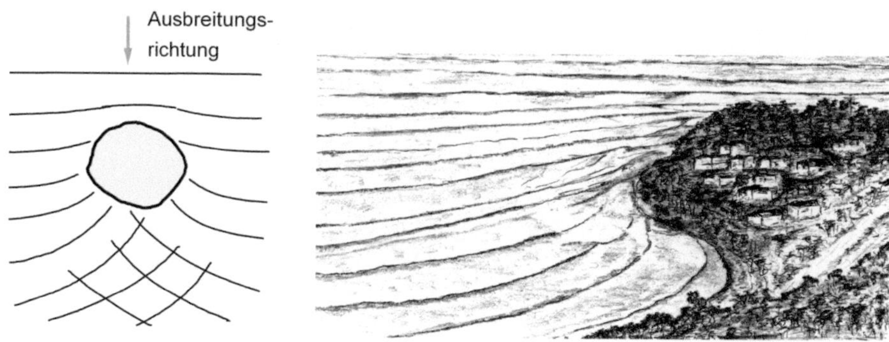


**Abb. 8.3** **a** Wellenfronten, die sich auf eine Insel zubewegen. Sobald die Welle das Flachwasser erreicht, verlangsamt sie sich, wodurch sie gebeugt wird und die Insel auch an ihrer Rückseite umspült. **b** Rincon (Kalifornien)

Im tiefen Wasser ($h \to \infty$) erhalten wir für das Potential (8.30):

$$\begin{aligned}
\lim_{h\to\infty} \phi &= \frac{ag}{\omega}\cos(\omega t - kx) \lim_{h\to\infty} \frac{\cosh(k(z+h))}{\cosh(kh)} \\
&= \frac{ag}{\omega}\cos(\omega t - kx)\, \mathrm{e}^{kz} \\
&= \frac{a\omega}{k}\cos(\omega t - kx)\, \mathrm{e}^{kz} \qquad \text{mit der Dispersionsgleichung } \omega = \frac{gk}{\omega}\,.
\end{aligned}$$

Damit ergibt sich für die Horizontal- und Vertikalkomponente der Teilchengeschwindigkeit

$$\mathbf{u} = \begin{pmatrix} u \\ 0 \\ w \end{pmatrix} = \begin{pmatrix} \frac{\partial\phi}{\partial x} \\ 0 \\ \frac{\partial\phi}{\partial z} \end{pmatrix} = \begin{pmatrix} a\omega \mathrm{e}^{kz}\sin(\omega t - kx) \\ 0 \\ a\omega \mathrm{e}^{kz}\cos(\omega t - kx) \end{pmatrix}.$$

Die Teilchen führen eine Kreisbewegung aus, deren Amplitude exponentiell abnimmt (Abb. 8.4), d. h., in zunehmender Tiefe wird das Meer ruhiger. Auf dem Wellenkamm verläuft die Orbitalbewegung in Ausbreitungsrichtung, während sie im Wellental entgegengesetzt ist. Im Ozean kann die Erscheinung bei ahnungslosen Badetouristen für unangenehme Überraschungen sorgen. Bei entsprechendem Seegang wird ein Schwimmer durch die Wucht der Drehbewegung regelrecht herumgewirbelt, was schnell zur Panik führt und oftmals mit dem Ertrinken endet.

An der Uferbrandung ist die obere Zirkulärbewegung größer als im Wellental. Die Welle überschlägt sich. Damit ist ein stärkerer Massentransport verbunden.

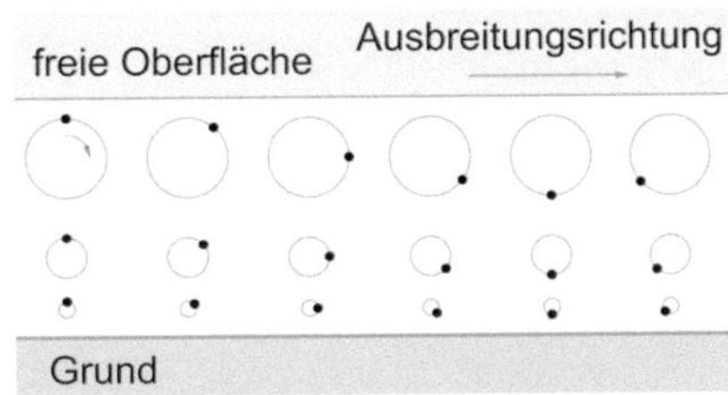


**Abb. 8.4** Teilchen führen eine Orbitalbewegung aus, sodass sich das Wasser am Wellenkamm in Richtung der Ausbreitungsgeschwindigkeit bewegt, im Wellental entgegengesetzt. Mit zunehmender Tiefe werden die Orbitale exponentiell kleiner. Deshalb wird man beim Tauchen einer geringeren Drehbewegung ausgesetzt

## 8.2 Strömungen in salinen Gewässern

Während des 2. Weltkriegs gelangten mehrere deutsche U-Boote aus dem Atlantik durch die enge, von den Briten sorgfältig bewachte Straße von Gibraltar ins Mittelmeer. Der riskante Tauchgang wurde durch eine Unterwasserströmung begünstigt, die eine Schleichfahrt mit minimaler Maschinenleistung erlaubte. Wir zeigen, dass derartige Strömungen typisch für Passagen zwischen Gewässern mit unterschiedlicher Salzkonzentration sind.

Mit steigendem Salzgehalt erhöht sich die Dichte von Meerwasser. Wie sich herausstellt, entstehen dadurch Strömungen, die an der Oberfläche zur salzhaltigeren und in der Tiefe zur salzärmeren Region verlaufen. Im Folgenden wird vorausgesetzt, dass Druck- und Temperaturverhältnisse in verschiedenen Gewässerteilen identisch sind, sodass die Dichte nur vom Salzgehalt bestimmt wird.

Auf einer geschlossenen, mit der Strömung bewegten Kurve $C$ in der yz-Ebene (Abb. 8.5) betrachten wir die Teilchenbeschleunigung $\mathbf{a} = \mathrm{d}\mathbf{u}/\mathrm{d}t$ sowie

$$\mathbf{B} = \operatorname{rot} \mathbf{a} \, .$$

Bezeichnet $\Sigma$ die von $C$ umschlossene Fläche, so folgt aus dem Satz von Stokes (Theorem 1.2)

$$\oint_C \mathbf{a} \, \mathrm{d}\mathbf{x} = \int_\Sigma (\operatorname{rot} \mathbf{a}) \cdot \mathbf{n} \, \mathrm{d}\Sigma = \int_\Sigma \mathbf{B} \cdot \mathbf{n} \, \mathrm{d}\Sigma \, .$$

Wir weisen nach, dass dieses Integral einen positiven Wert hat. Für ein reibungsfreies Fluid in einem konservativen Kraftfeld mit Kraftdichte $\mathbf{f} = \nabla\omega$ gilt wegen Gl. (2.4) und (3.30)

$$\mathbf{a} = -\frac{1}{\varrho} \nabla p - \nabla \omega \, .$$

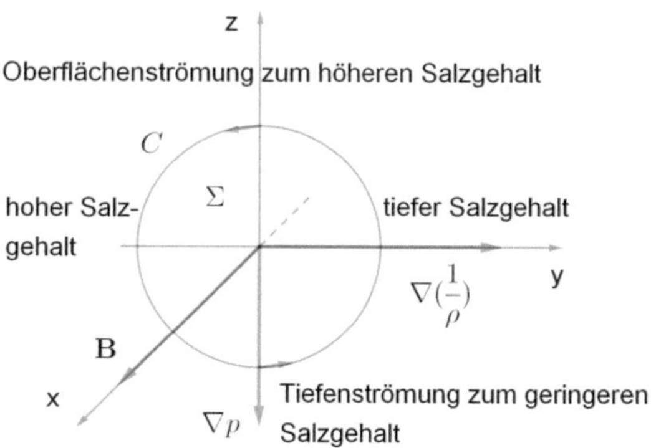


**Abb. 8.5** Zwischen Gewässerteilen unterschiedlicher Salinität bilden sich Strömungen in verschiedene Richtungen aus

Hierbei ist $\omega$ die Potentialdichte, siehe Abschn. 1.3. Nach Anwendung des Rotationsoperators erhält man

$$\begin{aligned}\mathbf{B} &= -\mathrm{rot}\Big(\frac{1}{\varrho}\nabla p\Big) \qquad \text{wegen (1.18)},\\ &= \nabla p \times \nabla\Big(\frac{1}{\varrho}\Big) \qquad \text{wegen (1.12)}.\end{aligned}$$

Die Orientierung von $\mathbf{B}$ ergibt sich aus den Gradienten von $p$ und $1/\varrho$:

- Der Druck steigt zum Meeresgrund, also ist $\nabla p = c_1 \begin{pmatrix} 0 \\ 0 \\ -1 \end{pmatrix}$ mit $c_1 > 0$.
- Die Dichte nimmt in Richtung zum salzärmeren Gewässer ab. Entsprechend Abb. 8.5 ist

$$\nabla\Big(\frac{1}{\varrho}\Big) = c_2 \begin{pmatrix} 0 \\ 1 \\ 0 \end{pmatrix} \qquad \text{mit } c_2 > 0.$$

Damit erhalten wir

$$\mathbf{B} = \nabla p \times \nabla\left(\frac{1}{\varrho}\right) = c_1 c_2 \begin{pmatrix} 1 \\ 0 \\ 0 \end{pmatrix}.$$

Wird $C$ im mathematisch positiven Sinn durchlaufen, dann ist die Flächennormale $\mathbf{n}$ wie $\mathbf{B}$ gerichtet. Aus $\mathbf{B} \cdot \mathbf{n} = c_1 c_2 > 0$ folgt

$$\oint_C \mathbf{a}\,\mathrm{d}\mathbf{r} = \int_\Sigma \mathbf{B} \cdot \mathbf{n}\,\mathrm{d}\Sigma > 0\,.$$

Wegen $\mathbf{a} \cdot \mathrm{d}\mathbf{r} > 0$ ist der Beschleunigungsvektor $\mathbf{a} = \mathrm{d}\mathbf{u}/\mathrm{d}t$ ebenfalls im Umlaufsinn von $C$ orientiert. Es ergeben sich Strömungsverhältnisse wie in Abb. 8.5.

Unterschiedliche Salzkonzentrationen findet man zwischen Atlantik (A) und Mittelmeer (M) an der Straße von Gibraltar ($\varrho_{\mathrm{A}} > \varrho_{\mathrm{M}}$) sowie zwischen Mittelmeer (M) und Schwarzem Meer (S) am Bosporus ($\varrho_{\mathrm{M}} > \varrho_{\mathrm{S}}$). Innerhalb der Ostsee weist die Salzkonzentration ebenfalls beträchtliche Unterschiede auf, da ihre abgelegenen, nordöstlichen Buchten durch Süßwasserzuflüsse gespeist werden. In der Realität wird der Wert unseres Modells geschmälert, da unterschiedliche Windrichtungen und Gezeiten ebenfalls einbezogen werden müssen. So sind die beiden Strömungen am Bosporus deutlicher ausgeprägt, während sie an der Straße von Gibraltar teilweise durch andere Einflüsse überlagert werden (siehe [1,2]).

**Aufgabe 8.4**

(a) Zeigen Sie für eine geschlossene, mit der Strömung bewegte Kurve $C$ in der yz-Ebene

$$\oint_C \mathbf{u}\,\mathrm{d}\mathbf{u} = 0\,.$$

(b) Weisen Sie nach, dass sich die Änderungsrate der Zirkulation über die Teilchenbeschleunigung $\mathbf{a} = \mathrm{d}\mathbf{u}/\mathrm{d}t$ darstellen lässt:

$$\frac{\mathrm{d}\Gamma}{\mathrm{d}t} = \oint_C \mathbf{a}\,\mathrm{d}\mathbf{x}\,.$$

## 8.3 Das Gesetz von Hagen-Poiseuille

Die folgende Gesetzmäßigkeit erklärt, warum das vegetative Nervensystem eine effiziente Blutdruckregulierung ermöglicht. Weiter wird deutlich, wie drastisch sich krankhafte Gefäßverengungen auswirken.

Wir betrachten den unbeschleunigten Fluss durch einen senkrecht stehenden, kreisförmigen Zylinder ohne Einwirkung der Schwerkraft. Die Berechnungen basieren auf Formeln in Zylinderkoordinaten, die im Anhang A.6 hergeleitet werden.

Als *Volumenstrom* $\mathrm{d}V/\mathrm{d}t$ eines Flusses durch einen vorgegebenen Querschnitt bezeichnet man das Volumen des Fluids, das pro Zeiteinheit durch die Querschnittsfläche fließt.

**Theorem 8.1 (Hagen-Poiseuille)** *Sei $\mathrm{d}V/\mathrm{d}t$ der Volumenstrom eines Gases bzw. einer Flüssigkeit innerhalb eines längeren Rohrs. Dann gilt in einem kurzen Rohrabschnitt*

$$\frac{\mathrm{d}V}{\mathrm{d}t} = -\frac{\pi a^4}{8\mu}\frac{\partial p}{\partial z}\,.$$

*Dabei bezeichnet $a$ den Radius des Rohrs, $\partial p/\partial z$ ist der Druckabfall in Fließrichtung und $\mu = \varrho\nu$ ist die dynamische Viskosität.*

*Beweis* Wir benutzen die Navier-Stokes-Gleichungen in Zylinderkoordinaten aus Anhang A.6. Die Strömung fließt parallel zur Rohrachse, wobei ihre Geschwindigkeit in einem Punkt nur vom Abstand zur Achse abhängt. Modellieren wir sie mit dem Ansatz

$$\mathbf{u} = \begin{pmatrix} u_r(r,\theta,z) \\ u_\theta(r,\theta,z) \\ u_z(r,\theta,z) \end{pmatrix} = \begin{pmatrix} 0 \\ 0 \\ u_z(r) \end{pmatrix}, \tag{8.34}$$

so bleibt von den Gl. (A.45), (A.46), (A.47) nur Gl. (A.47) bestehen und wir bekommen

$$\frac{Du_z}{Dt} + \frac{1}{\varrho}\frac{\partial p}{\partial z} = \nu \Delta u_z \tag{8.35}$$

mit

$$\begin{aligned} \frac{Du_z}{Dt} &= \frac{\partial u_z}{\partial t} + u_r \frac{\partial u_z}{\partial r} + \frac{u_\theta}{r}\frac{\partial u_z}{\partial \theta} + u_z \frac{\partial u_z}{\partial z}, \quad &&\text{siehe } (A.44)\,, \\ \Delta u_z &= \frac{\partial^2 u_z}{\partial r^2} + \frac{1}{r}\frac{\partial \phi}{\partial r} + \frac{1}{r^2}\frac{\partial^2 u_z}{\partial \theta^2} + \frac{\partial^2 u_z}{\partial z^2}, \quad &&\text{siehe } (A.40)\,. \end{aligned}$$

Mit dem Ansatz (8.34) werden

$$\begin{aligned} \frac{Du_z}{Dt} &= 0\,, \\ \Delta u_z &= \frac{\partial^2 u_z}{\partial r^2} + \frac{1}{r}\frac{\partial u_z}{\partial r} = \frac{1}{r}\frac{\partial}{\partial r}\left(r \frac{\partial u_z}{\partial r}\right). \end{aligned}$$

Ersetzen wir $\nu = \mu/\varrho$, so vereinfacht sich Gl. (8.35) nach Umstellung zu

$$\frac{r}{\mu}\frac{\partial p}{\partial z} = \frac{\partial}{\partial r}\left(r\frac{\partial u_z}{\partial r}\right).$$

Mit zweifacher Integration (Integrationskonstanten $A, B$) folgt

$$\begin{aligned} \frac{r^2}{2\mu}\frac{\partial p}{\partial z} + A &= r\frac{\partial u_z}{\partial r} \quad &&\text{nach der ersten Integration,} \\ \frac{r}{2\mu}\frac{\partial p}{\partial z} + \frac{A}{r} &= \frac{\partial u_z}{\partial r} \quad &&\text{nach Umstellung,} \\ \frac{r^2}{4\mu}\frac{\partial p}{\partial z} + A\ln r + B &= u_z \quad &&\text{nach erneuter Integration.} \end{aligned}$$

Wegen $\lim_{r\to 0} u_z(r) = 0$ und $\lim_{r\to\infty} \ln r = -\infty$ ist $A = 0$. Damit ergibt sich

$$u_z = \frac{r^2}{4\mu}\frac{\partial p}{\partial z} + B\,.$$

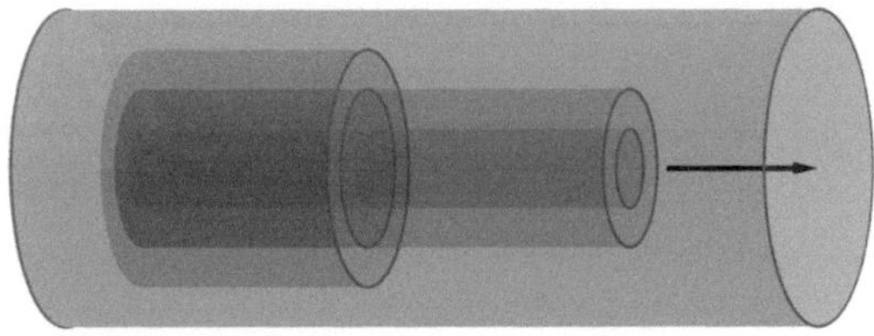

**Abb. 8.6** Die durchfließende Menge hängt vom Radius der betrachteten Schicht ab

Aus der Randbedingung $u_z(a) = 0$ erhalten wir $B = -\frac{a^2}{4\mu}\frac{\partial p}{\partial z}$. Also ist

$$u_z = \frac{r^2 - a^2}{4\mu}\frac{\partial p}{\partial z}.$$

In der Mitte ($r = 0$) wird die Höchstgeschwindigkeit erreicht: $u_{z,\max} = -\frac{a^2}{4\mu}\frac{\partial p}{\partial z}$.

Für den Durchfluss werden die Volumina ineinandersteckender Hohlzylinder der Dicke $\mathrm{d}r$ aufsummiert, deren Höhe nach innen zunimmt (Abb. 8.6). Damit ist

$$\begin{aligned}
\mathrm{d}V &= \int_0^a \underbrace{2\pi r\,\mathrm{d}r}_{\text{Kreisringfläche}} \cdot \underbrace{u_z\,\mathrm{d}t}_{\text{Höhe}}, \\
\mathrm{d}V &= \frac{\pi\,\mathrm{d}t}{2\mu}\frac{\partial p}{\partial z}\int_0^a (r^3 - a^2 r)\,\mathrm{d}r = -\frac{\pi\,\mathrm{d}t}{2\mu}\frac{\partial p}{\partial z}\frac{a^4}{4}, \\
\frac{\mathrm{d}V}{\mathrm{d}t} &= -\frac{\pi a^4}{8\mu}\frac{\partial p}{\partial z}.
\end{aligned}$$

□

In Anwendungen betrachtet man Rohre, bei denen entlang der Rohrlänge $l$ ein Druckabfall $\Delta p$ auftritt. Hier ist $\frac{\partial p}{\partial z} = \frac{\Delta p}{l}$ und somit

$$\frac{\mathrm{d}V}{\mathrm{d}t} = -\frac{\pi a^4 \Delta p}{8\mu l}. \qquad (8.36)$$

Das Gesetz lässt sich auf die Gefäße im Blutkreislauf und der Lunge anwenden.

**Aufgabe 8.5** Bei gleichbleibenden Druckverhältnissen soll der Radius um 20 % verringert werden. Zeigen Sie, dass sich der Volumenstrom um 60 % verringert.

Das vegetative Nervensystem reguliert die Blutversorgung, indem es gleichzeitig eine Veränderung der Pumpleistung des Herzmuskels und die Kontraktion bzw. Dehnung der Blutgefäße veranlasst. Letztere sind größtenteils von einer dünnen Schicht glatter Muskulatur umgeben. Nach Gl. (8.36) sorgt die Abhängigkeit in der 4. Potenz dafür, dass minimale Variationen des Radius den Volumenstrom stark verändern.

Damit lässt sich der Gefäßdurchfluss selbst mit einer schwächeren Muskulatur regulieren und das Gesetz von Hagen-Poiseuille erklärt die Effizienz, mit welcher das vegetative Nervensystem eine angepasste Blutzirkulation ermöglicht. Zugleich wird deutlich, welche Gefahr bei krankhafter Gefäßverengung droht.

## Literatur

1. Gonzalez C.J., Reyes E., Alvarez O., Izquierdo A., Bruno M., Mananes R.: *Surface currents and transport processes in the Strait of Gibraltar: Implications for modeling and management of pollutant spills*. Ocean & Coastal Management, Vol. 179 (2019)
2. Gregg, M.C., Özsoy E.: *Flow, water mass changes, and hydraulics in the Bosphorus*. J. Geophys. Res., 107(C3), (2002).
3. Milne-Thomson L.M.: *Theoretical Hydrodynamics*. Dover Publications, New York (1968)
4. Oertel H. Jr., Ruck S.: *Bioströmungsmechanik*. Vieweg+Teubner, Wiesbaden (2012)
5. Trautwein A.X., Kreibig U., Hüttermann J.: *Physik für Mediziner, Biologen, Pharmazeuten*. De Gruyter Studium, Berlin (2014)

# Publisher Erratum zu: Theoretische Strömungsmechanik

**Publisher Erratum zu: R. Spielmann,**
***Theoretische Strömungsmechanik,***
**https://doi.org/10.1007/978-3-662-70549-0**

Das Buch wurde versehentlich vor Ausführung aller Korrekturen veröffentlicht. Es wurde deshalb nachträglich aktualisiert. Grundlegende Inhalte waren nicht betroffen.

---

Die aktualisierte Version dieses Buchs finden Sie unter https://doi.org/10.1007/978-3-662-70549-0



R. Spielmann, *Theoretische Strömungsmechanik*,
https://doi.org/10.1007/978-3-662-70549-0_9

# Formeln und Tabellen

A

## A.1 Ordnung einer Funktion

Die Funktion $f$ ist

- auf der Menge $E$ von *derselben Ordnung* wie die Funktion $g$ (Symbolschreibweise $f = O(g)$ auf $E$).
  falls für eine Konstante $C$ gilt:

$$|f(x)| \leq C\,|g(x)| \qquad \text{für } x \in E\,.$$

- für $x \to a$ von *derselben Ordnung* wie die Funktion $g$ (Symbolschreibweise $f = O(g)$ für $x \to a$),
  falls in einer gewissen Umgebung $U(a)$ gilt:

$$f(x) = O(g(x)) \qquad \text{für } x \in U(a),\ x \neq a\,.$$

Insbesondere bedeutet $f(x) = O(1)$ auf $E$, dass $f$ auf $E$ beschränkt ist.
Die Symbolschreibweise

$$f(x) = g(x) + O(h(x)) \qquad \text{für } x \to a$$

bedeutet $f(x) - g(x) = O(h(x))$ für $x \to a$.


R. Spielmann, *Theoretische Strömungsmechanik*,
https://doi.org/10.1007/978-3-662-70549-0

## A.2 Rotationen und isotrope Tensoren

Zunächst wiederholen wir die Indexregeln für Matrizenmultiplikation. Das Produkt der Matrizen $A = (a_{ij})$ und $B = (b_{jk})$ wird berechnet mittels

$$AB = (a_{ij} b_{jk}) \quad \text{(Summation über innere Indizes).} \tag{A.1}$$

Entsprechend folgt für die Transponierten $A^T = (a_{ji})$, $B^T = (b_{kj})$

$$A^T B = (a_{ji} b_{jk}) \quad \text{(Summation über erste Indizes),} \tag{A.2}$$

$$AB^T = (a_{ij} b_{kj}) \quad \text{(Summation über zweite Indizes).} \tag{A.3}$$

Als *spezielle orthogonale Matrix* bezeichnet man eine quadratische Matrix mit positiver Determinante, welche die folgenden Gleichungen erfüllt:

$$L^T L = L L^T = I \tag{A.4}$$

$$\text{bzw.} \quad l_{ki} l_{kj} = l_{ik} l_{jk} = \delta_{ij}\,.$$

Derartige Matrizen beschreiben Rotationen des Koordinatensystems, indem sie für jeden Raumpunkt die Berechnung der neuen Koordinaten $(\bar{x}_i)$ aus den alten Koordinaten $(x_i)$ ermöglichen:

$$\bar{x}_j = l_{ij} x_i \qquad \text{(Summation über den vorderen Index).} \tag{A.5}$$

**Aufgabe A.1** Beweisen Sie die Umkehrformel zu (A.5):

$$x_i = l_{ij} \bar{x}_j \qquad \text{(Summation über den hinteren Index).} \tag{A.6}$$

Ein *Tensor* A der Stufe $n$ ist ein Objekt mit $3^n$ Komponenten $a_{i_1 \ldots i_n}$, die sich bei Rotation in ein neues Koordinatensystem wie folgt umrechnen lassen:

$$\bar{a}_{j_1 \ldots j_n} = l_{i_1 j_1} \ldots l_{i_n j_n} a_{i_1 \ldots i_n} \qquad \text{(Summation über vordere Indizes).}$$

Tensoren der 0. Stufe werden als Skalare bezeichnet. Tensoren der 1. Stufe können als dreidimensionale Vektoren und Tensoren der 2. Stufe als $3 \times 3$-Matrizen dargestellt werden.

Ein Tensor $\mathsf{A}$ heißt *isotrop*, falls seine Koordinaten bei einer Rotation unverändert bleiben.

Insbesondere lauten die *Isotropiebedingungen*:

$$l_{ip}l_{jq}\,a_{ij} = a_{pq} \quad \text{für zweistufige Tensoren } \mathsf{A} = (a_{ij})\,, \tag{A.7}$$
$$l_{ip}l_{jq}l_{kr}l_{ms}\,a_{ijkm} = a_{pqrs} \quad \text{für vierstufige Tensoren } \mathsf{A} = (a_{ijkm})\,. \tag{A.8}$$

**Aufgabe A.2** Weisen Sie nach, dass der zweistufige Einheitstensor $\mathsf{I} = (\delta_{ij})$ isotrop ist.

**Lemma A.1** *Ein zweistufiger isotroper Tensor* $\mathsf{A} = (a_{ij})$ *ist bis auf eine Konstante* $a$ *durch den Einheitstensor bestimmt:*

$$a_{ij} = a\delta_{ij}\,.$$

*Beweis* Für eine Rotation $\mathsf{L} = (l_{mn})$ um den Winkel $\theta$ bezeichne

$$\mathsf{L}' = (l'_{mn}) = \left(\frac{\mathrm{d}l_{mn}}{\mathrm{d}\theta}\right)$$

den Tensor mit den Komponenten, die durch Ableitung nach $\theta$ entstanden sind. Aus Gl. (A.7) folgt

$$\begin{aligned} l_{ip}l_{jq}a_{ij} &= a_{pq}\,,\\ (l_{ip}l_{jq}a_{ij})' &= 0\,,\\ l'_{ip}l_{jq}a_{ij} + l_{ip}l'_{jq}a_{ij} &= 0\,. \end{aligned}$$

Wir werten die Gleichung an der Stelle $\theta = 0$ aus. Die Drehung um den Winkel 0 entspricht der Identität $(l_{mn}) = (\delta_{mn})$, und die letzte Gleichung vereinfacht sich zu

$$\begin{aligned} \left[l'_{ip}a_{iq} + a_{pj}l'_{jq}\right]_{\theta=0} &= 0\,,\\ \left[(\mathsf{L}')^T\mathsf{A} + \mathsf{A}\mathsf{L}'\right]_{\theta=0} &= 0\,, \end{aligned} \tag{A.9}$$

wobei im Übergang zur letzten Zeile die Umformungen (A.1) und (A.2) benutzt wurden. Im Weiteren untersuchen wir die Rotationen um die Koordinatenachsen. Für eine Drehung um die z-Achse benötigen wir die Matrix

$$\mathsf{L}_z = \begin{bmatrix} \cos\theta & \sin\theta & 0\\ -\sin\theta & \cos\theta & 0\\ 0 & 0 & 1 \end{bmatrix} \quad \text{mit der Ableitung} \quad \mathsf{L}'_z = \begin{bmatrix} -\sin\theta & \cos\theta & 0\\ -\cos\theta & -\sin\theta & 0\\ 0 & 0 & 0 \end{bmatrix}.$$

Für $\theta = 0$ ist

$$\mathsf{L}_z'\,|_{\theta=0} = \begin{bmatrix} 0 & 1 & 0 \\ -1 & 0 & 0 \\ 0 & 0 & 0 \end{bmatrix}, \quad (\mathsf{L}_z'\,|_{\theta=0})^T = \begin{bmatrix} 0 & -1 & 0 \\ 1 & 0 & 0 \\ 0 & 0 & 0 \end{bmatrix},$$

$$(\mathsf{L}_z')^T \mathsf{A}\,|_{\theta=0} = \begin{bmatrix} 0 & -1 & 0 \\ 1 & 0 & 0 \\ 0 & 0 & 0 \end{bmatrix} \begin{bmatrix} a_{11} & a_{12} & a_{13} \\ a_{21} & a_{22} & a_{23} \\ a_{31} & a_{32} & a_{33} \end{bmatrix} = \begin{bmatrix} -a_{21} & -a_{22} & -a_{23} \\ a_{11} & a_{12} & a_{13} \\ 0 & 0 & 0 \end{bmatrix},$$

$$\mathsf{A}\mathsf{L}_z'\,|_{\theta=0} = \begin{bmatrix} a_{11} & a_{12} & a_{13} \\ a_{21} & a_{22} & a_{23} \\ a_{31} & a_{32} & a_{33} \end{bmatrix} \begin{bmatrix} 0 & 1 & 0 \\ -1 & 0 & 0 \\ 0 & 0 & 0 \end{bmatrix} = \begin{bmatrix} -a_{12} & a_{11} & 0 \\ -a_{22} & a_{21} & 0 \\ -a_{32} & a_{31} & 0 \end{bmatrix}$$

und wir erhalten

$$\left[(\mathsf{L}')^T \mathsf{A} + \mathsf{A}\mathsf{L}'\right]_{\theta=0} = \begin{bmatrix} -a_{21} - a_{12} & a_{11} - a_{22} & -a_{23} \\ a_{11} - a_{22} & a_{12} + a_{21} & a_{13} \\ -a_{32} & a_{31} & 0 \end{bmatrix}.$$

Wegen Gl. (A.9) verschwinden sämtliche Komponenten dieser Matrix, d. h.,

$$a_{11} = a_{22}, \quad a_{23} = a_{32} = a_{31} = a_{13} = 0, \quad a_{12} = -a_{21}\,.$$

Auf dieselbe Weise untersuchen wir die Drehungen um x- bzw. y-Achse

$$\mathsf{L}_x = \begin{bmatrix} 1 & 0 & 0 \\ 0 & \cos\theta & -\sin\theta \\ 0 & \sin\theta & \cos\theta \end{bmatrix} \quad \text{und} \quad \mathsf{L}_y = \begin{bmatrix} \cos\theta & 0 & \sin\theta \\ 0 & 1 & 0 \\ -\sin\theta & 0 & \cos\theta \end{bmatrix}.$$

Zusammenfassend erhalten wir

$$a_{11} = a_{22} = a_{33}, \quad a_{12} = a_{21} = a_{23} = a_{32} = a_{31} = a_{13} = 0$$

und damit die Behauptung. □

**Aufgabe A.3** Weisen Sie nach, dass der vierstufige Tensor $\mathsf{A} = (A_{ijkm})$ mit

$$A_{ijkm} = \alpha\delta_{ij}\delta_{km} + \mu\delta_{ik}\delta_{jm} + \gamma\delta_{im}\delta_{jk} \qquad (\alpha, \mu, \gamma \text{ konstant})$$

isotrop ist.

## A.3 Die Frenetschen Formeln

Als *reguläre Kurve* bezeichnet man eine zweimal stetig differenzierbare Raumkurve $\hat{\mathbf{x}} : (a, b) \to \mathbb{R}^3$ mit $\hat{\mathbf{x}}'(t) \neq 0$ für alle $t \in (a, b)$.

Der Vektor $\hat{\mathbf{x}}'$ wird *Tangentenvektor* genannt.

Die vom Parameterwert $t_0$ bis $t$ gemessene *Bogenlänge* wird berechnet als

$$s(t) = \int_{t_0}^{t} \|\hat{\mathbf{x}}'(\eta)\| \, \mathrm{d}\eta \,. \tag{A.10}$$

Parametrisieren wir nach der Bogenlänge, so bezeichnen wir die Kurve mit $\mathbf{x}(s)$ und den Tangentenvektor mit $\mathbf{t}(s) = \mathbf{x}'(s)$.

**Aufgabe A.4** Beweisen Sie die Beziehung

$$\|\mathbf{t}(s)\| = 1 \tag{A.11}$$

Im Weiteren untersuchen wir die Kurve in der Parametrisierung ihrer Bogenlänge.

Unter dem *Normalenvektor* $\mathbf{n}(s)$ an einem Kurvenpunkt versteht man den Einheitsvektor in Richtung von $\mathbf{t}'(s)$. Er wird durch die Gleichung

$$\mathbf{t}' = k(s)\,\mathbf{n} \tag{A.12}$$

bestimmt.
Den Wert $k(s) = \|\mathbf{x}''(s)\|$ nennt man die *Krümmung* der Kurve bei $s$.

Als *Binormalenvektor* $\mathbf{b}(s)$ bezeichnen wir das Vektorprodukt

$$\mathbf{b} = \mathbf{t} \times \mathbf{n}\,. \tag{A.13}$$

Die Vektoren $\mathbf{t}(s)$, $\mathbf{n}(s)$4 und $\mathbf{b}(s)$ heißen Frenetsches *Dreibein* und bilden an jedem Kurvenpunkt ein Orthonormalsystem (Abb. A.1).

Tangenten- und Normalenvektor spannen in jedem Kurvenpunkt eine Ebene auf, innerhalb welcher die Krümmung $k(s)$ die Abweichung der Kurve von ihrer Tangente beschreibt.

**Aufgabe A.5** Es ist nachzuweisen, dass $\mathbf{b}'$ kollinear zu $\mathbf{n}$ ist.

Damit ist die folgende Definition gerechtfertigt.

Als *Torsion* bezeichnet man den Parameter $\tau(s)$ in der Beziehung

$$\mathbf{b}'(s) = \tau(s)\,\mathbf{n}(s)\,.$$

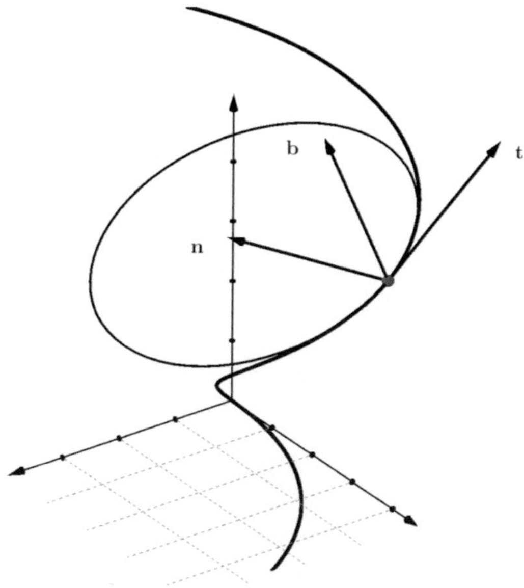


**Abb. A.1** Frenetsches Dreibein aus **t**, **n** und **b**. Die Ebene von **t** und **n** wird durch den Kreis angedeutet, dessen Krümmung $k(s)$ ist. Das Herausheben der Kurve aus der Ebene wird durch die Torsion $\tau(s)$ beschrieben

Da **t**, **n** und **b** ein Orthogonalsystem bilden, folgt aus Gl. (A.13)

$$\mathbf{n} = \mathbf{b} \times \mathbf{t}, \qquad \mathbf{t} = \mathbf{n} \times \mathbf{b}\,.$$

Durch Ableiten der ersten Gleichung folgt

$$\mathbf{n}' = \mathbf{b}' \times \mathbf{t} + \mathbf{b} \times \mathbf{t}' = \tau(s)\,\mathbf{n} \times \mathbf{t} + k(s)\,\mathbf{b} \times \mathbf{n} = -\tau(s)\,\mathbf{b} - k(s)\,\mathbf{t}\,.$$

Zusammenfassend erhalten wir die *Formeln von Frenet*

$$\mathbf{t}'(s) = k(s)\,\mathbf{n}(s)\,, \qquad \text{(A.14)}$$

$$\mathbf{b}'(s) = \tau(s)\,\mathbf{n}(s)\,, \qquad \text{(A.15)}$$

$$\mathbf{n}'(s) = -\tau(s)\,\mathbf{b} - k(s)\,\mathbf{t}\,. \qquad \text{(A.16)}$$

## A.4 Komplexe Zahlen und Funktionen

Hier stellen wir eine Reihe häufig gebrauchter Begriffe und Formeln zu komplexen Funktionen zusammen. Die Herleitungen findet man in Standardwerken zur Funktionentheorie, beispielsweise bei Markushevich [4]. Für eine auf Strömungsmechanik ausgerichtete Darstellung wird auf Milne-Thomson [6] verwiesen.
Komplexe Zahlen $z = x + \mathrm{i}y$ lassen sich nach dem Satz von Euler in der Form

$$z = r\mathrm{e}^{\mathrm{i}(\phi+2k\pi)} = r[\cos(\phi + 2k\pi) + \mathrm{i}\sin(\phi + 2k\pi)], \qquad -\pi < \phi \le \pi$$

darstellen. Es ist

$$r = |z| = \sqrt{x^2 + y^2}\,.$$

Die Berechnung von $\phi$ erfolgt für $z \neq 0$ mittels

$$\phi = \begin{cases} \arctan \frac{y}{x} & \text{für } x > 0\,, \\ \arctan \frac{y}{x} + \pi & \text{für } x < 0,\ y \ge 0\,, \\ \arctan \frac{y}{x} - \pi & \text{für } x < 0,\ y < 0\,, \\ +\frac{\pi}{2} & \text{für } x = 0,\ y > 0\,, \\ -\frac{\pi}{2} & \text{für } x = 0,\ y < 0\,. \end{cases} \qquad \text{(A.17)}$$

Für Formel (A.17) verwendet man die abkürzende Schreibweise

$$\phi = \mathrm{arctan2}\,[y, x]\,. \qquad \text{(A.18)}$$

Hierbei gilt

$$\mathrm{arctan2}\,[ky, kx] = \mathrm{arctan2}\,[y, x] \qquad \text{für } k > 0\,. \qquad \text{(A.19)}$$

**Aufgabe A.6** Zeigen Sie, dass $z \in \mathbb{C}$ bei Division durch i um $90^\circ$ gedreht wird.

Eine Funktion $f(z)$ heißt *analytisch* in $z_0 \in \mathbb{C}$, falls sie in einer Umgebung von $z_0$ in eine konvergente Potenzreihe mit komplexen Koeffizienten $a_n$ entwickelt werden kann:

$$f(z) = \sum_{n=0}^{\infty} a_n (z - z_0)^n \,.$$

Die Funktion $f(z)$ heißt *analytisch auf dem Gebiet* $\Omega \subset \mathbb{C}$, falls sie in jedem Punkt des Gebiets analytisch ist.

Zur Integration $\int_L f(z)\,\mathrm{d}z$ werden wir voraussetzen, dass $f(z)$ im Integrationsgebiet stetig und die Kurve $L \subset \mathbb{C}$ rektifizierbar ist. Zur praktischen Berechnung wird $L$ geeignet parametrisiert:

$$z = \lambda(t) = x(t) + \mathrm{i}y(t), \qquad a \leq t \leq b \,.$$

Hierbei wird gefordert, dass die Ableitung $\lambda'(t) = x'(t) + \mathrm{i}y'(t)$ auf $[a, b]$ stetig ist und nirgendwo verschwindet. Dann ist

$$\int_L f(z)\,\mathrm{d}z = \int_a^b f(\lambda(t))\,\lambda'(t)\,\mathrm{d}t \,.$$

**Aufgabe A.7** Es sei $C$ der Rand eines Kreises mit Ursprung null. Beweisen Sie die Formel

$$\oint_C \frac{\mathrm{d}z}{z^k} = \begin{cases} 2\pi\mathrm{i} & \text{falls } k = 1\,, \\ 0 & \text{falls } k \neq 1\,. \end{cases} \tag{A.20}$$

Bei Linienintegralen setzen wir voraus, dass die Kurve einfach zusammenhängend und stückweise stetig ist (Abschn. 1.2). Insbesondere besitzt sie eine endliche Bogenlänge.

**Theorem A.1** *Die folgenden Aussagen sind äquivalent:*

*1) Die Funktion $f(z)$ ist innerhalb eines Kreises $K \subset \mathbb{C}$ analytisch.*
*2) In der Darstellung $f(z) = u(x, y) + \mathrm{i}v(x, y)$ sind die Funktionen $u$, $v$ innerhalb $K$ zweifach differenzierbar und genügen den Cauchy-Riemannschen Differentialgleichungen*

$$\frac{\partial u}{\partial x} = \frac{\partial v}{\partial y}, \qquad \frac{\partial u}{\partial y} = -\frac{\partial v}{\partial x}.$$

*3) Die Funktion $f(z)$ ist innerhalb $K$ stetig und für jede einfach geschlossene Kurve $C \subset K$ gilt*

$$\oint_C f(z)\,\mathrm{d}z = 0.$$

**Theorem A.2 (Laurent)** *Eine im Ringgebiet $\Omega = \{z \in \mathbb{C} \mid r < |z - z_0| < R\}$ analytische Funktion $f$ kann als konvergente Laurent-Reihe*

$$f(z) = \sum_{-\infty}^{\infty} a_n (z - z_0)^n$$

*dargestellt werden.*

Für $r = 0$, $R = \infty$ erhalten wir den Spezialfall der komplexen Ebene, bei welcher ein Punkt entfernt wurde.

Mit dem folgenden Konzept lassen sich geeignete Koordinaten für Integralberechnungen um Tragflügelprofile einführen.

Eine stetige und bijektive Abbildung zweier Gebiete der komplexen Ebene wird in einem Punkt $z$ als *konform* bezeichnet, wenn der Schnittwinkel zweier Kurven durch $z$ bei der Abbildung erhalten bleibt.

**Aufgabe A.8** Beweisen Sie, dass eine analytische Funktion $f(z)$ im Punkt $z_0$ konform ist, falls $f'(z_0) \neq 0$ gilt.

## A.5 Glauert-Integrale

**Theorem A.3** *Es ist*

$$\int_0^\pi \frac{\cos nx}{\cos x - \cos\theta}\,\mathrm{d}x = \frac{\pi \sin n\theta}{\sin\theta}\,. \tag{A.21}$$

*Beweis* Da der Integrand gerade ist, gilt

$$\int_0^\pi \frac{\cos nx}{\cos x - \cos\theta}\,\mathrm{d}x = \frac{1}{2}\int_{-\pi}^\pi \frac{\cos nx}{\cos x - \cos\theta}\,\mathrm{d}x\,.$$

Mit

$$I = \int_{-\pi}^\pi \frac{\cos nx}{\cos x - \cos\theta}\,\mathrm{d}x, \quad J = \int_{-\pi}^\pi \frac{\sin nx}{\cos x - \cos\theta}\,\mathrm{d}x$$

folgt

$$\int_0^\pi \frac{\cos nx}{\cos x - \cos\theta}\,\mathrm{d}x = \frac{1}{2}\,\mathrm{Re}(I + \mathrm{i}J)\,.$$

Für $z = \mathrm{e}^{\mathrm{i}x} = \cos x + \mathrm{i}\sin x$ ist

$$\begin{aligned}
\mathrm{d}z &= -\sin x\,\mathrm{d}x + \mathrm{i}\cos x\,\mathrm{d}x = (-\sin x + \mathrm{i}\cos x)\,\mathrm{d}x\,,\\
\frac{\mathrm{d}z}{\mathrm{i}z} &= \frac{(-\sin x + \mathrm{i}\cos x)\,\mathrm{d}x}{\mathrm{i}\cos x - \sin x} = \mathrm{d}x\,,\\
\frac{z + z^{-1}}{2} &= \frac{\mathrm{e}^{\mathrm{i}x} + \mathrm{e}^{-\mathrm{i}x}}{2} = \cos x\,.
\end{aligned}$$

Damit erhalten wir

$$\begin{aligned}
I + \mathrm{i}J &= \int_{-\pi}^\pi \frac{\cos nx + \mathrm{i}\sin nx}{\cos x - \cos\theta}\,\mathrm{d}x = \oint \frac{z^n}{\frac{z+z^{-1}}{2} - \cos\theta}\,\frac{\mathrm{d}z}{\mathrm{i}z}\\
&= 2\mathrm{i}\oint \frac{z^n}{2\mathrm{i}(\frac{z+z^{-1}}{2} - \cos\theta)}\,\frac{\mathrm{d}z}{\mathrm{i}z} = -2\mathrm{i}\oint \frac{z^n}{2z(\frac{z+z^{-1}}{2} - \cos\theta)}\,\mathrm{d}z\\
&= -2\mathrm{i}\oint \frac{z^n}{z^2 + 1 - 2z\cos\theta}\,\mathrm{d}z\,.
\end{aligned}$$

Wir suchen die Polstellen von $f(z) = \frac{z^n}{z^2+1-2z\cos\theta}$.

$$\begin{aligned}
0 &= z^2 - 2z\cos\theta + 1\,,\\
z &= \cos\theta \pm \sqrt{\cos^2\theta - 1} = \cos\theta \pm \mathrm{i}\sin\theta\,.
\end{aligned}$$

Damit erhalten wir Polstellen bei

$$z_1 = \cos\theta + \mathrm{i}\sin\theta = \mathrm{e}^{\mathrm{i}\theta}, \quad z_2 = \cos\theta - \mathrm{i}\sin\theta = \mathrm{e}^{-\mathrm{i}\theta}$$

und die Darstellung

$$f(z) = \frac{z^n}{(z-z_1)(z-z_2)} .$$

Hier ist zu beachten, dass die Polstellen auf dem Kreisrand $|z| = 1$ liegen. Nun können wir die Residuen von $f$ berechnen.

$$\begin{aligned}
\mathrm{Res}(f(z), z_1) &= \lim_{z\to z_1}(z-z_1)\,f(z) = \frac{z_1^n}{z_1-z_2} = \frac{\mathrm{e}^{\mathrm{i}n\theta}}{\mathrm{e}^{\mathrm{i}\theta}-\mathrm{e}^{-\mathrm{i}\theta}} = \frac{\mathrm{e}^{\mathrm{i}n\theta}}{2\mathrm{i}\sin\theta}, \\
\mathrm{Res}(f(z), z_2) &= \lim_{z\to z_2}(z-z_2)\,f(z) = \frac{z_2^n}{z_2-z_1} = \frac{\mathrm{e}^{-\mathrm{i}n\theta}}{\mathrm{e}^{-\mathrm{i}\theta}-\mathrm{e}^{\mathrm{i}\theta}} = -\frac{\mathrm{e}^{-\mathrm{i}n\theta}}{2\mathrm{i}\sin\theta}, \\
\sum \mathrm{Res} &= \frac{\mathrm{e}^{\mathrm{i}n\theta}}{2\mathrm{i}\sin\theta} - \frac{\mathrm{e}^{-\mathrm{i}n\theta}}{2\mathrm{i}\sin\theta} = \frac{\mathrm{e}^{\mathrm{i}n\theta}-\mathrm{e}^{-\mathrm{i}n\theta}}{2\mathrm{i}\sin\theta} = \frac{2\mathrm{i}\sin n\theta}{2\mathrm{i}\sin\theta} = \frac{\sin n\theta}{\sin\theta} .
\end{aligned}$$

Nach dem Residuensatz für Polstellen auf dem Kreisrand (siehe [3]) ist das Umlaufintegral

$$\oint \frac{z^n}{z^2+1-2z\cos\theta}\,\mathrm{d}z = \pi\mathrm{i}\sum \mathrm{Res} = \pi\mathrm{i}\frac{\sin n\theta}{\sin\theta} .$$

Dann folgt

$$\int_0^\pi \frac{\cos nx}{\cos x - \cos\theta}\,\mathrm{d}x = \frac{1}{2}\mathrm{Re}\Big(-2\mathrm{i}\oint \frac{z^n}{z^2+1-2z\cos\theta}\,\mathrm{d}z\Big) = \mathrm{Re}\Big(\pi\frac{\sin n\theta}{\sin\theta}\Big) = \pi\frac{\sin n\theta}{\sin\theta} .$$

□

## A.6 Zylinderkoordinaten

Zunächst suchen wir Umrechnungsformeln aus dem kartesischen Koordinatensystem $(x_1, x_2, x_3)$ mit den Einheitsvektoren $\mathbf{i}_1, \mathbf{i}_2, \mathbf{i}_3$ in ein beliebiges orthogonales Koordinatensystem $(\xi_1, \xi_2, \xi_3)$ mit den Einheitsvektoren $\mathbf{e}_1, \mathbf{e}_2, \mathbf{e}_3$. Damit schreiben wir die Navier-Stokes-Gleichungen in Zylinderkoordinaten um.

Für das Differentialelement $\mathrm{d}\mathbf{r} = \sum_k \mathbf{i}_k\,\mathrm{d}x_k$ folgt mit $\mathrm{d}x_k = \sum_l \frac{\partial x_k}{\partial \xi_l}\,\mathrm{d}\xi_l$

$$\mathrm{d}\mathbf{r} = \sum_{k,l}\Big(\mathbf{i}_k\,\frac{\partial x_k}{\partial \xi_l}\Big)\,\mathrm{d}\xi_l .$$

Nach Einführung der Größen

$$h_l = \|\sum_k \mathbf{i}_k \frac{\partial x_k}{\partial \xi_l}\| = \sqrt{\left(\frac{\partial x_1}{\partial \xi_l}\right)^2 + \left(\frac{\partial x_2}{\partial \xi_l}\right)^2 + \left(\frac{\partial x_3}{\partial \xi_l}\right)^2} \tag{A.22}$$

erhalten wir

$$\mathrm{d}\mathbf{r} = \sum_l h_l \mathbf{e}_l \, \mathrm{d}\xi_l \tag{A.23}$$

mit den neuen Einheitsvektoren

$$\mathbf{e}_l = \frac{1}{h_l} \sum_k \mathbf{i}_k \frac{\partial x_k}{\partial \xi_l} \,. \tag{A.24}$$

Die Herleitung der Transformationsregeln geschieht in mehreren Etappen, die als Aufgaben formuliert werden.

**Aufgabe A.9** Beweisen Sie die Gradientendarstellung

$$\nabla = \sum_n \frac{1}{h_n} \mathbf{e}_n \frac{\partial}{\partial \xi_n} \tag{A.25}$$

sowie

$$\nabla \xi_k = \frac{1}{h_k} \mathbf{e}_k \,. \tag{A.26}$$

**Aufgabe A.10** Beweisen Sie

$$\nabla \times \mathbf{e}_k = h_k \mathbf{e}_k \times \left(\nabla \frac{1}{h_k}\right) . \tag{A.27}$$

**Aufgabe A.11** Beweisen Sie

$$\begin{aligned}
\nabla \times \mathbf{e}_1 &= -\frac{1}{h_1 h_2} \frac{\partial h_1}{\partial \xi_2} \mathbf{e}_3 + \frac{1}{h_1 h_3} \frac{\partial h_1}{\partial \xi_3} \mathbf{e}_2 \,, \\
\nabla \times \mathbf{e}_2 &= \frac{1}{h_1 h_2} \frac{\partial h_2}{\partial \xi_1} \mathbf{e}_3 - \frac{1}{h_3 h_2} \frac{\partial h_2}{\partial \xi_3} \mathbf{e}_1 \,, \\
\nabla \times \mathbf{e}_3 &= -\frac{1}{h_1 h_3} \frac{\partial h_3}{\partial \xi_1} \mathbf{e}_2 + \frac{1}{h_3 h_2} \frac{\partial h_3}{\partial \xi_2} \mathbf{e}_1 \,.
\end{aligned} \tag{A.28}$$

**Aufgabe A.12** Beweisen Sie

$$\nabla \mathbf{e}_1 = \frac{1}{h_1 h_2 h_3} \frac{\partial (h_2 h_3)}{\partial \xi_1}, \quad \nabla \mathbf{e}_2 = \frac{1}{h_1 h_2 h_3} \frac{\partial (h_1 h_3)}{\partial \xi_2}, \quad \nabla \mathbf{e}_3 = \frac{1}{h_1 h_2 h_3} \frac{\partial (h_1 h_2)}{\partial \xi_3} \,. \tag{A.29}$$

**Aufgabe A.13** Gegeben sei die Funktion $\mathbf{q} = \sum_k q_k \mathbf{e}_k$. Beweisen Sie

$$\operatorname{div} \mathbf{q} = \frac{1}{h_1 h_2 h_3} \left[ \frac{\partial (q_1 h_2 h_3)}{\partial \xi_1} + \frac{\partial (q_2 h_1 h_3)}{\partial \xi_2} + \frac{\partial (q_3 h_1 h_2)}{\partial \xi_3} \right]. \tag{A.30}$$

**Aufgabe A.14** Beweisen Sie

$$\Delta \phi = \frac{1}{h_1 h_2 h_3} \left[ \frac{\partial}{\partial \xi_1} \left( \frac{h_2 h_3}{h_1} \frac{\partial \phi}{\partial \xi_1} \right) + \frac{\partial}{\partial \xi_2} \left( \frac{h_1 h_3}{h_2} \frac{\partial \phi}{\partial \xi_2} \right) + \frac{\partial}{\partial \xi_3} \left( \frac{h_1 h_2}{h_3} \frac{\partial \phi}{\partial \xi_3} \right) \right]. \tag{A.31}$$

Jetzt können die Navier-Stokes-Gleichungen umgerechnet werden. Beim Übergang von kartesischen zu Zylinderkoordinaten setzen wir

$$(x_1, x_2, x_3) = (x, y, z); \qquad (\xi_1, \xi_2, \xi_3) = (r, \theta, z)$$

mit den Transformationsformeln

$$x = r \cos \theta, \qquad y = r \sin \theta .$$

Wir erhalten aus Gl. (A.22)

$$\begin{aligned} h_1 &= \sqrt{\cos^2 \theta + \sin^2 \theta} = 1 , \\ h_2 &= \sqrt{r^2 \sin^2 \theta + r^2 \cos^2 \theta} = r , \\ h_3 &= 1 . \end{aligned} \tag{A.32}$$

Aus Gl. (A.24) berechnen wir die neuen Einheitsvektoren

$$\mathbf{e}_r = \mathbf{i}_x \cos \theta + \mathbf{i}_y \sin \theta, \qquad \mathbf{e}_\theta = -\mathbf{i}_x \sin \theta + \mathbf{i}_y \cos \theta .$$

Der dritte Vektor bleibt unverändert, d. h., $\mathbf{e}_z = \mathbf{i}_z$. Für ihre Ableitungen erhalten wir

$$\frac{\partial \mathbf{e}_r}{\partial r} = \frac{\partial \mathbf{e}_\theta}{\partial r} = \frac{\partial \mathbf{e}_z}{\partial r} = 0 , \tag{A.33}$$

$$\frac{\partial \mathbf{e}_r}{\partial z} = \frac{\partial \mathbf{e}_\theta}{\partial z} = \frac{\partial \mathbf{e}_z}{\partial z} = 0 , \tag{A.34}$$

$$\frac{\partial \mathbf{e}_r}{\partial \theta} = \mathbf{e}_\theta, \quad \frac{\partial \mathbf{e}_\theta}{\partial \theta} = -\mathbf{e}_r, \quad \frac{\partial \mathbf{e}_z}{\partial \theta} = 0 . \tag{A.35}$$

Mit Gl. (A.25) und (A.32) folgt für den Druckgradienten

$$\nabla p = \frac{\partial p}{\partial r} \mathbf{e}_r + \frac{1}{r} \frac{\partial p}{\partial \theta} \mathbf{e}_\theta + \frac{\partial p}{\partial z} \mathbf{e}_z . \tag{A.36}$$

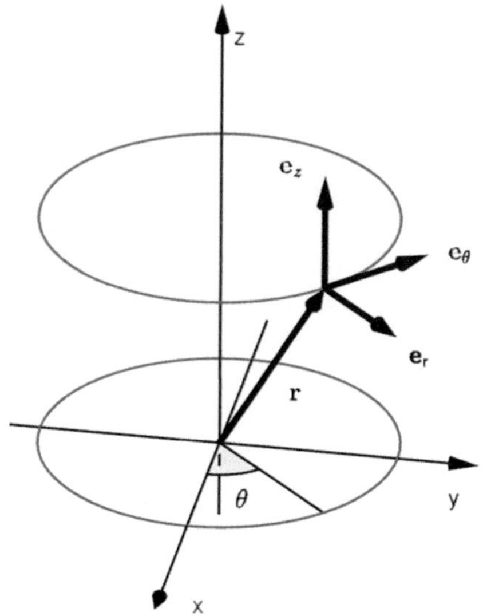


**Abb. A.2** Bei der Darstellung im kartesischen Koordinatensystem hängen die zylindrischen Einheitsvektoren $\mathbf{e}_r$, $\mathbf{e}_\theta$ vom betrachteten Raumpunkt ab

In Zylinderkoordinaten bezeichnen wir den Geschwindigkeitsvektor mit

$$\mathbf{u} = u_r \mathbf{e}_r + u_\theta \mathbf{e}_\theta + u_z \mathbf{e}_z \,.$$

Wegen $\mathbf{u} = \mathrm{d}\mathbf{r}/\mathrm{d}t$ folgt aus Gl. (A.23)

$$\mathbf{u} = \frac{\mathrm{d}r}{\mathrm{d}t}\mathbf{e}_r + r\frac{\mathrm{d}\theta}{\mathrm{d}t}\mathbf{e}_\theta + \frac{\mathrm{d}z}{\mathrm{d}t}\mathbf{e}_z$$

und damit

$$u_r = \frac{\mathrm{d}r}{\mathrm{d}t}, \qquad u_\theta = r\frac{\mathrm{d}\theta}{\mathrm{d}t}, \qquad u_z = \frac{\mathrm{d}z}{\mathrm{d}t} \,. \tag{A.37}$$

Aus Gl. (A.30) und (A.32) ergibt sich die Divergenz des Geschwindigkeitsfelds:

$$\operatorname{div}\mathbf{u} = \frac{\partial u_r}{\partial r} + \frac{1}{r}\frac{\partial u_\theta}{\partial \theta} + \frac{\partial u_z}{\partial z} + \frac{u_r}{r} \,. \tag{A.38}$$

**Aufgabe A.15** Beweisen Sie für die Materialableitung

$$\begin{aligned} \frac{D\mathbf{u}}{Dt} = {} & \left[\dot{u}_r + u_r\frac{\partial u_r}{\partial r} + \frac{u_\theta}{r}\frac{\partial u_r}{\partial \theta} - \frac{u_\theta^2}{r} + u_z\frac{\partial u_r}{\partial z}\right]\mathbf{e}_r \,, \\ & + \left[\dot{u}_\theta + u_r\frac{\partial u_\theta}{\partial r} + \frac{u_\theta}{r}\frac{\partial u_\theta}{\partial \theta} + \frac{u_\theta u_r}{r} + u_z\frac{\partial u_\theta}{\partial z}\right]\mathbf{e}_\theta \,, \\ & + \left[\dot{u}_z + u_r\frac{\partial u_z}{\partial r} + \frac{u_\theta}{r}\frac{\partial u_z}{\partial \theta} + u_z\frac{\partial u_z}{\partial z}\right]\mathbf{e}_z \,. \end{aligned} \tag{A.39}$$

Mit Gl. (A.31) folgt für den Laplace-Operator

$$\begin{aligned}\Delta\phi &= \frac{1}{r}\Big[\frac{\partial}{\partial r}\Big(r\frac{\partial\phi}{\partial r}\Big)+\frac{\partial}{\partial\theta}\Big(\frac{1}{r}\frac{\partial\phi}{\partial\theta}\Big)+\frac{\partial}{\partial z}\Big(r\frac{\partial\phi}{\partial z}\Big)\Big]\\ &= \frac{\partial^2\phi}{\partial r^2}+\frac{1}{r}\frac{\partial\phi}{\partial r}+\frac{1}{r^2}\frac{\partial^2\phi}{\partial\theta^2}+\frac{\partial^2\phi}{\partial z^2}\,. \end{aligned}\tag{A.40}$$

**Aufgabe A.16** Beweisen Sie für den Diffusionsterm

$$\Delta\mathbf{u}=\Big(\Delta u_r-\frac{u_r}{r^2}-\frac{2}{r^2}\frac{\partial u_\theta}{\partial\theta}\Big)\mathbf{e}_r+\Big(\Delta u_\theta+\frac{2}{r^2}\frac{\partial u_\theta}{\partial\theta}-\frac{u_\theta}{r^2}\Big)\mathbf{e}_\theta+\Delta u_z\,\mathbf{e}_z\,.\tag{A.41}$$

Unter Verwendung der Notation

$$\frac{Du_r}{Dt} = \frac{\partial u_r}{\partial t}+u_r\frac{\partial u_r}{\partial r}+\frac{u_\theta}{r}\frac{\partial u_r}{\partial\theta}+u_z\frac{\partial u_r}{\partial z}\,,\tag{A.42}$$

$$\frac{Du_\theta}{Dt} = \frac{\partial u_\theta}{\partial t}+u_r\frac{\partial u_\theta}{\partial r}+\frac{u_\theta}{r}\frac{\partial u_\theta}{\partial\theta}+u_z\frac{\partial u_\theta}{\partial z}\,,\tag{A.43}$$

$$\frac{Du_z}{Dt} = \frac{\partial u_z}{\partial t}+u_r\frac{\partial u_z}{\partial r}+\frac{u_\theta}{r}\frac{\partial u_z}{\partial\theta}+u_z\frac{\partial u_z}{\partial z}\tag{A.44}$$

erhalten wir aus Gl. (A.36), (A.38), (A.39) und (A.41) die Navier-Stokes-Gleichungen in Zylinderkoordinaten:

$$\frac{Du_r}{Dt}-\frac{u_\theta^2}{r}+\frac{1}{\varrho}\frac{\partial p}{\partial r} = \nu\Big(\Delta u_r-\frac{u_r}{r^2}-\frac{2}{r^2}\frac{\partial u_\theta}{\partial\theta}\Big)\,,\tag{A.45}$$

$$\frac{Du_\theta}{Dt}+\frac{u_r u_\theta}{r}+\frac{1}{\varrho r}\frac{\partial p}{\partial\theta} = \nu\Big(\Delta u_\theta+\frac{2}{r^2}\frac{\partial u_\theta}{\partial\theta}-\frac{u_\theta}{r^2}\Big)\,,\tag{A.46}$$

$$\frac{Du_z}{Dt}+\frac{1}{\varrho}\frac{\partial p}{\partial z} = \nu\Delta u_z\,,\tag{A.47}$$

$$\frac{\partial u_r}{\partial r}+\frac{1}{r}\frac{\partial u_\theta}{\partial\theta}+\frac{\partial u_z}{\partial z}+\frac{u_r}{r} = 0\,.\tag{A.48}$$

## A.7 Eine Herleitung der Formel von Biot-Savart

Bei gegebenem Wirbelfeld $\boldsymbol{\omega}(\mathbf{x})$ lässt sich das zugehörige Geschwindigkeitsfeld $\mathbf{u}(\mathbf{x},t)$ bis auf die Addition eines divergenzfreien Anteils bestimmen.

**Theorem A.4** *Die glatte Wirbelstärke $\boldsymbol{\omega}(\mathbf{x})$ verschwinde für $\|\mathbf{x}\|>R$ gemäß*

$$\|\boldsymbol{\omega}(\mathbf{x})\|\le C\|\mathbf{x}\|^{-3}\,.$$

*Falls das zugehörige Geschwindigkeitsfeld* $\mathbf{u}$ *divergenzfrei ist sowie der Bedingung*

$$\lim_{\|\mathbf{x}\|\to 0} \|\mathbf{u}\| = 0$$

*genügt, so ist die einzige Lösung gegeben durch*

$$\mathbf{u}(\mathbf{x}) = \frac{1}{4\pi} \int_{\mathbb{R}^3} \frac{(\mathbf{y}-\mathbf{x}) \times \boldsymbol{\omega}(\mathbf{y})}{\|\mathbf{x}-\mathbf{y}\|^3} \, \mathrm{d}V_{\mathbf{y}} \, .$$

Die Herleitung wird in der Elektrodynamik zum Nachweis der Formel von Biot-Savart aus den Maxwellschen Gleichungen benutzt.

*Beweis* Die Poisson-Gleichung $\Delta \mathbf{v} = -\boldsymbol{\omega}$ kann komponentenweise ausgeschrieben und jeweils mit einem skalaren Newton-Potential gelöst werden (siehe [3]).

$$\Delta v_i = -\omega_i \qquad \Rightarrow \qquad v_i(\mathbf{x}) = \frac{1}{4\pi} \int_{\mathbb{R}^3} \frac{\omega_i(\mathbf{y})}{\|\mathbf{x}-\mathbf{y}\|} \, \mathrm{d}V_{\mathbf{y}} \qquad (i = 1, 2, 3) \, .$$

Hierbei ist die Existenz der Integrale durch die Wachstumsbedingung an $\boldsymbol{\omega}$ abgesichert. Wir fassen die Potentialkomponenten in einem Vektorpotential zusammen:

$$\mathbf{v}(\mathbf{x}) = \frac{1}{4\pi} \int_{\mathbb{R}^3} \frac{\boldsymbol{\omega}(\mathbf{y})}{\|\mathbf{x}-\mathbf{y}\|} \, \mathrm{d}V_{\mathbf{y}} \, .$$

Jetzt bilden wir die Ableitung

$$\operatorname{rot} \mathbf{v} = \frac{1}{4\pi} \int_{\mathbb{R}^3} \operatorname{rot}_{\mathbf{x}} \frac{\boldsymbol{\omega}(\mathbf{y})}{\|\mathbf{x}-\mathbf{y}\|} \, \mathrm{d}V_{\mathbf{y}}$$

und berechnen $\operatorname{rot}_{\mathbf{x}} \frac{\boldsymbol{\omega}(\mathbf{y})}{\|\mathbf{x}-\mathbf{y}\|}$ mit Gl. (1.12), indem wir $\alpha = \frac{1}{\|\mathbf{x}-\mathbf{y}\|}$ und $\mathbf{a} = \boldsymbol{\omega}(\mathbf{y})$ setzen. In einem Zwischenschritt benutzen wir $r = \|\mathbf{y}-\mathbf{x}\|$. Es ist

$$\begin{aligned}
\operatorname{rot}_{\mathbf{x}} \frac{\boldsymbol{\omega}(\mathbf{y})}{\|\mathbf{x}-\mathbf{y}\|} &= \left(\operatorname{grad}_{\mathbf{x}} \frac{1}{\|\mathbf{x}-\mathbf{y}\|}\right) \times \boldsymbol{\omega}(\mathbf{y}) + \frac{1}{\|\mathbf{x}-\mathbf{y}\|} \operatorname{rot}_{\mathbf{x}} \boldsymbol{\omega}(\mathbf{y}) \\
&= \left(\operatorname{grad}_{\mathbf{x}} \frac{1}{\|\mathbf{x}-\mathbf{y}\|}\right) \times \boldsymbol{\omega}(\mathbf{y}) \, , \quad \text{weil } \boldsymbol{\omega}(\mathbf{y}) \text{ nicht von } \mathbf{x} \text{ abhängt,} \\
&= \frac{\mathbf{y}-\mathbf{x}}{\|\mathbf{x}-\mathbf{y}\|^3} \times \boldsymbol{\omega}(\mathbf{y}) \quad \text{wegen Formel (1.28) für } f(r) = 1/r \, .
\end{aligned}$$

Setzen wir diesen Ausdruck in das letzte Integral ein, so folgt

$$\operatorname{rot} \mathbf{v} = \frac{1}{4\pi} \int_{\mathbb{R}^3} \frac{(\mathbf{y}-\mathbf{x}) \times \boldsymbol{\omega}(\mathbf{y})}{\|\mathbf{x}-\mathbf{y}\|^3} \, \mathrm{d}V_{\mathbf{y}} \, .$$

Wir wollen nachweisen, dass $\operatorname{rot}\mathbf{v}$ tatsächlich ein Geschwindigkeitsfeld zu $\boldsymbol{\omega}$ ist. Dazu müssen wir $\operatorname{rot}(\operatorname{rot}\mathbf{v}) = \boldsymbol{\omega}$ zeigen. Es ist

$$\begin{aligned}
\operatorname{rot}(\operatorname{rot}\mathbf{v}) &= \operatorname{grad}(\operatorname{div}\mathbf{v}) - \Delta\mathbf{v} \quad \text{wegen Gl. (1.13)} \\
&= \operatorname{grad}(\operatorname{div}\mathbf{v}) + \boldsymbol{\omega}\,,
\end{aligned} \tag{A.49}$$

wobei wir die obenstehende Poisson-Gleichung benutzt haben. Wir berechnen

$$\operatorname{div}\mathbf{v} = \frac{1}{4\pi}\int_{\mathbb{R}^3} \operatorname{div}_{\mathbf{x}} \frac{\boldsymbol{\omega}(\mathbf{y})}{\|\mathbf{x}-\mathbf{y}\|}\,\mathrm{d}V_{\mathbf{y}} \tag{A.50}$$

und werten $\operatorname{div}_{\mathbf{x}} \frac{\boldsymbol{\omega}(\mathbf{y})}{\|\mathbf{x}-\mathbf{y}\|}$ mit Gl. (1.14) aus, wobei $\alpha = \frac{1}{\|\mathbf{x}-\mathbf{y}\|}$ und $\mathbf{a} = \boldsymbol{\omega}(\mathbf{y})$ gesetzt wird. Es ist

$$\begin{aligned}
\operatorname{div}_{\mathbf{x}} \frac{\boldsymbol{\omega}(\mathbf{y})}{\|\mathbf{x}-\mathbf{y}\|} &= \frac{1}{\|\mathbf{x}-\mathbf{y}\|}\operatorname{div}_{\mathbf{x}}\boldsymbol{\omega}(\mathbf{y}) + \boldsymbol{\omega}(\mathbf{y})\cdot\operatorname{grad}_{\mathbf{x}}\frac{1}{\|\mathbf{x}-\mathbf{y}\|} \\
&= \boldsymbol{\omega}(\mathbf{y})\cdot\operatorname{grad}_{\mathbf{x}}\frac{1}{\|\mathbf{x}-\mathbf{y}\|}\,, \quad \text{weil } \boldsymbol{\omega}(\mathbf{y}) \text{ nicht von } \mathbf{x} \text{ abhängt,} \\
&= -\boldsymbol{\omega}(\mathbf{y})\cdot\operatorname{grad}_{\mathbf{y}}\frac{1}{\|\mathbf{x}-\mathbf{y}\|} \quad \text{wegen Gl. (1.26), (1.27)}
\end{aligned}$$

Andererseits ist nach Gl. (1.14) auch

$$\begin{aligned}
\operatorname{div}_{\mathbf{y}} \frac{\boldsymbol{\omega}(\mathbf{y})}{\|\mathbf{x}-\mathbf{y}\|} &= \frac{1}{\|\mathbf{x}-\mathbf{y}\|}\operatorname{div}_{\mathbf{y}}\boldsymbol{\omega}(\mathbf{y}) + \boldsymbol{\omega}(\mathbf{y})\cdot\operatorname{grad}_{\mathbf{y}}\frac{1}{\|\mathbf{x}-\mathbf{y}\|} \\
&= \boldsymbol{\omega}(\mathbf{y})\cdot\operatorname{grad}_{\mathbf{y}}\frac{1}{\|\mathbf{x}-\mathbf{y}\|}\,, \quad \text{weil } \boldsymbol{\omega} \text{ nach Gl. (1.17) divergenzfrei ist.}
\end{aligned}$$

Es ist also

$$\operatorname{div}_{\mathbf{x}} \frac{\boldsymbol{\omega}(\mathbf{y})}{\|\mathbf{x}-\mathbf{y}\|} = -\operatorname{div}_{\mathbf{y}} \frac{\boldsymbol{\omega}(\mathbf{y})}{\|\mathbf{x}-\mathbf{y}\|}\,.$$

Damit folgt für das Integral (A.50)

$$\operatorname{div}\mathbf{v} = -\frac{1}{4\pi}\int_{\mathbb{R}^3} \operatorname{div}_{\mathbf{y}} \frac{\boldsymbol{\omega}(\mathbf{y})}{\|\mathbf{x}-\mathbf{y}\|}\,\mathrm{d}V_{\mathbf{y}}\,.$$

Nach dem Integralsatz von Gauß ist

$$\int_{\|\mathbf{x}-\mathbf{y}\|\le R} \operatorname{div}_{\mathbf{y}} \frac{\boldsymbol{\omega}(\mathbf{y})}{\|\mathbf{x}-\mathbf{y}\|}\,\mathrm{d}V_{\mathbf{y}} = \int_{\|\mathbf{x}-\mathbf{y}\|=R} \frac{\boldsymbol{\omega}(\mathbf{y})}{\|\mathbf{x}-\mathbf{y}\|}\cdot\mathbf{n}\,\mathrm{d}S_{\mathbf{y}}\,.$$

Wegen

$$\left|\int_{\|\mathbf{x}-\mathbf{y}\|=R} \frac{\boldsymbol{\omega}(\mathbf{y})}{\|\mathbf{x}-\mathbf{y}\|}\cdot\mathbf{n}\,\mathrm{d}S_{\mathbf{y}}\right| \le \int_{\|\mathbf{x}-\mathbf{y}\|=R} C R^{1-N}\,\mathrm{d}S_{\mathbf{y}} \to 0 \quad \text{für } R\to\infty$$

folgt $\operatorname{div}\mathbf{v} = 0$. Mit Gl. (A.49) erhalten wir $\operatorname{rot}(\operatorname{rot}\mathbf{v}) = \boldsymbol{\omega}$. Damit ist $\mathbf{u} := \operatorname{rot}\mathbf{v}$ ein mögliches Geschwindigkeitsfeld zu $\boldsymbol{\omega}$. Zum Nachweis seiner Eindeutigkeit nehmen wir ein weiteres im Unendlichen verschwindendes, divergenzfreies Geschwindigkeitsfeld $\tilde{\mathbf{u}}$ an. Dann ist auch $\operatorname{rot}\tilde{\mathbf{u}} = \boldsymbol{\omega}$, also

$$\operatorname{rot}(\mathbf{u} - \tilde{\mathbf{u}}) = 0\,.$$

Lemma 1.1 sichert die Existenz eines skalaren Potentials $\phi$ mit

$$\mathbf{u} - \tilde{\mathbf{u}} = \nabla\phi$$

Beide Felder sind divergenzfrei, d.h.

$$0 = \operatorname{div}(\mathbf{u} - \tilde{\mathbf{u}}) = \Delta\phi\,.$$

Damit ist $\phi$ eine harmonische Funktion. Wegen

$$\Delta\frac{\partial\phi}{\partial x_k} = \sum_{i=1}^{3}\frac{\partial^2}{\partial x_i^2}\frac{\partial\phi}{\partial x_k} = \frac{\partial}{\partial x_k}\sum_{i=1}^{3}\frac{\partial^2\phi}{\partial x_i^2} = 0$$

ist auch jede partielle Ableitung von $\phi$ harmonisch. Außerdem ist wegen der Beschränktheit beider Geschwindigkeitsfelder auch jedes $\partial\phi/\partial x_k$ auf ganz $\mathbb{R}^3$ beschränkt. Nach dem Satz von Liouville sind die Funktionen $\partial\phi/\partial x_k$ konstant, sodass sich die Geschwindigkeitsfelder nur in einer Konstanten unterscheiden. Da beide Felder im Unendlichen verschwinden, folgt ihre Gleichheit. □

## A.8 Wirbel im reibungsfreien Modell

Für einen alternativen Beweis von Korollar 5.1 benutzen wir die Gl. (1.16) mit $\mathbf{a} = \mathbf{b} = \mathbf{u}$. Dann ist

$$\begin{aligned}\frac{1}{2}\operatorname{grad}(\mathbf{u}\cdot\mathbf{u}) &= (\mathbf{u}\cdot\nabla)\,\mathbf{u} + \mathbf{u}\times\operatorname{rot}\mathbf{u}\,,\\ (\mathbf{u}\cdot\nabla)\,\mathbf{u} &= \frac{1}{2}\operatorname{grad}(\mathbf{u}\cdot\mathbf{u}) - \mathbf{u}\times\operatorname{rot}\mathbf{u}\,.\end{aligned}$$

Dieser Term wird in die Euler-Gleichung (5.1) eingesetzt und liefert

$$\begin{aligned}\frac{\partial\mathbf{u}}{\partial t} + \left[\frac{1}{2}\operatorname{grad}(\mathbf{u}\cdot\mathbf{u}) - \mathbf{u}\times\operatorname{rot}\mathbf{u}\right] + \frac{1}{\varrho}\operatorname{grad}p &= 0\,,\\ \frac{\partial}{\partial t}\operatorname{rot}\mathbf{u} + \operatorname{rot}\left[\frac{1}{2}\operatorname{grad}(\mathbf{u}\cdot\mathbf{u}) - \mathbf{u}\times\operatorname{rot}\mathbf{u}\right] + \frac{1}{\varrho}\operatorname{rot}\operatorname{grad}p &= 0\,,\\ \frac{\partial}{\partial t}\operatorname{rot}\mathbf{u} + \operatorname{rot}\Big[-\mathbf{u}\times\operatorname{rot}\mathbf{u}\Big] &= 0 \quad \text{wegen Gl. (1.18)}\,.\end{aligned}$$

Mit $\boldsymbol{\omega} = \operatorname{rot}\mathbf{u}$ vereinfacht sich die Gleichung zu

$$\frac{\partial\,\boldsymbol{\omega}}{\partial t} - \operatorname{rot}\left[\mathbf{u} \times \boldsymbol{\omega}\right] = 0, \qquad \boldsymbol{\omega}(\mathbf{x}, 0) = 0\,. \tag{A.51}$$

Unser Ziel ist der Nachweis, dass diese Strömung wirbelfrei bleibt. Hierfür können wir $\mathbf{u}(\mathbf{x}, t)$ als gegeben voraussetzen. Aus der Linearität des Vektorprodukts und des Rotationsoperators ergibt sich, dass auch der Term $\operatorname{rot}\left[\mathbf{u} \times \boldsymbol{\omega}\right]$ linear in $\boldsymbol{\omega}$ ist. Folglich definiert Gl. (A.51) für jeden festen Raumpunkt $\mathbf{x}$ ein lineares, nichtautonomes Differentialgleichungssystem

$$\dot{\boldsymbol{\zeta}} = A(t)\,\boldsymbol{\zeta}, \qquad \boldsymbol{\zeta}(0) = 0,$$

dessen Matrix $A(t)$ von $\mathbf{u}(\mathbf{x}, t)$ und seiner 1. Ableitung, also vom Geschwindigkeits- und Beschleunigungsfeld abhängt. Mit $z(t) = \|\boldsymbol{\zeta}(t)\| \geq 0$ erhalten wir die Ungleichung

$$\dot{z} \leq \|A(t)\|\, z, \qquad z(0) = 0,$$

wobei $\|A(t)\|$ eine Matrixnorm bezeichnet, die mit der Vektornorm verträglich ist. Mit dem Lemma von Gronwall (siehe [1]) und $z(0) = 0$ folgt

$$z(t) \leq \mathrm{e}^{\int_0^t \|A(\tau)\|\,\mathrm{d}\tau}\, z(0) = 0\,.$$

Die Strömung bleibt somit für alle Zeiten wirbelfrei.

## A.9 Numerische Daten zur Grenzschichtgleichung

Eine Beschreibung des Schießverfahrens zur Bestimmung der Grenzschichtdicke findet man in [5, 7]. Dort wird auch ein Quellcode für MAPLE angegeben (Tab. A.1).

**Tab. A.1** Numerische Lösung von Gl. (5.38) mit Randbedingungen (5.39), (5.40) und (5.41)

| $\eta$ | $f''$ | $f'$ | $f$ |
|---|---|---|---|
| 0 | 0,33206 | 0 | 0 |
| 0,1 | 0,33205 | 0,03321 | 0,00166 |
| 0,2 | 0,33198 | 0,06641 | 0,00664 |
| 0,3 | 0,33181 | 0,0996 | 0,01494 |
| 0,4 | 0,33147 | 0,13276 | 0,02656 |
| 0,5 | 0,33091 | 0.16589 | 0.04149 |
| 0,6 | 0,33008 | 0,19894 | 0,05973 |
| 0,8 | 0,32739 | 0,26471 | 0,10611 |
| 1 | 0,32301 | 0,32978 | 0,16557 |
| 1,2 | 0,31659 | 0,39378 | 0,23795 |
| 1,4 | 0,30787 | 0,45626 | 0,32298 |
| 1,6 | 0,29666 | 0,51676 | 0,42032 |
| 1,8 | 0,28293 | 0,57476 | 0,52952 |
| 2 | 0,26675 | 0,62977 | 0,65002 |
| 2,2 | 0,24835 | 0,68131 | 0,78119 |
| 2,4 | 0,22809 | 0,72898 | 0,92229 |
| 2,6 | 0,20645 | 0,77245 | 1,0725 |
| 2,8 | 0,18401 | 0,81151 | 1,23098 |
| 3 | 0,16136 | 0,84604 | 1,39681 |
| 3,5 | 0,10777 | 0,91304 | 1,8377 |
| 4 | 0,06423 | 0,95552 | 2,30574 |
| 4,5 | 0,03398 | 0,97951 | 2,79013 |
| 5 | 0,01591 | 0,99154 | 3,28327 |
| 5,5 | 0,00658 | 0,99688 | 3,78057 |
| 6 | 0,0024 | 0,99897 | 4,27962 |
| 6,5 | 0,00077 | 0,9997 | 4,77932 |
| 7 | 0,00022 | 0,99992 | 5,27923 |
| 8 | 0,00001 | 1 | 6,27921 |
| 9 | 0 | 1 | 7,27921 |
| 10 | 0 | 1 | 8,27921 |

## A.10 Messdaten zum Profil NACA 64-210

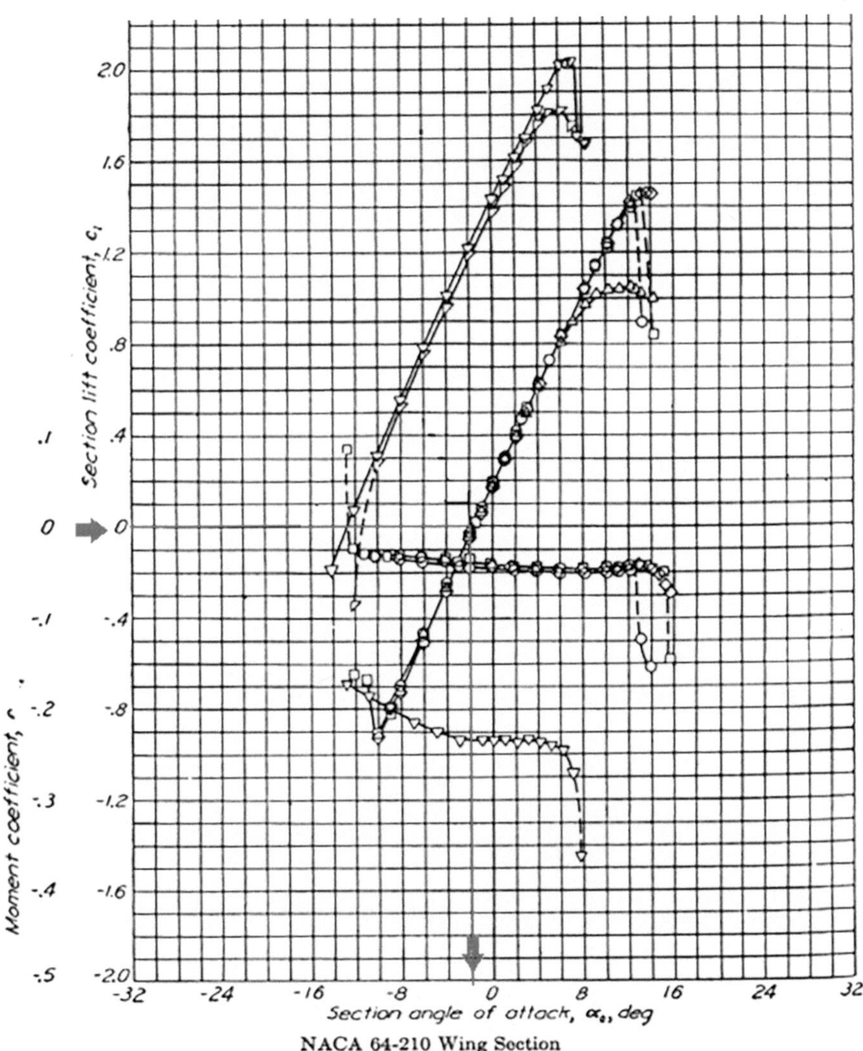


**Abb. A.3** Messdaten für $C_l = C_l(\alpha)$ zum Profil NACA 64-210 nach Abbott [1], S. 564. Folgt man an der y-Achse für $C_l = 0$ dem Pfeil, so liest man auf der x-Achse den Wert $\alpha \approx -1{,}8^\circ$ ab. Bildrechte: McGraw Hill

## Literatur


1. Amann H.: *Ordinary differential equations. An introduction to nonlinear analysis.* De Gruyter, Berlin (1990)

2. do Carmo M.: *Differentialgeometrie von Kurven und Flächen.* Vieweg, Braunschweig/ Wiesbaden (1983)
3. Legua M., Sanchez-Ruiz L.M.: *Cauchy Principal Value Contour Integral with Applications.* Entropy (2017), 19, 215; https://doi.org/10.3390/e19050215.
4. Markushevich A.I.: *The Theory of Analytic Functions. A Brief Course.* Mir Publishers, Moscow (1983)
5. Meade D.B., Haran B.S., White R.E.: *The Shooting Technique for the Solution of Two-Point Boundary Value Problems.* MapleTech 3 (1996), S. 85–93
6. Milne-Thomson L.M.: *Theoretical Hydrodynamics.* Dover Publications, New York (1968)
7. Sun B.: *Solving Prandtl-Blasius Boundary Layer Equation Using Maple.* Preprints (2020) 2020080296. https://doi.org/10.20944/preprints202008.0296.v2 Zugriff 22. Sept 2024
8. W. S. Vladimirov: *Equations of mathematical physics.* Mir Publishers, Moscow (1984)

# Lösungen

# B

**Zu Kap.** 1

**1.1** Wir beweisen $\epsilon_{ij1}\,\epsilon_{1lm} + \epsilon_{ij2}\,\epsilon_{2lm} + \epsilon_{ij3}\,\epsilon_{3lm} = \delta_{il}\,\delta_{jm} - \delta_{im}\,\delta_{jl}$.
Fall 1: Sei $i = j$ oder $l = m$. Dann ist $\epsilon_{ijk}\,\epsilon_{klm} = 0$ sowie

$$\delta_{il}\,\delta_{jm} - \delta_{im}\,\delta_{jl} = \delta_{il}\,\delta_{im} - \delta_{im}\,\delta_{il} = 0\,.$$

Fall 2: Sei $i \neq j$ und $l \neq m$. Es bleibt genau ein Wert $k \notin \{i, j\}$ und $k \notin \{l, m\}$.
Fall 2a: Für $i = l$ und $j = m$ ist $\delta_{il} = \delta_{jm} = 1$ sowie $\delta_{im} = \delta_{jl} = 0$, also

$$\delta_{il}\,\delta_{jm} - \delta_{im}\,\delta_{jl} = 1\,.$$

Die Permutationen $(ijk)$ und $(kij)$ besitzen dieselbe Ordnung, d. h., beide sind entweder gerade oder ungerade. Damit folgt $\epsilon_{ijk}\,\epsilon_{klm} = \epsilon_{ijk}\,\epsilon_{kij} = 1$.
Fall 2b: Für $i = m,\ j = l$ ist $\delta_{il}\,\delta_{jm} = 0$ sowie $\delta_{im}\,\delta_{jl} = 1$, also

$$\delta_{il}\,\delta_{jm} - \delta_{im}\,\delta_{jl} = -1\,.$$

$(ijk)$ und $(kji)$ besitzen verschiedene Ordnungen, also $\epsilon_{ijk}\,\epsilon_{klm} = \epsilon_{ijk}\,\epsilon_{kji} = -1$.

**1.2** Zur ersten Zeile soll das k-fache der zweiten Zeile addiert werden. Es bezeichne

$$D = \begin{bmatrix} a_x & a_y & a_z \\ b_x & b_y & b_z \\ c_x & c_y & c_z \end{bmatrix}, \qquad D_k = \begin{bmatrix} a_x + kb_x & a_y + kb_y & a_z + kb_z \\ b_x & b_y & b_z \\ c_x & c_y & c_z \end{bmatrix}.$$

Dann ist


R. Spielmann, *Theoretische Strömungsmechanik*,
https://doi.org/10.1007/978-3-662-70549-0

$$\begin{aligned}
\det D_k &= (\mathbf{a}+k\mathbf{b})\cdot(\mathbf{b}\times\mathbf{c}) = \mathbf{a}\cdot(\mathbf{b}\times\mathbf{c})+k\mathbf{b}\cdot(\mathbf{b}\times\mathbf{c}) \\
&= \mathbf{a}\cdot(\mathbf{b}\times\mathbf{c})+k\mathbf{c}\cdot\underbrace{(\mathbf{b}\times\mathbf{b})}_{=0} = \det D\,.
\end{aligned}$$

Für andere Zeilen folgt die Aussage nach entsprechender Permutation der Zeilen.

**1.3**

$$\det\begin{bmatrix} ka_x & ka_y & ka_z \\ b_x & b_y & b_z \\ c_x & c_y & c_z \end{bmatrix} = (k\mathbf{a})\cdot(\mathbf{b}\times\mathbf{c}) = k[\mathbf{a}\cdot(\mathbf{b}\times\mathbf{c})] = k\det\begin{bmatrix} a_x & a_y & a_z \\ b_x & b_y & b_z \\ c_x & c_y & c_z \end{bmatrix}.$$

**1.4** Beweis von Gl. (1.12):

$$\mathrm{rot}\,(b\,\mathbf{a}) = \epsilon_{ijk}\,\partial_i(ba_j) = \epsilon_{ijk}\,(\partial_i b)a_j + b\epsilon_{ijk}\,\partial_i a_j = (\mathrm{grad}\,b)\times\mathbf{a} + b\,\mathrm{rot}\,\mathbf{a}\,.$$

Beweis von Gl. (1.13):

$$\begin{aligned}
\mathrm{rot}\,(\mathrm{rot}\,\mathbf{a}) &= \epsilon_{lkn}\,\partial_l(\epsilon_{ijk}\,\partial_i a_j) = \epsilon_{lkn}\epsilon_{ijk}\,\partial_l\partial_i a_j = -\epsilon_{kln}\epsilon_{kij}\,\partial_l\partial_i a_j \\
&= (\delta_{lj}\,\delta_{ni}-\delta_{li}\,\delta_{nj})\,\partial_l\partial_i a_j = \delta_{lj}\,\delta_{ni}\,\partial_l\partial_i a_j - \delta_{li}\,\delta_{nj}\,\partial_l\partial_i a_j \\
&= (\partial_j\partial_n a_j) - (\partial_i\partial_i a_j) = \mathrm{grad}\,\mathrm{div}\,\mathbf{a} - \Delta\mathbf{a}\,.
\end{aligned}$$

Beweis von Gl. (1.14):

$$\mathrm{div}\,(b\,\mathbf{a}) = \partial_i(ba_i) = b\,\partial_i a_i + a_i\,(\partial_i b) = b\,\mathrm{div}\,\mathbf{a} + \mathbf{a}\cdot\mathrm{grad}\,b\,.$$

Beweis von Gl. (1.15):

$$\begin{aligned}
\mathrm{rot}\,(\mathbf{a}\times\mathbf{b}) &= \epsilon_{nkm}\,\partial_n(\epsilon_{ijk}a_i b_j) = \epsilon_{nkm}\epsilon_{ijk}\,\partial_n(a_i b_j) = -\epsilon_{knm}\epsilon_{kij}\,\partial_n(a_i b_j) \\
&= (\delta_{nj}\,\delta_{mi}-\delta_{ni}\,\delta_{mj})\,\partial_n(a_i b_j) = \delta_{nj}\,\delta_{mi}\,\partial_n(a_i b_j) - \delta_{ni}\,\delta_{mj}\,\partial_n(a_i b_j) \\
&= \partial_n(a_m b_n) - \partial_n(a_n b_m) = b_n\,\partial_n a_m + a_m\,(\partial_n b_n) - (a_n\,\partial_n b_m + b_m\,\partial_n a_n) \\
&= (\mathbf{b}\cdot\nabla)\mathbf{a} - (\mathbf{a}\cdot\nabla)\mathbf{b} + \mathbf{a}\,\mathrm{div}\,\mathbf{b} - \mathbf{b}\,\mathrm{div}\,\mathbf{a}\,.
\end{aligned}$$

Beweis von Gl. (1.16):

$$\begin{aligned}
\mathbf{a}\times(\mathrm{rot}\,\mathbf{b}) &= \epsilon_{lkm}a_l(\epsilon_{ijk}\,\partial_i b_j) = -\epsilon_{klm}\,\epsilon_{kij}a_l\,\partial_i b_j \\
&= (\delta_{lj}\,\delta_{mi}-\delta_{li}\,\delta_{mj})\,a_l\,\partial_i b_j = \delta_{lj}\delta_{mi}a_l\,\partial_i b_j - \delta_{li}\delta_{mj}a_l\,\partial_i b_j \\
&= (a_j\,\partial_i b_j) - (a_i\,\partial_i b_j)
\end{aligned}$$

und ebenso

$$\mathbf{b}\times(\mathrm{rot}\,\mathbf{a}) = (b_j\,\partial_i a_j) - (b_i\,\partial_i a_j)\,.$$

Damit ist

$$\begin{aligned}
(\mathbf{a}\cdot\nabla)\,\mathbf{b} + \mathbf{a}\times(\mathrm{rot}\,\mathbf{b}) &= a_j\,\partial_j b_i + a_j\,\partial_i b_j - a_i\,\partial_i b_j = (a_j\,\partial_i b_j)\,, \\
(\mathbf{b}\cdot\nabla)\,\mathbf{a} + \mathbf{b}\times(\mathrm{rot}\,\mathbf{a}) &= b_j\,\partial_j a_i + b_j\,\partial_i a_j - b_i\,\partial_i a_j = (b_j\,\partial_i a_j)
\end{aligned}$$

und wir erhalten

$$\begin{aligned}(\mathbf{a}\cdot\nabla)\,\mathbf{b}+\mathbf{a}\times(\operatorname{rot}\mathbf{b})+(\mathbf{b}\cdot\nabla)\,\mathbf{a}+\mathbf{b}\times(\operatorname{rot}\mathbf{a}) &= a_j\,\partial_i b_j + b_j\,\partial_i a_j\\ &= (\partial_i(a_j b_j))\\ &= \operatorname{grad}(\mathbf{a}\cdot\mathbf{b})\,.\end{aligned}$$

Beweis von Gl. (1.17): Es ist $\operatorname{div}\operatorname{rot}\mathbf{a} = \partial_k(\epsilon_{ijk}\,\partial_i a_j) = \epsilon_{ijk}\,\partial_k\partial_i a_j$. In der Summe verschwinden die Terme mit sich wiederholenden Indizes. Somit ist $(ijk)$ stets eine Permutation von (123). Durch Vertauschung von $k$ und $i$ tritt jedes derartige Indextripel zweimal auf. Wegen $\epsilon_{ijk} = -\epsilon_{kji}$ folgt $\epsilon_{ijk}\,\partial_k\partial_i a_j = 0$.
Beweis von Gl. (1.18): Es ist $\operatorname{rot}\operatorname{grad} b = (\epsilon_{ijk}\,\partial_i\partial_j b)$. Wiederum verschwinden alle Indextripel mit sich wiederholenden Indizes, und sämtliche Indexpaare $i \neq j$ treten doppelt auf. Wegen $\epsilon_{jik} = -\epsilon_{ijk}$ folgt die Behauptung.

**1.5** Wegen Gl. (1.7) ist

$$\operatorname{rot}\mathbf{a} = \det\begin{bmatrix}\mathbf{e}_x & \mathbf{e}_y & \mathbf{e}_z\\ \partial_x & \partial_y & \partial_z\\ u & v & 0\end{bmatrix} = -\mathbf{e}_x\partial_z v - \mathbf{e}_y\partial_z u + \mathbf{e}_z(\partial_x v - \partial_y u) = \mathbf{e}_z(\partial_x v - \partial_y u)\,.$$

(Im letzten Schritt wird genutzt, dass $u$ und $v$ unabhängig von $z$ sind.)

**1.6** Bekanntlich ist $\mathrm{d}\mathbf{x} = \begin{pmatrix}\mathrm{d}x\\ \mathrm{d}y\end{pmatrix}$ ein tangentiales Differentialelement. Wegen $\begin{pmatrix}\mathrm{d}x\\ \mathrm{d}y\end{pmatrix}\cdot\begin{pmatrix}\mathrm{d}y\\ -\mathrm{d}x\end{pmatrix} = 0$ steht es senkrecht zu $\mathbf{n}\,\mathrm{d}s = \begin{pmatrix}\mathrm{d}y\\ -\mathrm{d}x\end{pmatrix}$, sodass Letzteres ein normal gerichtetes Differentialelement darstellt. Dasselbe gilt für $-\mathbf{n}\,\mathrm{d}s = \begin{pmatrix}-\mathrm{d}y\\ \mathrm{d}x\end{pmatrix}$. Damit erhalten wir

$$\mathbf{u}\cdot\mathbf{n}\,\mathrm{d}s = \begin{pmatrix}u\\ v\end{pmatrix}\cdot\begin{pmatrix}\mathrm{d}y\\ -\mathrm{d}x\end{pmatrix} = u\,\mathrm{d}y - v\,\mathrm{d}x\,.$$

**1.7** Mit dem Integralsatz von Gauß folgt

$$\int_\Sigma \mathbf{n}\,\mathrm{d}S = \int_{\mathrm{int}\Sigma}(\nabla 1)\,\mathrm{d}V = 0\,.$$

Außerdem folgt das Resultat bereits aus Symmetriebetrachtungen.

**1.8** (a) Mit Gl. (1.20) folgt

$$\operatorname{rot}\mathbf{u} = \frac{\partial}{\partial x}\Big(\frac{x}{x^2+y^2}\Big) + \frac{\partial}{\partial y}\Big(\frac{y}{x^2+y^2}\Big) = 0\,.$$

(b) Bei Integration entlang des Einheitskreises gilt

$$\oint \mathbf{u}\,\mathrm{d}\mathbf{x} = \int (-y\,\mathrm{d}x + x\,\mathrm{d}y) = \int_{\phi=0}^{2\pi} \mathrm{d}\phi = 2\pi \neq 0\,.$$

(Das zweite Integral wird in Polarkoordinaten $x = r\cos\phi$, $y = r\sin\phi$ für $r = 1$ ausgewertet, d. h., es ist $\mathrm{d}x = -r\sin\phi\,\mathrm{d}\phi$, $\mathrm{d}y = r\cos\phi\,\mathrm{d}\phi$.)

**1.9** Beweis von Gl. (1.26): Für $r = \left(\sum (y_k - x_k)^2\right)^{\frac{1}{2}}$ folgt

$$\frac{\partial r}{\partial y_i} = \frac{1}{2}\left(\sum [y_k - x_k]^2\right)^{-\frac{1}{2}} 2(y_i - x_i) = \frac{y_i - x_i}{r}$$

und damit Gl. (1.26).
Beweis von Gl. (1.27): Unter zweimaliger Benutzung von Gl. (1.26) folgt

$$\mathbf{e}_r = \nabla_y r = \frac{\mathbf{y}-\mathbf{x}}{r} = -\frac{\mathbf{x}-\mathbf{y}}{r} = -\nabla_x r\,.$$

Beweis von Gl. (1.28): Die Aussage folgt aus der Kettenregel und Gl. (1.27).

**1.10** Unter Nutzung von Gl. (1.27) und (1.28) für $f(r) = 1/r$ erhält man

$$\frac{\mathrm{d}G(\mathbf{x},\mathbf{y})}{\mathrm{d}\mathbf{n}} = \mathbf{n}\cdot\nabla_y\left(-\frac{1}{4\pi r}\right) = \frac{1}{4\pi}\mathbf{n}\cdot\nabla_x\left(\frac{1}{r}\right) = \frac{1}{4\pi}r^{-2}\,\mathbf{n}\cdot\mathbf{e}_r\,.$$

**Zu Kap.** 2

**2.1**

$$\frac{D(f\,g)}{Dt} = \frac{\partial(f\,g)}{\partial t} + \mathbf{u}\cdot\nabla(f\,g) = f\frac{\partial g}{\partial t} + g\frac{\partial f}{\partial t} + \mathbf{u}\cdot[f\,\nabla g + g\,\nabla f] = f\frac{Dg}{Dt} + g\frac{Df}{Dt}\,.$$

**2.2** Seien $S_1(A,P)$ und $S_2(P,A)$ zwei verschiedene Wege, die gemeinsam eine geschlossene Kurve $C$ bilden und die Fläche $\Sigma \subset \mathbb{R}^2$ einschließen. Mit $\operatorname{div}\mathbf{u} = 0$ folgt aus Theorem 1.1

$$\int_{S_1(A,P)} \mathbf{u}\cdot\mathbf{n}\,\mathrm{d}s + \int_{S_2(P,A)} \mathbf{u}\cdot\mathbf{n}\,\mathrm{d}s = \int_C \mathbf{u}\cdot\mathbf{n}\,\mathrm{d}s = \int_\Sigma \operatorname{div}\mathbf{u}\,\mathrm{d}A = 0$$

und somit $\int_{S_1(A,P)} \mathbf{u}\cdot\mathbf{n}\,\mathrm{d}s = \int_{S_2(A,P)} \mathbf{u}\cdot\mathbf{n}\,\mathrm{d}s$.

**2.3** Für zwei beliebige Punkte $P_1 = \begin{pmatrix} x_1 \\ y_1 \end{pmatrix}$ und $P_2 = \begin{pmatrix} x_2 \\ y_2 \end{pmatrix}$ auf derselben Stromlinie ist $\psi(x_1, y_1) = \psi(x_2, y_2)$ nachzuweisen. Zunächst wählen wir einen Weg

$S_1(A, P_1)$. Nun konstruieren wir $S_2(A, P_2) = S_1(A, P_1) \cup S(P_1, P_2)$, wobei die Kurve $S(P_1, P_2)$ auf der gemeinsamen Stromlinie von $P_1$ und $P_2$ liegt. Da das Geschwindigkeitsfeld $\mathbf{u}$ tangential zu den Stromlinien verläuft, ist

$$\mathbf{u} \cdot \mathbf{n} = 0 \qquad \text{auf } S(P_1, P_2)$$

und folglich

$$\int_{S_2(A,P_2)} \mathbf{u} \cdot \mathbf{n}\, \mathrm{d}s = \int_{S_1(A,P_1)} \mathbf{u} \cdot \mathbf{n}\, \mathrm{d}s + \int_{S(P_1,P_2)} \mathbf{u} \cdot \mathbf{n}\, \mathrm{d}s = \int_{S_1(A,P_1)} \mathbf{u} \cdot \mathbf{n}\, \mathrm{d}s\,.$$

**Zu Kap.** 3

**3.1** Die Scherkraft $\mathbf{S}_i$ wird berechnet als

$$\mathbf{S}_i = \mathbf{S}\mathbf{e}_i = \begin{bmatrix} 0 & \sigma_{12} & \sigma_{13} \\ \sigma_{21} & 0 & \sigma_{23} \\ \sigma_{31} & \sigma_{32} & 0 \end{bmatrix} \mathbf{e}_i = \begin{pmatrix} \sigma_{1i} \\ \sigma_{2i} \\ \sigma_{3i} \end{pmatrix}.$$

Wegen Gl. (3.8) ist $\sigma_{ii} = 0$, d. h., die Scherkraft enthält keinen Anteil in Richtung $\mathbf{e}_i$.

**3.2** Wir berechnen die Ableitungen mit der Kettenregel, beispielsweise

$$\begin{aligned} \frac{\partial u}{\partial t} &= \frac{\partial (Uu')}{\partial t} = U\frac{\partial u'}{\partial t'}\frac{\partial t'}{\partial t} = U\frac{\partial u'}{\partial t'}\frac{U}{L} = \frac{U^2}{L}\frac{\partial u'}{\partial t'}\,, \\ \frac{\partial p}{\partial x} &= \frac{\partial (\varrho U^2 p')}{\partial x} = \varrho U^2\frac{\partial p'}{\partial x'}\frac{\partial x'}{\partial x} = \varrho U^2\frac{\partial p'}{\partial x'}\frac{1}{L} = \frac{\varrho U^2}{L}\frac{\partial p'}{\partial x'}\,. \end{aligned}$$

Nach Einsetzen erhält man die Gl. (3.24) und (3.25).

**3.3** Unter Benutzung von Gl. (1.7) und (1.9) folgt

$$\operatorname{rot} \Delta\mathbf{u} = \epsilon_{ijk}\, \partial_i(\partial_l\partial_l a_j) = \partial_l\partial_l(\epsilon_{ijk}\, \partial_i a_j) = \Delta\boldsymbol{\omega}\,.$$

**Zu Kap.** 4

**4.1** Sobald der Regenschirm herumgeklappt ist, ändert sich der Stromlinienverlauf und die Sogrichtung kehrt sich um.

**4.2** Nach dem Satz von Bernoulli (4.6) gilt entlang einer Stromlinie

$$\frac{\partial p}{\partial s} = -2\varrho\frac{\partial \|\mathbf{u}\|^2}{\partial s}\,.$$

**4.3** Eine wirbelfreie Strömung mit konstanter Dichte ist gemäß Korollar 2.1 quellenfrei und deshalb nach Lemma 3.4 reibungsfrei. Dies gilt sowohl in zwei- als auch dreidimensionalen Gebieten.

**4.4** Die Behauptung folgt aus Lemma 1.1, Aussage 2.

**4.5** Für $\mathbf{u} = \operatorname{grad} \phi = (\partial_j \phi)$ gilt

$$\Delta \mathbf{u} = \partial_i \partial_i u_j = \partial_i \partial_i (\partial_j \phi) = \partial_j \partial_i (\partial_i \phi) = \partial_j \underbrace{(\partial_i u_i)}_{=0} = 0 \quad \text{wegen Inkompressibilität.}$$

Damit liefert der Term $\nu \Delta \mathbf{u}$ keinen Beitrag in der Navier-Stokes-Gleichung (3.20), sodass wir ihre reibungsfreie Näherung (3.30) erhalten.

**4.6** Nach Aufgabe 4.5 ist der Fluss reibungsfrei, sodass sich die Navier-Stokes-Gleichung (3.20) zu Gl. (3.30) vereinfacht. Damit folgt

$$\frac{\partial \mathbf{u}}{\partial t} + (\mathbf{u} \cdot \nabla)\mathbf{u} + \nabla\Big(\frac{p}{\varrho}\Big) + \nabla \Phi = 0\,. \tag{B.1}$$

Wegen Gl. (1.18) ist $\operatorname{rot} \mathbf{u} = \operatorname{rot} \operatorname{grad} \phi = 0$. Wie im Beweis von Theorem 3.2 benutzen wir die Identität (3.36), die sich mit der Wirbelfreiheit zu

$$(\mathbf{u} \cdot \nabla)\, \mathbf{u} = \frac{1}{2} \nabla \left(\|\mathbf{u}\|^2\right) \tag{B.2}$$

vereinfacht. Mit $\mathbf{u} = \operatorname{grad} \phi$ folgt im gesamten Strömungsgebiet

$$\nabla \Big(\frac{\partial \phi}{\partial t} + \frac{1}{2}(\|\operatorname{grad} \phi\|^2) + \frac{p}{\varrho} + \Phi\Big) = 0$$

und damit die Behauptung.

**4.7** Wir zerlegen den Tragflügelrand $C = C_1 \cup C_2$ in den oberen Weg $C_1$ und den unteren Weg $C_2$, deren Längen annähernd gleich sind. Dann ist

$$\Gamma = \int_{C_1} \mathbf{u}\, \mathrm{d}\mathbf{x} + \int_{C_2} \mathbf{u}\, \mathrm{d}\mathbf{x}\,.$$

Da $C$ im positiven Richtungssinn durchlaufen wird, ist $\mathbf{u}\, \mathrm{d}\mathbf{x} < 0$ auf $C_1$ bzw. $\mathbf{u}\, \mathrm{d}\mathbf{x} > 0$ auf $C_2$. Mit $u_1$ bzw. $u_2$ bezeichnen wir die Beträge der mittleren Fließgeschwindigkeiten auf $C_1$ bzw. $C_2$. Aus Abb. 4.12 sieht man $u_1 > u_2$ und somit

$$\Gamma \approx -u_1 \int_{C_1} \mathrm{d}s + u_2 \int_{C_2} \mathrm{d}s \approx (u_2 - u_1) \int_{C_1} \mathrm{d}s < 0\,.$$

**4.8** Das Fluid kann den Rand nicht durchdringen, sodass die Stromfunktion $\psi$ dort konstant bleibt, siehe Gl. (2.10).

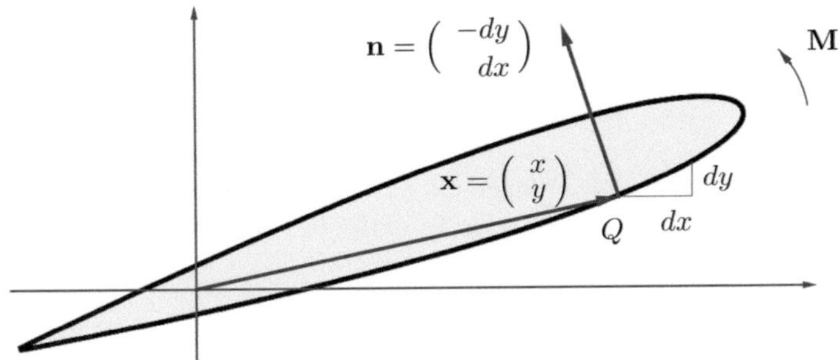


**Abb. B.1** Die Druckkraft $p\mathbf{n}$ bei $Q = (x, y)$ erzeugt ein Drehmoment $\mathrm{d}M$ um den Nullpunkt

**4.9** Für einen Kreispunkt $\zeta = \zeta_c + a\mathrm{e}^{\mathrm{i}\phi}$ ist

$$\begin{aligned} w(\zeta) &= u_\infty \Big[ a\mathrm{e}^{\mathrm{i}\phi}\mathrm{e}^{\mathrm{i}\alpha} + \frac{a^2\mathrm{e}^{-\mathrm{i}\alpha}}{a\mathrm{e}^{\mathrm{i}\phi}} + \mathrm{i}\,a\kappa \ln a\mathrm{e}^{\mathrm{i}\phi} \Big] \\ &= u_\infty a[\mathrm{e}^{\mathrm{i}(\phi+\alpha)} + \mathrm{e}^{-\mathrm{i}(\phi+\alpha)}] + \mathrm{i}\,u_\infty a\kappa(\ln a + \mathrm{i}\phi) \\ &= 2u_\infty a \cos(\phi + \alpha) - u_\infty a\kappa\phi + \mathrm{i}\,u_\infty a\kappa \ln a\,, \end{aligned}$$

wobei der Imaginärteil $u_\infty a\kappa \ln a$ unabhängig von der Position auf dem Kreis ist.

**4.10** Wir berechnen das komplexe Geschwindigkeitsfeld

$$\mathcal{U}(\zeta) = \frac{\mathrm{d}w}{\mathrm{d}\zeta} = u_\infty \Big[ 1 - \frac{a^2}{(\zeta - \zeta_c)^2} + \frac{\mathrm{i}\,a\kappa}{\zeta - \zeta_c} \Big].$$

Dann ist $\lim_{\zeta\to\infty} \mathcal{U}(\zeta) = u_\infty$.

**4.11** Aus Gl. (4.12) und (4.18) folgt

$$\begin{aligned} \Gamma &= \oint_{K(C,a)} \mathcal{U}\,\mathrm{d}\zeta \\ &= u_\infty \Big[ \oint_{K(C,a)} \mathrm{d}\zeta - a^2 \oint_{K(C,a)} \frac{\mathrm{d}\zeta}{(\zeta - \zeta_c)^2} + \mathrm{i}\,a\kappa \oint_{K(C,a)} \frac{\mathrm{d}\zeta}{\zeta - \zeta_c} \Big]. \end{aligned}$$

Das erste Integral verschwindet nach Theorem A.1, das zweite wegen Aufgabe A.7. Das letzte Integral wird mit Aufgabe A.7 berechnet und ergibt $\Gamma = -2au_\infty\pi\kappa$.

**4.12** Siehe Abb. B.1. Ergänzen wir alle Vektoren um eine z-Komponente, so ist

$$\mathrm{d}\mathbf{M} = \begin{pmatrix} x \\ y \\ 0 \end{pmatrix} \times p \begin{pmatrix} -\mathrm{d}y \\ \mathrm{d}x \\ 0 \end{pmatrix} = \begin{pmatrix} 0 \\ 0 \\ p(x\,\mathrm{d}x + y\,\mathrm{d}y) \end{pmatrix}.$$

**4.13**

$$\frac{\mathrm{d}\bar{w}}{\mathrm{d}\bar{z}} = \lim_{\Delta\bar{z}\to 0} \frac{\Delta\bar{w}}{\Delta\bar{z}} = \lim_{\Delta z\to 0} \overline{\left(\frac{\Delta w}{\Delta z}\right)} = \overline{\left(\frac{\mathrm{d}w}{\mathrm{d}z}\right)}\,.$$

**4.14** $C$ bildet eine Stromlinie. Wegen Gl. (2.10) ist dort $\psi = \text{const.}$ Mit $\mathrm{d}w = \mathrm{d}\phi + \mathrm{i}\mathrm{d}\psi,\ \mathrm{d}\bar{w} = \mathrm{d}\phi - \mathrm{i}\mathrm{d}\psi$ folgt die Behauptung.

**4.15** Aus Gl. (4.32) folgt mit dem Additionstheorem

$$x + \mathrm{i}y = c\cosh(\xi + \mathrm{i}\eta) = c\cosh\xi\,\cos\eta + \mathrm{i}c\sinh\xi\,\sin\eta\,.$$

Demnach sind $x = c\cosh\xi\,\cos\eta$ und $y = c\sinh\xi\,\sin\eta$. Hieraus folgen Gl. (4.33) und (4.34).

**4.16** Für die Randpunkte $\zeta = \xi_0 + \mathrm{i}\eta$ folgt

$$w(\xi_0 + \mathrm{i}\eta) = cA\cosh(\mathrm{i}(\eta - \alpha)) = \frac{cA}{2}\left(\mathrm{e}^{\mathrm{i}(\eta-\alpha)} + \mathrm{e}^{-\mathrm{i}(\eta-\alpha)}\right) = cA\cos(\eta - \alpha)\,.$$

Somit ist auf dem Rand $\operatorname{Im} w = 0$.

**4.17** Aus Gl. (4.39) erhält man

$$\begin{aligned}
\mathcal{U}_\infty &= \lim_{z\to\infty} \frac{\mathrm{d}\hat{w}}{\mathrm{d}z} = A \lim_{\zeta\to\infty}\left[\cosh\zeta_0 - \frac{\sinh\zeta_0\cosh\zeta}{\sinh\zeta}\right] \\
&= A[\cosh\zeta_0 - \sinh\zeta_0] = A\mathrm{e}^{-\zeta_0} \\
&= A\mathrm{e}^{-\xi_0}(\cos\alpha - \mathrm{i}\sin\alpha)\,.
\end{aligned}$$

Nach Umwandlung mit Gl. (4.11) folgt Gl. (4.42).

**4.18** Aus der Bedingung $\mathcal{U} = 0$ und Gl. (4.38) erhalten wir $\mathrm{d}w/\mathrm{d}\zeta = 0$. Mit Gl. (4.37) folgt $\sinh(\zeta - \xi_0 - \mathrm{i}\alpha) = 0$. Für $\zeta = \xi_0 + \mathrm{i}\eta$ erhalten wir

$$\mathrm{i}(\eta - \alpha) = 0 \qquad \text{bzw.} \qquad \mathrm{i}(\eta - \alpha) = \mathrm{i}\pi\,,$$

woraus sich die gesuchten Winkel $\eta$ ergeben.

**4.19** Wegen $\sin(2\alpha) = 2\sin\alpha\,\cos\alpha$ folgt aus Gl. (4.44)

$$M = -k\sin(2\alpha) \qquad \text{mit } k > 0.$$

Dann ist $M = 0$ für $\alpha = 0$ und $\alpha = \pi/2$. Mit dem Ansatz $\alpha = \pi/2 + \epsilon$ untersuchen wir eine kleine Abweichung von der quer gestellten Position. Wegen

$$\sin(2\alpha) = \sin(\pi + 2\epsilon) = -\sin(2\epsilon)$$

ist $M = k\sin(2\epsilon)$. Damit besitzen $\epsilon$ und $M$ dasselbe Vorzeichen. Für $\epsilon > 0$ (Auslenkung des Schiffsrumpfs gegen den Uhrzeigersinn) ist $M > 0$ (im Uhrzeigersinn), sodass das Drehmoment die Rückkehr zur Ausgangsposition bewirkt. Dieselbe gegenläufige Wirkung tritt bei $\epsilon < 0$ und $M < 0$ ein. In der längs gestellten Position setzen wir $\alpha = 0 + \epsilon$ und erhalten $M = -k\sin(2\epsilon)$. Eine kleine Auslenkung des Schiffsrumpfs bewirkt ein verstärkendes Drehmoment.

**4.20**

(a) Für Punkte des Einheitskreises $\zeta = \mathrm{e}^{\mathrm{i}\phi}$ folgt $z = \mathrm{e}^{\mathrm{i}\phi} + \mathrm{e}^{-\mathrm{i}\phi} = 2\cos\phi$. Der gesamte Einheitskreis $\phi \in [0, 2\pi]$ wird auf das Intervall $[-2, 2]$ abgebildet.

(b) Aus Gl. (4.45) folgt $0 = \zeta^2 - \zeta z + 1$ bzw. $\zeta = \frac{z}{2} \pm \sqrt{\frac{z^2}{4} - 1}$. Deshalb wird jeder Bildpunkt $z \neq \pm 2$ von zwei Werten $\zeta$ erreicht. Für eine Lösung $\zeta$ von Gl. (4.45) bei vorgegebenem $z \neq \pm 2$ ist $\frac{1}{\zeta}$ die zweite Lösung. Es ist $|\zeta| > 1$ genau dann, wenn $|\frac{1}{\zeta}| < 1$ gilt. Damit besteht die Joukowski-Transformation aus zwei Bijektionen, von denen die erste das Kreisinnere und zweite das Außengebiet auf $\mathbb{C} \setminus [-2; 2]$ abbildet.

**4.21** Mit den Mittelpunktskoordinaten $\zeta_0$ wird $K(C, a)$ durch die Gleichung

$$|\zeta - \zeta_0|^2 = a^2$$

beschrieben. Dann ist

$$\begin{aligned} (\zeta - \zeta_0)(\bar{\zeta} - \bar{\zeta}_0) &= a^2\,, \\ \zeta\bar{\zeta} - \bar{\zeta}_0\zeta - \zeta_0\bar{\zeta} + \zeta_0\bar{\zeta}_0 - a^2 &= 0\,. \end{aligned} \tag{B.3}$$

Mit Gl. (4.46) folgt nach Einsetzen von $\zeta = 1/\zeta_1$, $\bar{\zeta} = 1/\bar{\zeta}_1$:

$$\begin{aligned} \frac{1}{\zeta_1}\frac{1}{\bar{\zeta}_1} - \bar{\zeta}_0\frac{1}{\zeta_1} - \zeta_0\frac{1}{\bar{\zeta}_1} + \zeta_0\bar{\zeta}_0 - a^2 &= 0\,, \\ 1 - \bar{\zeta}_0\bar{\zeta}_1 - \zeta_0\zeta_1 - (a^2 - \zeta_0\bar{\zeta}_0)\zeta_1\bar{\zeta}_1 &= 0\,. \end{aligned}$$

Nach Division durch $\eta = a^2 - \zeta_0\bar{\zeta}_0 > 0$ erhalten wir

$$\begin{aligned} \zeta_1\bar{\zeta}_1 + \frac{\bar{\zeta}_0}{\eta}\bar{\zeta}_1 + \frac{\zeta_0}{\eta}\zeta_1 - \frac{1}{\eta} &= 0\,, \\ \zeta_1\bar{\zeta}_1 + \frac{\bar{\zeta}_0}{\eta}\bar{\zeta}_1 + \frac{\zeta_0}{\eta}\zeta_1 + \frac{\zeta_0\bar{\zeta}_0}{\eta^2} &= \frac{\zeta_0\bar{\zeta}_0}{\eta^2} + \frac{1}{\eta}\,, \\ \left(\zeta_1 + \frac{\bar{\zeta}_0}{\eta}\right)\left(\bar{\zeta}_1 + \frac{\zeta_0}{\eta}\right) &= \frac{\zeta_0\bar{\zeta}_0}{\eta^2} + \frac{1}{\eta}\,. \end{aligned}$$

Durch Vergleich mit Gl. (B.3) lassen sich Radius $R = \sqrt{\frac{\zeta_0 \bar{\zeta}_0}{\eta^2} + \frac{1}{\eta}} = \frac{a}{\eta}$ und Mittelpunktskoordinaten $\tilde{\zeta} = -\frac{\bar{\zeta}_0}{\eta}$ des Kreises für $\zeta_1$ ablesen.

**4.22** Für $\zeta \neq 0$ ist die Joukowski-Transformation analytisch. Außerdem ist

$$\frac{\mathrm{d}z}{\mathrm{d}\zeta} = 1 - \frac{1}{\zeta^2} \neq 0 \qquad \text{für } \zeta \notin \{0, \pm 1\},$$

sodass wir die Behauptung mit Aufgabe A.8 erhalten.

**4.23** Wir berechnen mit Gl. (4.45)

$$z + 2 = \zeta + 2 + \frac{1}{\zeta} = (\zeta + 1)^2, \quad z - 2 = \zeta - 2 + \frac{1}{\zeta} = (\zeta - 1)^2 .$$

Nach Division folgt die Behauptung.

**4.24** Für einen Kreispunkt $\zeta = \zeta_c + a\mathrm{e}^{\mathrm{i}\phi}$ ist

$$\begin{aligned} w(\zeta) &= u_\infty a \mathrm{e}^{\mathrm{i}\phi} \mathrm{e}^{\mathrm{i}\alpha} + \frac{u_\infty a^2 \mathrm{e}^{-\mathrm{i}\alpha}}{a\mathrm{e}^{\mathrm{i}\phi}} + \mathrm{i}\, 2a\Gamma \ln a\mathrm{e}^{\mathrm{i}\phi} \\ &= u_\infty a [\mathrm{e}^{\mathrm{i}(\phi+\alpha)} + \mathrm{e}^{-\mathrm{i}(\phi+\alpha)}] + \mathrm{i}\, 2a\Gamma(\ln a + \mathrm{i}\phi) \\ &= 2u_\infty a \cos(\phi + \alpha) - 2a\Gamma\phi + \mathrm{i}\, 2a\Gamma \ln a . \end{aligned}$$

Nach Aufgabe 4.8 kann die Strömung den Kreis nicht durchdringen.

**4.25** Aus Gl. (4.56) folgt

$$\lim_{z \to \infty} \hat{\mathcal{U}}(z) = \lim_{\zeta \to \infty} \mathcal{U}(\zeta) \frac{1}{1 - \frac{1}{\zeta^2}} = u_\infty \mathrm{e}^{\mathrm{i}\alpha} .$$

Damit lässt sich $\alpha$ als Anströmwinkel interpretieren.

**4.26** Wir bezeichnen mit $J(K)$ das Bild des Kreises $K(C, a)$ nach der Joukowski-Transformation (Abb. 4.20). Aus Gl. (4.12) und (4.55) folgt

$$\Gamma = \oint_{J(K)} \hat{\mathcal{U}}\, \mathrm{d}z = \oint_{J(K)} \mathcal{U} \frac{\mathrm{d}\zeta}{\mathrm{d}z}\, \mathrm{d}z = \oint_{K(C,a)} \mathcal{U}\, \mathrm{d}\zeta .$$

Durch Einsetzen von Gl. (4.54) erhalten wir

$$\begin{aligned} \Gamma &= u_\infty \Big[ \mathrm{e}^{\mathrm{i}\alpha} \oint_{K(C,a)} \mathrm{d}\zeta - a^2 \mathrm{e}^{-\mathrm{i}\alpha} \oint_{K(C,a)} \frac{\mathrm{d}\zeta}{(\zeta - \zeta_c)^2} + \mathrm{i}\, 2a \sin\beta \oint_{K(C,a)} \frac{\mathrm{d}\zeta}{\zeta - \zeta_c} \Big] \\ &= -4a\pi u_\infty \sin\beta \qquad \text{(siehe Aufgabe 4.11)}. \end{aligned}$$

**Zu Kap.** 5

**5.1** Es ist $\mathbf{u} = (u(y), 0)$, wobei $u(y)$ monoton wächst. Damit folgt

$$\operatorname{rot} \mathbf{u} = \frac{\partial v}{\partial x} - \frac{\partial u}{\partial y} = -\frac{\partial u}{\partial y} \neq 0\,.$$

**5.2** Siehe Aufgabe 3.2.

**5.3** Nein. Aufgrund der nichtverschwindenden Zirkulation enthält der Fluss einen gebundenen Wirbel.

**5.4** Aus Gl. (5.46) folgt

$$\begin{aligned} 0 &= 2\zeta^2 - 4z\zeta + 2\,, \\ (z-1)(\zeta+1)^2 &= (z+1)(\zeta-1)^2\,, \\ \frac{\zeta+1}{\zeta-1} &= \sqrt{\frac{z+1}{z-1}}\,. \end{aligned}$$

**5.5** Aus $e^{i\theta} = \cos\theta + i\sin\theta$ erkennt man, dass der obere Halbkreis für $0 \leq \theta \leq \pi$ und der untere Halbkreis für $\pi \leq \theta \leq 2\pi$ durchlaufen wird. Dieselben Winkelbereiche entsprechen für $z = \cos\theta$ der Plattenoberseite bzw. Unterseite. Es ist

$$\zeta^{-1} - \zeta = e^{-i\theta} - e^{i\theta} = -2i\sin\theta\,.$$

Auf der Platte, d. h., für $z = \cos\theta$ mit $-1 \leq z \leq 1$, folgt aus

$$1 = \sin^2\theta + z^2$$

für die Ober- bzw. Unterseite

$$\begin{aligned} \sin\theta &= \sqrt{1-z^2} = i\sqrt{z^2-1} \quad \text{für } \sin\theta \geq 0\,, \\ \sin\theta &= -\sqrt{1-z^2} = -i\sqrt{z^2-1} \quad \text{für } \sin\theta \leq 0 \end{aligned}$$

und damit

$$\zeta^{-1} - \zeta = \begin{cases} 2\sqrt{z^2-1} & \text{falls } 0 \leq \theta \leq \pi\,, \\ -2\sqrt{z^2-1} & \text{falls } \pi \leq \theta \leq 2\pi\,. \end{cases}$$

**5.6** Wir umgeben das infinitesimale Segment $d\zeta$ einer Unstetigkeitskurve mit einer geschlossenen Kurve $C$ und benutzen Theorem 5.3. Danach werden die Integrale in reelle Integrale umgewandelt und der Integralsatz von Stokes angewandt. Lässt man den Durchmesser von $C$ gegen null gehen, so folgt die Behauptung.

**5.7** $z_0$ beschreibt die Position eines freien Wirbels und ist reell wegen W2. Da freie Wirbel vom Heck $z = 1$ nach rechts treiben, gilt $z_0 > 1$. Die Umkehrung von Gl. (5.46) liefert

$$\zeta_0 = z_0 \pm \sqrt{z_0^2 - 1}\,,$$

d. h., $\zeta_0$ ist reell. Damit ist auch $\zeta_0^{-1}$ reell.

**5.8** Aus

$$\ln(\zeta - \zeta_0) - \ln(\zeta - \zeta_0^{-1}) = \ln r_1 e^{i\theta_1} - \ln r_2 e^{i\theta_2} = \ln \frac{r_1}{r_2} + i(\theta_1 - \theta_2)$$

folgt nach Einsetzen in Gl. (5.60) die Behauptung.

**5.9** Mit dem Kosinussatz berechnen wir $r_1$ und $r_2$:

$$\begin{aligned} r_1^2 &= 1 + x^2 - 2x\cos\theta \qquad \text{im Dreieck } OX'Z\,. \\ r_2^2 &= 1 + \frac{1}{x^2} - \frac{2}{x}\cos\theta \qquad \text{im Dreieck } OXZ\,. \end{aligned}$$

Es folgt:

$$\left(\frac{r_1}{r_2}\right)^2 = \frac{1 + x^2 - 2x\cos\theta}{1 + \frac{1}{x^2} - \frac{2}{x}\cos\theta} = x^2\,.$$

**5.10** In Dreieck $X'XZ$ gilt

$$\sin(\theta_1 - \theta_2) = \frac{x - x^{-1}}{r_2}\sin\theta_1 \qquad \text{(Sinussatz).} \tag{B.4}$$

$$\begin{aligned} \cos(\theta_1 - \theta_2) &= \frac{r_1^2 + r_2^2 - (x - x^{-1})^2}{2r_1 r_2} \qquad \text{(Kosinussatz)} \\ &= \frac{r_1^2 + r_2^2 - x^2 + 2 - (x^{-1})^2}{2r_1 r_2}\,. \end{aligned} \tag{B.5}$$

Aus dem Kosinussatz in den Dreiecken $OX'Z$ und $OXZ$ folgt

$$\begin{aligned} r_2^2 &= r^2 + (x^{-1})^2 - 2rx^{-1}\cos\theta\,, \\ r_1^2 &= r^2 + x^2 - 2rx\cos\theta \end{aligned}$$

und nach Addition

$$r_1^2 + r_2^2 = 2r^2 + x^2 + (x^{-1})^2 - 2r(x + x^{-1})\cos\theta\,. \tag{B.6}$$

Aus Gl. (B.5) folgt mit Gl. (B.6)

$$\cos(\theta_1 - \theta_2) = \frac{2r^2 + 2 - 2r(x + x^{-1})\cos\theta}{2r_1 r_2} \tag{B.7}$$

Aus dem Sinussatz in Dreieck $OXZ$ folgt

$$r_1 \sin\theta_1 = r \sin\theta\,. \tag{B.8}$$

Damit ergibt sich

$$\begin{aligned}
\tan(\theta_1 - \theta_2) &= \frac{2r_1(x - x^{-1})\sin\theta_1}{2r^2 + 2 - 2r(x + x^{-1})\cos\theta} \quad \text{mit Gl. } (A.55), (A.58) \\
&= \frac{r_1(x - x^{-1})\sin\theta_1}{r^2 + 1 - r(x + x^{-1})\cos\theta} \\
&= \frac{r(x - x^{-1})\sin\theta}{r^2 + 1 - r(x + x^{-1})\cos\theta} \quad \text{mit Gl. } (A.59).
\end{aligned}$$

Für $r = 1$ erhalten wir Gl. (5.68).

**5.11** Mit $\Gamma = \frac{\omega(z_0)\,\mathrm{d}z_0}{2\pi}$, $\tilde{y} = \sqrt{z_0^2 - 1}\,\sqrt{1 - z^2}$ und $\tilde{x} = (1 - z_0 z)$ schreibt man

$$\mathrm{d}\phi^+_{z_0} = \Gamma \arctan2\,[\tilde{y}, \tilde{x}]\,, \qquad \mathrm{d}\phi^+_{z_0} = \Gamma \arctan2\,[-\tilde{y}, \tilde{x}]\,.$$

Der Übergang $\tilde{x} + \mathrm{i}\tilde{y} \mapsto \tilde{x} - \mathrm{i}\tilde{y}$ erfolgt durch Spiegelung an der x-Achse. Damit gilt für die zugehörigen Winkel

$$\phi = \arctan2\,[\tilde{y}, \tilde{x}]\,, \qquad -\phi = \arctan2\,[-\tilde{y}, \tilde{x}]\,.$$

**5.12** Für den freien Wirbel ersetzen wir $x_0 = z_0$ und berechnen die partiellen Ableitungen in Gl. (5.79) mit Gl. (5.69):

$$\Delta p_{x_0} = -\frac{\varrho u_\infty\, \omega(x_0)\,\mathrm{d}x_0}{\pi} \frac{x_0 + x}{\sqrt{x_0^2 - 1}\,\sqrt{1 - x^2}} \qquad \text{für } -1 \le x \le 1,\ x_0 > 1.$$

Die Formel beschreibt die Druckdifferenz, welche am Tragflügelpunkt $x$ durch das Wirbelpaar mit dem freien Element bei $x_0$ entsteht. An der Tragfläche bewirkt das Wirbelpaar den Auftrieb

$$l(x_0) = \int_{-1}^{1} \Delta p_{x_0}\,\mathrm{d}x = -\frac{\varrho u_\infty\, \omega(x_0)\,\mathrm{d}x_0}{\pi\sqrt{x_0^2 - 1}} \int_{-1}^{1} \frac{x_0 + x}{\sqrt{1 - x^2}}\,\mathrm{d}x\,.$$

Aufgrund seines ungeraden Integranden ist

$$\int_{-1}^{1} \frac{x}{\sqrt{1-x^2}}\,\mathrm{d}x = 0$$

und folglich

$$\begin{aligned}
\int_{-1}^{1} \frac{x_0+x}{\sqrt{1-x^2}}\,\mathrm{d}x &= x_0 \int_{-1}^{1} \frac{\mathrm{d}x}{\sqrt{1-x^2}} + \int_{-1}^{1} \frac{x}{\sqrt{1-x^2}}\,\mathrm{d}x = \pi x_0\,, \\
l(x_0) &= -\frac{\varrho u_\infty\,\omega(x_0)\,\mathrm{d}x_0}{\pi\sqrt{x_0^2-1}} \int_{-1}^{1} \frac{x_0+x}{\sqrt{1-x^2}}\,\mathrm{d}x \\
&= -\frac{\varrho u_\infty\,\omega(x_0)\,x_0\,\mathrm{d}x_0}{\sqrt{x_0^2-1}} \qquad \text{für } x_0 > 1.
\end{aligned}$$

**5.13** Für die Zirkulation $\Gamma_C$ folgt nach Gl. (4.10) und dem Satz von Stokes

$$\Gamma_C = \oint_C \mathbf{u}\,\mathrm{d}\mathbf{x} = \int_\Sigma \operatorname{rot}\mathbf{u}\cdot\mathbf{n}\,\mathrm{d}S = \int_\Sigma \boldsymbol{\omega}\cdot\mathbf{n}\,\mathrm{d}S\,.$$

Falls sich die Wirbelröhre durch eine Querschnittsverengung zu einem Wirbelfaden reduzieren lässt, so erhalten wir seine Stärke mittels

$$\lim_{|\Sigma|\to 0} \frac{\Gamma_C}{|\Sigma|} = \lim_{|\Sigma|\to 0} \frac{\int_\Sigma \boldsymbol{\omega}\cdot\mathbf{n}\,\mathrm{d}S}{|\Sigma|} = \omega\,.$$

**5.14** Nach dem Stromlinien-Krümmungs-Theorem 4.1 wirkt ein Sog zum Strudelzentrum. Dieses bildet einen Wirbelfaden, welcher nach dem Satz von Helmholtz nicht im Fluid endet. Stattdessen reicht er von der Oberfläche bis zum Grund, wo die Fließgeschwindigkeit null wird. In Bodennähe besteht die Gefahr, im Hindernis eingeklemmt zu werden. Hält man sich jedoch flach an der Wasseroberfläche, so befindet sich der kleinstmögliche Teil des Körpers im Bereich des Wirbelfadens und die Sogwirkung wird minimal.

## Zu Kap. 6

**6.1** In Abb. 6.9 sind die rechtwinkligen Dreiecke mit den Winkeln $\alpha_i$ ähnlich. Damit ist $\frac{L'}{L'_{\text{res}}} = \frac{u_\infty}{u_{\text{res}}}$. Nach Umstellung folgt mit Gl. (6.10)

$$L' = L'_{\text{res}}\,\frac{u_\infty}{u_{\text{res}}} = \varrho\,u_{\text{res}}\,\Gamma\,\frac{u_\infty}{u_{\text{res}}} = \varrho\,u_\infty\,\Gamma\,.$$

**6.2** Aus Abb. 6.9 erhalten wir wegen der Ähnlichkeit rechtwinkliger Dreiecke die Beziehung $\frac{D'_i}{L'_{\text{res}}} = \frac{w}{u_{\text{res}}}$. Nach Umstellung folgt mit Gl. (6.10)

$$D'_i = L'_{\text{res}}\,\frac{w}{u_{\text{res}}} = \varrho\,u_{\text{res}}\Gamma\,\frac{w}{u_{\text{res}}} = \varrho w\Gamma\,.$$

**6.3** Benutze Gl. (6.9) mit Gl. (6.8), (6.17) und (6.18).

**6.4** Mit Gl. (6.16) und (6.13) erhält man

$$C_L = \frac{L}{q_\infty S} = \frac{\varrho_\infty u_\infty \int_{-b/2}^{b/2} \Gamma(y)\, \mathrm{d}y}{q_\infty S},$$

und mit $q_\infty = \frac{1}{2}\varrho_\infty u_\infty^2$ folgt Gl. (6.22). Für kleine $\alpha_i$ ist $\sin\alpha_i \approx \alpha_i$. Mit Gl. (6.14) und (6.11) ergibt sich (6.23). Aus Gl. (6.17) und (6.23) erhalten wir Gl. (6.24).

**6.5** Aus Gl. (6.13) erhalten wir mit Gl. (6.28)

$$L = \varrho_\infty u_\infty \Gamma_0 \int_\pi^0 \sin\theta \left(-\frac{b}{2}\right) \sin\theta\, \mathrm{d}\theta = \varrho_\infty u_\infty \Gamma_0 \frac{b}{2} \int_0^\pi \sin^2\theta\, \mathrm{d}\theta .$$

Das Integral lässt sich mittels $\sin^2\theta = \frac{1}{2}(1 - \cos(2\theta))$ und anschließender Variablensubstitution $\phi = 2\theta$ auswerten:

$$\int_0^\pi \sin^2\theta\, \mathrm{d}\theta = \frac{\pi}{2} .$$

Damit folgt Gl. (6.29). Mit Gl. (6.16) erhalten wir Gl. (6.30).

**6.6** Elliptische Tragflügel besitzen gemäß Gl. (6.28) eine elliptische Zirkulationsverteilung $\Gamma(\theta) = \Gamma_0 \sin\theta$ $(0 \leq \theta \leq \pi)$. Nach der Theorie des Hufeisenwirbels wird am Traglinienpunkt $y = \frac{b}{2}\cos\theta$ die Wirbelstärke $\frac{\mathrm{d}\Gamma}{\mathrm{d}\theta} = \Gamma_0 \cos\theta$ abgegeben. An den Flügelspitzen $y_1 = -\frac{b}{2}$ (für $\theta_1 = \pi$) und $y_2 = \frac{b}{2}$ (für $\theta_2 = 0$) wird der abgegebene Betrag extremal.

**6.7** Mit $\sin\alpha\ \sin\beta = \frac{1}{2}[\cos(\alpha - \beta) - \cos(\alpha + \beta)]$ folgt für $\alpha = nx$ und $\beta = mx$

$$\sin(nx)\ \sin(mx) = \frac{1}{2}[\cos(n-m)x - \cos(n+m)x] .$$

Fall 1: Für $m = n$ folgt $\sin(nx)\ \sin(nx) = \frac{1}{2}[1 - \cos(2nx)]$ und

$$\int_0^\pi \sin(nx)\ \sin(nx)\, \mathrm{d}x = \frac{1}{2}\Big(\int_0^\pi \mathrm{d}x - \int_0^\pi \cos(2nx)\, \mathrm{d}x\Big) = \frac{\pi}{2} .$$

Fall 2: Für $m \neq n$ ist

$$\begin{aligned}
\int_0^\pi \sin(nx)\ \sin(mx)\, \mathrm{d}x &= \frac{1}{2}\Big(\int_0^\pi \cos(n-m)x\, \mathrm{d}x - \int_0^\pi \cos(n+m)x\, \mathrm{d}x\Big) \\
&= \frac{1}{2}\Big(\frac{1}{n-m}\int_0^{(n-m)\pi} \cos z\, \mathrm{d}z - \frac{1}{n+m}\int_0^{(n+m)\pi} \cos z\, \mathrm{d}z\Big) \\
&= \frac{1}{2}\Big(\frac{1}{n-m} \sin z\ |_0^{(n-m)\pi} - \frac{1}{n+m} \sin z\ |_0^{(n+m)\pi}\Big) = 0 .
\end{aligned}$$

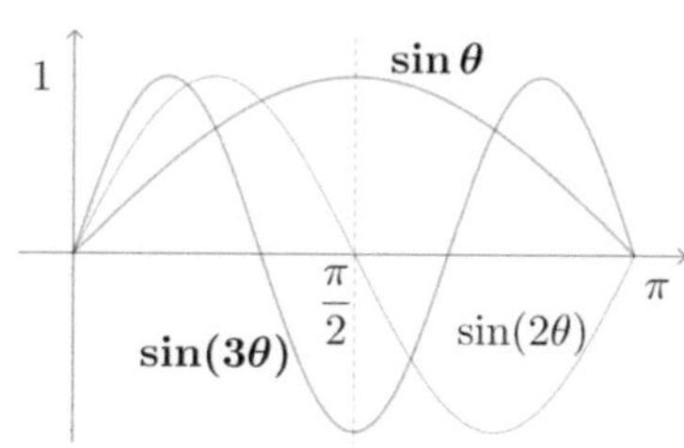


**Abb. B.2** Nur die Funktionen $\sin(n\theta)$ mit ungeradem $n$ liegen symmetrisch um $\theta = \pi/2$

**6.8** Bei symmetrischer Zirkulation sind nur Anteile von $\sin(n\theta)$ zulässig, welche symmetrisch um die Schwerpunktlinie $y = 0$, also $\theta = \frac{\pi}{2}$ liegen (Abb. B.2).

Sie besitzen bei $\pi/2$ eine waagerechte Tangente. Aus $\frac{\mathrm{d}}{\mathrm{d}\theta}\sin(n\theta)\,|_{\theta=\frac{\pi}{2}} = 0$ folgt $\cos(n\frac{\pi}{2}) = 0$, also $n = 2k + 1$.

**Zu Kap.** 7

**7.1** Mit der Fläche $F(\phi) = \frac{\phi}{2}r^2$ eines Kreissektors ist

$$S = F(2\phi) = \phi r^2 .$$

Durch $S$ strömt pro Zeiteinheit die Luftmasse $m_i = S v_i \varrho = \phi r^2 v_i \varrho$. Über den Flügelschlag erhält sie den Impuls $\Delta I = m_i v_w = \phi r^2 \varrho v_i v_w$ und besitzt im Nachlauf die kinetische Energie $P_i = \frac{1}{2} m_i v_w^2 = \frac{1}{2}\varrho\phi r^2 v_i v_w^2$.

**7.2** Gleichsetzung von Gl. (7.4) und (7.8) liefert $v_w = 2v_i$. Nach Ersetzen von $v_w$ in Gl. (7.8) erhalten wir:

$$v_i = \sqrt{\frac{mg}{2\varrho r^2 \phi}} . \tag{B.9}$$

Setzen wir $v_w = 2v_i$ in Gl. (7.3) ein, so folgt mit Gl. (B.9):

$$P_i = 2\varrho\phi r^2 v_i^3 = \sqrt{\frac{m^3\, g^3}{2\varrho r^2 \phi}} .$$

**7.3** Wegen

$$\frac{\mathrm{d}\hat{w}}{\mathrm{d}z} = \frac{\mathrm{d}w}{\mathrm{d}\zeta}\frac{\mathrm{d}\zeta}{\mathrm{d}z}, \quad \left(\frac{\mathrm{d}\hat{w}}{\mathrm{d}z}\right)^2 = \left(\frac{\mathrm{d}w}{\mathrm{d}\zeta}\right)^2\left(\frac{\mathrm{d}\zeta}{\mathrm{d}z}\right)^2, \quad z\,\mathrm{d}z = \frac{1}{2}\left(\zeta + \frac{1}{\zeta}\right)\frac{\mathrm{d}\zeta}{\mathrm{d}z}\,\mathrm{d}\zeta$$

ist

$$\left(\frac{\mathrm{d}\hat{w}}{\mathrm{d}z}\right)^2 z\,\mathrm{d}z = \left(\frac{\mathrm{d}w}{\mathrm{d}\zeta}\right)^2 \frac{\mathrm{d}\zeta}{\mathrm{d}z}\,\frac{1}{2}\left(\zeta + \frac{1}{\zeta}\right)\mathrm{d}\zeta . \tag{B.10}$$

Mit

$$\frac{\mathrm{d}z}{\mathrm{d}\zeta} = \frac{1}{2}\Big(1 - \frac{1}{\zeta^2}\Big), \qquad \frac{\mathrm{d}\zeta}{\mathrm{d}z} = \frac{1}{\mathrm{d}z/\mathrm{d}\zeta} = \frac{2}{1 - \frac{1}{\zeta^2}}$$

folgt aus Gl. (B.10)

$$\Big(\frac{\mathrm{d}\hat{w}}{\mathrm{d}z}\Big)^2 z\,\mathrm{d}z = \Big(\frac{\mathrm{d}w}{\mathrm{d}\zeta}\Big)^2 \Big(\zeta + \frac{1}{\zeta}\Big)\Big(1 - \frac{1}{\zeta^2}\Big)^{-1} \mathrm{d}\zeta\,. \tag{B.11}$$

Aus der Reihenentwicklung

$$(1 - x)^{-1} = 1 + x + x^2 + x^3 + \ldots \qquad \text{für } |x| < 1$$

folgt

$$\Big(1 - \frac{1}{\zeta^2}\Big)^{-1} = 1 + \frac{1}{\zeta^2} + \frac{1}{\zeta^4} + \frac{1}{\zeta^6} + \ldots \qquad \text{für } |\zeta| > 1$$

und damit

$$\begin{aligned} \Big(\zeta + \frac{1}{\zeta}\Big)\Big(1 - \frac{1}{\zeta^2}\Big)^{-1} &= \zeta + \frac{1}{\zeta} + \frac{1}{\zeta^3} + \frac{1}{\zeta^5} + \ldots + \frac{1}{\zeta} + \frac{1}{\zeta^3} + \frac{1}{\zeta^5} + \ldots \\ &= \zeta + \frac{2}{\zeta} + \frac{2}{\zeta^3} + \frac{2}{\zeta^5} + \ldots \end{aligned} \tag{B.12}$$

Aus Gl. (B.11) und (B.12) erhält man Gl. (7.17).

**7.4** Wir erhalten aus Gl. (6.18)

$$\begin{aligned} D &= \frac{1}{2}\varrho_\infty u_\infty^2\, S C_D = \frac{1}{2}\varrho_\infty u_\infty^2\, S C_d + \frac{1}{2}\varrho_\infty u_\infty^2\, S C_{D_i} \quad \text{mit Gl. (6.19)} \\ &= \frac{1}{2}\varrho_\infty u_\infty^2\, S C_d + \frac{1}{2}\varrho_\infty u_\infty^2\, S \frac{C_L^2}{\pi e AR} \quad \text{mit Gl. (6.53)} \\ &= \frac{1}{2}\varrho_\infty u_\infty^2\, S C_d + \frac{2L^2}{\varrho_\infty u_\infty^2\, S} \frac{1}{\pi e AR} \quad \text{mit Gl. (6.16)} \\ &= \frac{1}{2}\varrho_\infty u_\infty^2\, S C_d + \frac{2m^2 g^2}{\varrho_\infty u_\infty^2\, S} \frac{1}{\pi e AR} \quad \text{mit Gl. (7.21).} \end{aligned}$$

**7.5** Unter Benutzung von Gl. (6.9), (6.16), (6.18) und (6.19) erhalten wir

$$D = L\frac{D}{L} = mg\frac{D}{L} = mg\frac{C_D}{C_L} = mg\frac{C_d + C_{D_i}}{C_L}\,.$$

Mit Gl. (6.53) und dem Oswald-Wirkungsgrad $e$ folgt Gl. (7.27).

**Zu Kap.** 8

**8.1** Entlang einer Oberflächentrajektorie ist

$$\begin{aligned}\frac{D}{Dt}z &= \frac{D}{Dt}\eta(x,t)\,,\\ \frac{\partial z}{\partial t} + \mathbf{u}\cdot\nabla z &= \frac{\partial \eta}{\partial t} + \mathbf{u}\cdot\nabla\eta\,.\end{aligned}$$

Die kartesischen Koordinaten $x, y, z$ sind sowohl voneinander unabhängig als auch unabhängig von $t$. Dann gilt $\frac{\partial z}{\partial x} = \frac{\partial z}{\partial y} = \frac{\partial z}{\partial t} = 0, \quad \frac{\partial z}{\partial z} = 1$. Mit $\mathbf{u} = (u, 0, w)$ folgt

$$\begin{aligned}w &= \frac{\partial \eta}{\partial t} + u\,\frac{\partial \eta}{\partial x} + w\,\frac{\partial \eta}{\partial z}, \qquad \text{weil } \frac{\partial z}{\partial t} = 0,\ \nabla z = (0,0,1).\\ w &= \frac{\partial \eta}{\partial t} + u\,\frac{\partial \eta}{\partial x}, \qquad \text{weil } \eta(x,t) \text{ unabhängig von } z.\end{aligned}$$

**8.2** Aus Gl. (8.22) folgt $A'(z) = kC_1 \sinh(kz + C_2)$. Nun erhalten wir aus Gl. (8.16)

$$\frac{\partial \phi}{\partial z}\,|_{z=-h} = A'(-h)\,\sin(\omega t - kx + \phi_0) = 0\,,$$

also $A'(-h) = 0$. Hieraus folgt Gl. (8.23).

**8.3** Aus Gl. (8.2) folgt mit Gl. (8.20), (8.20) und (8.28):

$$c = \frac{\lambda}{T} = \frac{2\pi/k}{2\pi/\omega} = \frac{1}{k}\sqrt{gk\tanh(hk)}\,.$$

**8.4**

(a) Sei $u = (\mathbf{u}\cdot\mathbf{u})^{1/2}$. Wir parametrisieren $C$ nach der Bogenlänge $s$. Wegen

$$\mathbf{u}\cdot \mathrm{d}\mathbf{u} = \mathbf{u}\cdot\frac{\mathrm{d}\mathbf{u}}{\mathrm{d}s}\,\mathrm{d}s = \frac{1}{2}\frac{\mathrm{d}(u^2)}{\mathrm{d}s}\,\mathrm{d}s$$

folgt $\oint_C \mathbf{u}\,\mathrm{d}\mathbf{u} = \frac{1}{2}\oint_C \frac{\mathrm{d}(u^2)}{\mathrm{d}s}\,\mathrm{d}s = 0$.

(b) Gemäß Gl. (4.10) ist die Änderungsrate der Zirkulation

$$\begin{aligned}\frac{\mathrm{d}\Gamma}{\mathrm{d}t} &= \frac{\mathrm{d}}{\mathrm{d}t}\oint_C \mathbf{u}\,\mathrm{d}\mathbf{x} = \oint_C \frac{\mathrm{d}\mathbf{u}}{\mathrm{d}t}\,\mathrm{d}\mathbf{x} + \oint_C \mathbf{u}\,\mathrm{d}\left(\frac{\mathrm{d}\mathbf{x}}{\mathrm{d}t}\right)\\ &= \oint_C \frac{\mathrm{d}\mathbf{u}}{\mathrm{d}t}\,\mathrm{d}\mathbf{x} + \oint_C \mathbf{u}\,\mathrm{d}\mathbf{u} = \oint_C \frac{\mathrm{d}\mathbf{u}}{\mathrm{d}t}\,\mathrm{d}\mathbf{x} = \oint_C \mathbf{a}\,\mathrm{d}\mathbf{x}\,.\end{aligned}$$

**8.5** Mit den Bezeichnungen

- $r$ ursprünglicher Radius, $\mathrm{d}V/\mathrm{d}t$ ursprünglicher Volumenstrom und
- $r_1 = 0,8r$ verringerter Radius, $\mathrm{d}V_1/\mathrm{d}t$ verringerter Volumenstrom

folgt aus Gl. (8.36) die Formel $\mathrm{d}V/\mathrm{d}t = cr^4$ mit einer Konstanten $c$. Dann ist $\mathrm{d}V_1/\mathrm{d}t = c(0{,}8r)^4$ und damit

$$\frac{\mathrm{d}V_1/\mathrm{d}t}{\mathrm{d}V/\mathrm{d}t} = \frac{(0{,}8r)^4}{r^4} = 0{,}8^4 \approx 0{,}4.$$

Der Volumenstrom verringert sich um 60 %.

**Zu „Formeln und Tabellen"**

**A.1** Aus Gl. (A.5) folgt nach Anwendung von $l_{kj}$:

$$\begin{aligned} l_{kj}\bar{x}_j &= l_{kj}l_{ij}x_i\,, \\ l_{kj}\bar{x}_j &= \delta_{ki}x_i \qquad \text{wegen } (A.4), \\ l_{kj}\bar{x}_j &= x_k\,. \end{aligned}$$

**A.2** Aus Gl. (A.7) erhalten wir $l_{ip}l_{jq}\delta_{ij} = l_{jp}l_{jq} = \delta_{qp}$, wobei im letzten Schritt die Gl. (A.4) benutzt wurde.

**A.3** Zum Nachweis der Isotropie von $(\delta_{ij}\delta_{km})$ verwenden wir den Ansatz (A.7): $l_{ip}l_{jq}l_{kr}l_{ms}\delta_{ij}\delta_{km} = l_{jp}l_{jq}l_{kr}l_{ks} = \delta_{pq}\delta_{rs}$, wobei wir im letzten Schritt wiederum Gl. (A.4) benutzt haben.
Für $(\delta_{ik}\delta_{jm})$ bzw. $(\delta_{im}\delta_{jk})$ erfolgt der Nachweis analog. Dann ist A als Linearkombination isotroper Tensoren ebenfalls isotrop.

**A.4** Bezeichnen wir die Umkehrfunktion zu Gl. (A.10) mit $s^{-1}$, so ist die Parametrisierung der Kurve nach der Bogenlänge als Verkettung darstellbar: $\mathbf{x}(s) = \hat{\mathbf{x}} \circ s^{-1}$. Mit der Kettenregel bilden wir die Ableitung, wobei wir für $s^{-1} = t(s)$ die Ableitungsregel der Umkehrfunktion berücksichtigen:

$$\mathbf{x}'(s) = \hat{\mathbf{x}}'(s^{-1})\,\frac{1}{\mathrm{d}s/\mathrm{d}t} = \frac{\hat{\mathbf{x}}'(t)}{\|\hat{\mathbf{x}}'(t)\|}\,.$$

Damit ist $\|\mathbf{x}'(s)\| = 1$.

**A.5** Da $\mathbf{b}'$ orthogonal zu $\mathbf{b}$ ist (ebenso wie $\mathbf{t}'$ zu $\mathbf{t}$ sowie $\mathbf{n}'$ zu $\mathbf{n}$), liegt $\mathbf{b}'$ in der Ebene von $\mathbf{t}$ und $\mathbf{n}$. Durch Ableiten von Gl. (A.13) erhalten wir

$$\begin{aligned} \mathbf{b}' &= \mathbf{t}' \times \mathbf{n} + \mathbf{t} \times \mathbf{n}' \\ &= \mathbf{t} \times \mathbf{n}' \qquad \text{wegen Gl. } (A.12). \end{aligned}$$

Also ist $\mathbf{b}'$ nicht nur zu $\mathbf{b}$, sondern auch zu $\mathbf{t}$ orthogonal. Folglich muss $\mathbf{b}'$ kollinear zu $\mathbf{n}$ sein.

**A.6** Wegen $\mathrm{i} = \mathrm{e}^{\mathrm{i}\pi/2}$ folgt für jedes $z = r\mathrm{e}^{\mathrm{i}\phi}$:

$$\frac{z}{\mathrm{i}} = \frac{r\mathrm{e}^{\mathrm{i}\phi}}{\mathrm{e}^{\mathrm{i}\frac{\pi}{2}}} = r\mathrm{e}^{\mathrm{i}(\phi-\frac{\pi}{2})} .$$

Folglich wurde $z/\mathrm{i}$ gegenüber $z$ um $-\pi/2$ gedreht.

**A.7** Sei $R$ der Radius von $C$. Mit der Parametrisierung

$$z = \lambda(t) = R\mathrm{e}^{\mathrm{i}t}, \qquad 0 \le t \le 2\pi$$

folgt $z^{-k} = R^{-k}\mathrm{e}^{-\mathrm{i}kt}$, $\lambda'(t) = \mathrm{i}R\mathrm{e}^{\mathrm{i}t}$, und wir erhalten

$$\oint_C \frac{\mathrm{d}z}{z^k} = \mathrm{i}R^{-k+1}\int_0^{2\pi} \mathrm{e}^{-\mathrm{i}(k-1)t}\,\mathrm{d}t .$$

Für $k = 1$ folgt $\oint_C \frac{\mathrm{d}z}{z^k} = \mathrm{i}\int_0^{2\pi} \mathrm{d}t = 2\pi\mathrm{i}$. Für $k \neq 1$ ist

$$\oint_C \frac{\mathrm{d}z}{z^k} = \mathrm{i}R^{-k+1}\frac{\mathrm{e}^{-\mathrm{i}(k-1)t}}{-\mathrm{i}(k-1)}\,\Big|_0^{2\pi} = 0 .$$

**A.8** Es sei $z = z(t)$ eine glatte Kurve mit $z(0) = z_0$. Dann ist

$$\begin{aligned}
\frac{\mathrm{d}}{\mathrm{d}t}f(z(t))\,|_{t=0} &= \frac{\mathrm{d}f}{\mathrm{d}z}\,|_{z=z_0}\,\frac{\mathrm{d}z}{\mathrm{d}t}\,|_{t=0} ,\\
\operatorname{Arg}\frac{\mathrm{d}}{\mathrm{d}t}f(z(t))\,|_{t=0} &= \operatorname{Arg}\frac{\mathrm{d}f}{\mathrm{d}z}\,|_{z=z_0} + \operatorname{Arg}\frac{\mathrm{d}z}{\mathrm{d}t}\,|_{t=0} .
\end{aligned}$$

Folglich erhalten wir die Kurventangente von $f(z(t))$ bei $f(z_0)$ durch Drehung um einen Winkel, der unabhängig von der Kurve ist. Deshalb bleibt der Schnittwinkel zweier Kurven durch $z_0$ nach Abbildung durch $f$ konstant.

**A.9** Für eine skalare Funktion $\phi$ ist $\mathrm{d}\phi = \nabla\phi \cdot \mathrm{d}\mathbf{r}$. Mit

$$\mathrm{d}\phi = \sum_n \frac{\partial\phi}{\partial\xi_n}\mathrm{d}\xi_n, \quad \nabla\phi = \sum_n (\nabla\phi)_n\mathbf{e}_n, \quad \mathrm{d}\mathbf{r} = \sum_n h_n\mathbf{e}_n\mathrm{d}\xi_n$$

folgt durch Einsetzen $\sum_n \frac{\partial\phi}{\partial\xi_n}\mathrm{d}\xi_n = \sum_n (\nabla\phi)_n h_n \mathrm{d}\xi_n$. Ein Koeffizientenvergleich liefert

$$\begin{aligned}
\frac{\partial\phi}{\partial\xi_n} &= (\nabla\phi)_n h_n ,\\
(\nabla\phi)_n &= \frac{1}{h_n}\frac{\partial\phi}{\partial\xi_n} .
\end{aligned}$$

Wegen $\frac{\partial \xi_k}{\partial \xi_n} = \delta_{kn}$ ist $\nabla \xi_k = \sum_n \frac{1}{h_n} \mathbf{e}_n \frac{\partial \xi_k}{\partial \xi_n} = \frac{1}{h_k} \mathbf{e}_k$.

**A.10** Es ist

$$\begin{aligned} 0 &= \nabla \times (\nabla \xi_k) \qquad \text{nach Gl. (1.18)}, \\ 0 &= \nabla \times \left( \frac{1}{h_k} \mathbf{e}_k \right) \qquad \text{wegen Gl. } (A.26), \\ 0 &= \left( \nabla \frac{1}{h_k} \right) \times \mathbf{e}_k + \frac{1}{h_k} (\nabla \times \mathbf{e}_k) \qquad \text{nach Gl. (1.12)}. \end{aligned}$$

Hieraus folgt $\frac{1}{h_k}(\nabla \times \mathbf{e}_k) = -(\nabla \frac{1}{h_k}) \times \mathbf{e}_k = \mathbf{e}_k \times (\nabla \frac{1}{h_k})$ und nach Multiplikation mit $h_k$ die Behauptung.

**A.11** Wir berechnen mit Gl. (A.25)

$$\begin{aligned} \nabla \left( \frac{1}{h_1} \right) &= \frac{1}{h_1} \frac{\partial (1/h_1)}{\partial \xi_1} \mathbf{e}_1 + \frac{1}{h_2} \frac{\partial (1/h_1)}{\partial \xi_2} \mathbf{e}_2 + \frac{1}{h_3} \frac{\partial (1/h_1)}{\partial \xi_3} \mathbf{e}_3 \,, \\ \nabla \left( \frac{1}{h_1} \right) &= -\frac{1}{h_1^3} \frac{\partial h_1}{\partial \xi_1} \mathbf{e}_1 - \frac{1}{h_1^2 h_2} \frac{\partial h_1}{\partial \xi_2} \mathbf{e}_2 - \frac{1}{h_1^2 h_3} \frac{\partial h_1}{\partial \xi_3} \mathbf{e}_3 \,, \\ h_1 \mathbf{e}_1 \times \nabla \left( \frac{1}{h_1} \right) &= -\frac{1}{h_1 h_2} \frac{\partial h_1}{\partial \xi_2} \mathbf{e}_3 + \frac{1}{h_1 h_3} \frac{\partial h_1}{\partial \xi_3} \mathbf{e}_2 \,. \end{aligned}$$

Anschließend erhalten wir mit Gl. (A.27)

$$\begin{aligned} \nabla \times \mathbf{e}_1 &= h_1 \left( -\frac{1}{h_1^2 h_2} \frac{\partial h_1}{\partial \xi_2} \mathbf{e}_3 + \frac{1}{h_1^2 h_3} \frac{\partial h_1}{\partial \xi_3} \mathbf{e}_2 \right) \\ &= -\frac{1}{h_1 h_2} \frac{\partial h_1}{\partial \xi_2} \mathbf{e}_3 + \frac{1}{h_1 h_3} \frac{\partial h_1}{\partial \xi_3} \mathbf{e}_2 \,. \end{aligned}$$

Der Rest folgt analog.

**A.12** Es ist

$$\begin{aligned} \nabla \mathbf{e}_1 &= \nabla (\mathbf{e}_2 \times \mathbf{e}_3) = \mathbf{e}_3 (\nabla \times \mathbf{e}_2) - \mathbf{e}_2 (\nabla \times \mathbf{e}_3) \\ &= \frac{1}{h_1 h_2} \frac{\partial h_2}{\partial \xi_1} + \frac{1}{h_1 h_3} \frac{\partial h_3}{\partial \xi_1} \qquad \text{wegen Gl. } (A.28) \\ &= \frac{1}{h_1 h_2 h_3} \left( h_3 \frac{\partial h_2}{\partial \xi_1} + h_2 \frac{\partial h_3}{\partial \xi_1} \right) = \frac{1}{h_1 h_2 h_3} \frac{\partial (h_2 h_3)}{\partial \xi_1} \,. \end{aligned}$$

Der Rest ergibt sich analog.

**A.13** Aus Gl. (1.14) folgt div $\mathbf{q} = \sum_k (q_k \nabla \mathbf{e}_k + \mathbf{e}_k \cdot \nabla q_k)$. Wir berechnen die rechte Seite mit Gl. (A.25)

$$\begin{aligned}\sum_k \mathbf{e}_k \cdot \nabla q_k &= \sum_k \mathbf{e}_k \cdot \left[\frac{1}{h_1}\frac{\partial q_k}{\partial \xi_1}\mathbf{e}_1 + \frac{1}{h_2}\frac{\partial q_k}{\partial \xi_2}\mathbf{e}_2 + \frac{1}{h_3}\frac{\partial q_k}{\partial \xi_3}\mathbf{e}_3\right] \\ &= \frac{1}{h_1 h_2 h_3}\left[h_2 h_3 \frac{\partial q_1}{\partial \xi_1} + h_1 h_3 \frac{\partial q_2}{\partial \xi_2} + h_1 h_2 \frac{\partial q_3}{\partial \xi_3}\right]\end{aligned}$$

sowie mit Gl. (A.29)

$$\sum_k q_k \nabla \mathbf{e}_k = \frac{1}{h_1 h_2 h_3}\left[q_1 \frac{\partial (h_2 h_3)}{\partial \xi_1} + q_2 \frac{\partial (h_1 h_3)}{\partial \xi_2} + q_3 \frac{\partial (h_1 h_2)}{\partial \xi_3}\right].$$

Damit erhalten wir

$$\begin{aligned}\operatorname{div}\mathbf{q} &= \frac{1}{h_1 h_2 h_3}\left[q_1 \frac{\partial (h_2 h_3)}{\partial \xi_1} + h_2 h_3 \frac{\partial q_1}{\partial \xi_1} + q_2 \frac{\partial (h_1 h_3)}{\partial \xi_2} + h_1 h_3 \frac{\partial q_2}{\partial \xi_2}\right. \\ &\quad \left. + q_3 \frac{\partial (h_1 h_2)}{\partial \xi_3} + h_1 h_2 \frac{\partial q_3}{\partial \xi_3}\right] \\ &= \frac{1}{h_1 h_2 h_3}\left[\frac{\partial (q_1 h_2 h_3)}{\partial \xi_1} + \frac{\partial (q_2 h_1 h_3)}{\partial \xi_2} + \frac{\partial (q_3 h_1 h_2)}{\partial \xi_3}\right].\end{aligned}$$

**A.14** Wir benutzen $\Delta\phi = \operatorname{div}\operatorname{grad}\phi$, wobei die Komponenten des Gradienten $(\nabla\phi)_k = \frac{1}{h_k}\frac{\partial \phi}{\partial \xi_k}$ mit Gl. (A.25) berechnet werden. Einsetzen von $q_k = \frac{1}{h_k}\frac{\partial \phi}{\partial \xi_k}$ in Gl. (A.30) liefert die Lösung.

**A.15** Es ist

$$\begin{aligned}\frac{D\mathbf{u}}{Dt} &= \frac{\partial \mathbf{u}}{\partial t} + \frac{\mathrm{d}\mathbf{r}}{\mathrm{d}t}\frac{\partial \mathbf{u}}{\partial \mathbf{r}} \\ &= \frac{\partial \mathbf{u}}{\partial t} + \frac{\mathrm{d}r}{\mathrm{d}t}\frac{\partial \mathbf{u}}{\partial r} + \frac{\mathrm{d}\theta}{\mathrm{d}t}\frac{\partial \mathbf{u}}{\partial \theta} + \frac{\mathrm{d}z}{\mathrm{d}t}\frac{\partial \mathbf{u}}{\partial z} \\ &= \frac{\partial \mathbf{u}}{\partial t} + u_r \frac{\partial \mathbf{u}}{\partial r} + \frac{u_\theta}{r}\frac{\partial \mathbf{u}}{\partial \theta} + u_z \frac{\partial \mathbf{u}}{\partial z}.\end{aligned} \tag{B.13}$$

Die Ableitung $\partial\mathbf{u}/\partial t$ wird an einem festen Ort berechnet, sodass die Einheitsvektoren fixiert bleiben und ihre Zeitableitungen verschwinden. Somit ist

$$\frac{\partial \mathbf{u}}{\partial t} = \dot{u}_r \mathbf{e}_r + \dot{u}_\theta \mathbf{e}_\theta + \dot{u}_z \mathbf{e}_z\,. \tag{B.14}$$

Weiter ist

$$\begin{aligned}
\frac{\partial \mathbf{u}}{\partial r} &= \frac{\partial}{\partial r}(u_r\mathbf{e}_r + u_\theta\mathbf{e}_\theta + u_z\mathbf{e}_z) = \frac{\partial u_r}{\partial r}\mathbf{e}_r + \frac{\partial u_\theta}{\partial r}\mathbf{e}_\theta + \frac{\partial u_z}{\partial r}\mathbf{e}_z \quad \text{wegen Gl. } (A.33),\\
\frac{\partial \mathbf{u}}{\partial \theta} &= \frac{\partial}{\partial \theta}(u_r\mathbf{e}_r + u_\theta\mathbf{e}_\theta + u_z\mathbf{e}_z)\\
&= \frac{\partial u_r}{\partial \theta}\mathbf{e}_r + \frac{\partial u_\theta}{\partial \theta}\mathbf{e}_\theta + \frac{\partial u_z}{\partial \theta}\mathbf{e}_z + u_r\mathbf{e}_\theta - u_\theta\mathbf{e}_r \quad \text{wegen Gl. } (A.35),\\
\frac{\partial \mathbf{u}}{\partial z} &= \frac{\partial}{\partial z}(u_r\mathbf{e}_r + u_\theta\mathbf{e}_\theta + u_z\mathbf{e}_z) = \frac{\partial u_r}{\partial z}\mathbf{e}_r + \frac{\partial u_\theta}{\partial z}\mathbf{e}_\theta + \frac{\partial u_z}{\partial z}\mathbf{e}_z \quad \text{wegen Gl. } (A.34).
\end{aligned}$$

Die Behauptung folgt aus Gl. (B.13) mit Gl. (A.37) und (B.14).

**A.16** Wir berechnen $\Delta\mathbf{u}$ gemäß Gl. (A.40) in den Bestandteilen:

$$\begin{aligned}
\frac{\partial^2 \mathbf{u}}{\partial r^2} &= \frac{\partial^2 u_r}{\partial r^2}\mathbf{e}_r + \frac{\partial^2 u_\theta}{\partial r^2}\mathbf{e}_\theta + \frac{\partial^2 u_z}{\partial r^2}\mathbf{e}_z \quad \text{wegen Gl. } (A.33),\\
\frac{1}{r}\frac{\partial \mathbf{u}}{\partial r} &= \frac{1}{r}\frac{\partial u_r}{\partial r}\mathbf{e}_r + \frac{1}{r}\frac{\partial u_\theta}{\partial r}\mathbf{e}_\theta + \frac{1}{r}\frac{\partial u_z}{\partial r}\mathbf{e}_z \quad \text{wegen Gl. } (A.33),\\
\frac{1}{r^2}\frac{\partial^2 \mathbf{u}}{\partial \theta^2} &= \frac{1}{r^2}\Big[\frac{\partial^2 u_r}{\partial \theta^2} - 2\frac{\partial u_\theta}{\partial \theta} - u_r\Big]\mathbf{e}_r + \frac{1}{r^2}\Big[\frac{\partial^2 u_\theta}{\partial \theta^2} + 2\frac{\partial u_r}{\partial \theta} - u_r\Big]\mathbf{e}_\theta\\
&\quad + \frac{1}{r^2}\frac{\partial^2 u_z}{\partial \theta^2}\mathbf{e}_z \quad \text{wegen Gl. } (A.35),\\
\frac{\partial^2 \mathbf{u}}{\partial z^2} &= \frac{\partial^2 u_r}{\partial z^2}\mathbf{e}_r + \frac{\partial^2 u_\theta}{\partial z^2}\mathbf{e}_\theta + \frac{\partial^2 u_z}{\partial z^2}\mathbf{e}_z \quad \text{wegen Gl. } (A.34).
\end{aligned}$$

Zusammenfassend ist

$$\begin{aligned}
\Delta\mathbf{u} &= \Big[\frac{\partial^2 u_r}{\partial r^2} + \frac{1}{r}\frac{\partial u_r}{\partial r} + \frac{1}{r^2}\left(\frac{\partial^2 u_r}{\partial \theta^2} - 2\frac{\partial u_\theta}{\partial \theta} - u_r\right) + \frac{\partial^2 u_r}{\partial z^2}\Big]\mathbf{e}_r\\
&\quad + \Big[\frac{\partial^2 u_\theta}{\partial r^2} + \frac{1}{r}\frac{\partial u_\theta}{\partial r} + \frac{1}{r^2}\left(\frac{\partial^2 u_\theta}{\partial \theta^2} + 2\frac{\partial u_r}{\partial \theta} - u_r\right) + \frac{\partial^2 u_\theta}{\partial z^2}\Big]\mathbf{e}_\theta\\
&\quad + \Big[\frac{\partial^2 u_z}{\partial r^2} + \frac{1}{r}\frac{\partial u_z}{\partial r} + \frac{1}{r^2}\left(\frac{\partial^2 u_z}{\partial \theta^2}\right) + \frac{\partial^2 u_z}{\partial z^2}\Big]\mathbf{e}_z\,.
\end{aligned}$$

Mit Gl. (A.40) folgt die Behauptung.

# Stichwortverzeichnis




R. Spielmann, *Theoretische Strömungsmechanik*,
https://doi.org/10.1007/978-3-662-70549-0

MIX
Papier aus verantwortungsvollen Quellen
Paper from responsible sources
FSC® C105338

If you have any concerns about our products,
you can contact us on
**ProductSafety@springernature.com**

In case Publisher is established outside the EU,
the EU authorized representative is:
**Springer Nature Customer Service Center GmbH**
**Europaplatz 3, 69115 Heidelberg, Germany**

Printed by Libri Plureos GmbH
in Hamburg, Germany